全国高职高专建筑类专业规划教材

建筑设备安装工程计量与计价

主　编　张爱云　张碧莹
副主编　郭喜庚　王　丽
　　　　陈健玲　刘　利
主　审　何　俊

黄河水利出版社
·郑州·

内 容 提 要

本书是全国高职高专建筑类专业规划教材，是根据教育部对高职高专教育的教学基本要求及全国水利水电高职教研会制定的建筑设备安装工程计量与计价课程教学大纲编写完成的。本书主要内容包括：基本知识、生活给水排水工程计量与计价、消防工程计量与计价、采暖工程计量与计价、燃气工程计量与计价、通风空调工程计量与计价、电气设备安装工程计量与计价等。

本书以实用为主，突出反映了实际工程实例的应用性，可供高职高专院校土建类专业及相关专业教学使用，也可作为相关工程技术人员的参考用书。

图书在版编目(CIP)数据

建筑设备安装工程计量与计价/张爱云，张碧莹主编.
郑州：黄河水利出版社，2011.1 (2015.7 重印)
全国高职高专建筑类专业规划教材
ISBN 978-7-80734-939-6

Ⅰ.①建… Ⅱ.①张… ②张… Ⅲ.①房屋建筑设备-建筑安装工程-计量-高等学校：技术学校-教材②房屋建筑设备-建筑安装工程-工程计价-高等学校：技术学校-教材 Ⅳ.①TU723.3

中国版本图书馆 CIP 数据核字(2010)第 227268 号

组稿编辑：王路平 电话：0371-66022212 E-mail：hhslwlp@163.com
简 群 66026749 w_jq001@163.com

出 版 社：黄河水利出版社
地址：河南省郑州市顺河路黄委会综合楼 14 层 邮政编码：450003
发行单位：黄河水利出版社
发行部电话：0371-66026940、66020550、66028024、66022620(传真)
E-mail：hhslcbs@126.com
承印单位：黄河水利委员会印刷厂
开本：787 mm×1 092 mm 1/16
印张：18.25
字数：420 千字 印数：12 001—16 000
版次：2011 年 1 月第 1 版 印次：2015 年 7 月第 4 次印刷
2012 年 6 月修订

定价：33.00 元

前言

本书是根据《教育部、财政部关于实施国家示范性高等职业院校建设计划，加快高等职业教育改革与发展的意见》（教高[2006]14号）、《教育部关于全面提高高等职业教育教学质量的若干意见》（教高[2006]16号）等文件精神，由全国水利水电高职教研会拟定的教材编写规划，在中国水利教育协会指导下，由全国水利水电高职教研会组织编写的建筑类专业规划教材。本套教材以学生能力培养为主线，具有鲜明的时代特点，体现出实用性、实践性、创新性的教材特色，是一套理论联系实际、教学面向生产的高职高专教育精品规划教材。

建筑设备安装工程计量与计价是高职高专院校土建类各专业的主要专业课程，是一门内容繁多、涉及面广、实践性和技术性强的学科。

本书以《建设工程工程量清单计价规范》（GB 50500—2008）为编写依据，实施"基于工作过程的项目化、任务化"的教学模式，以典型建筑安装工程工作任务为驱动，提高学生职业能力以及对职业岗位、具体岗位内容的认识，将课程内容与其结合，按照"教、学、做"一体化的教学模式，以学生为主体，注重学生在做中学、学中做。

本书通过生活给水排水工程、消防工程、采暖工程、燃气工程、通风空调工程、电气设备安装工程等完整的工程实例，对安装工程定额和清单两种计量与计价方法做了较详细的叙述和比较，将理论与实际工程的应用相结合，为广大读者提供了实用的范例。

本书的作者来自于教学、设计、管理、施工等不同部门，在长期的工作中，积累了丰富的经验，能较全面地把握社会对高职毕业生的需求。

本书编写人员及编写分工如下：安徽水利水电职业技术学院何芳（项目一的任务一、任务二），杨凌职业技术学院周妍（项目一的任务三），山东水利职业学院刘利（项目二），黄河水利职业技术学院王丽（项目三的任务一、任务二），湖南水利水电职业技术学院陈健玲（项目三的任务三、任务四），广东水利电力职业技术学院郭喜庚（项目四和项目六），山东水利职业学院张爱云（项目五），内蒙古机电职业技术学院张碧莹（项目七的任务一、任务二、任务三、任务四中的定额计价部分），山东水利职业学院曹军（项目七中的管道刷油、防腐、保温部分），山东省临沂市建筑设计院何玉凤提供了部分施工图并参与了项目五和项目七的编写，山东省日照市天泰建筑工程有限公司吴昊参与了部分项目的清单编写。本书由张爱云、张碧莹担任主编，张爱云负责统稿，由郭喜庚、王丽、陈健玲、刘利担任副主编，由安徽水利水电职业技术学院何俊担任主审。

由于编者水平有限，书中难免有不足之处，欢迎读者批评指正。

编　者

2010年8月

前 言

编 者

2010 年 8 月

目　录

项目一　基本知识

任务一　定额基本知识

一、定额的概念

在讲述定额的概念之前，应先了解《全国统一安装工程预算定额》中的子目内容及其表格形式(以 8－438，*DN*15 的水龙头安装为例)，见表 1-1。

表 1-1　水龙头安装

工作内容：上水嘴、试水　　　　计量单位：10 个

定额编号				8－438	8－439	8－440
项目				公称直径(mm)以内		
				15	20	25
名称		单位	单价(元)	数量		
人工	综合工日	工日	23.22	0.280	0.280	0.370
材料	铜水嘴	个	—	(10.100)	(10.100)	(10.100)
	铅油	kg	8.770	0.100	0.100	0.100
	线麻	kg	10.400	0.010	0.010	0.010
基价(元)				7.48	7.48	9.57
其中	人工费(元)			6.50	6.50	8.59
	材料费(元)			0.98	0.98	0.98
	机械费(元)			—	—	—

定额从本意上讲，定就是规定，额就是额度或限度，定额就是规定的额度或限度。生产某一合格产品，都要消耗一定数量的人工、材料、机具、机械台班和资金。在一个产品中，消耗越大，则产品的成本越高；反之，消耗越少，产品的成本越低。但是这种消耗并不能无限地降低，它在一定的生产条件下，必须有一个合理的数额。因此，根据一定时期的生产水平和产品的质量要求，规定出一个大多数人经过努力可以达到的合理的消耗标准，这个标准称为定额。

定额的定义：在合理的劳动组织和合理地使用材料与机械的条件下，完成单位合格产品所消耗的资源数量标准。

规定完成单位合格产品所需消耗资源数量的多少称为定额水平。一定时期的定额水平必须坚持平均先进的原则，也就是在相同条件下，大多数人员可以达到，部分可以超过，少数可以接近的水平。

二、定额的作用

定额的作用主要表现在以下几个方面：

(1)定额是编制计划的基础。无论是国家的计划还是企业的计划，都直接或间接地以各种定额作为计算人力、物力、财力等各种资源需要量的依据。

(2)定额是确定产品成本的依据，是比较设计方案经济合理性的尺度。任何合格产品在生产中所消耗的劳动力、材料及机械设备台班的数量，是构成产品价值的决定性因素，而它们的消耗量又是根据定额决定的，因此定额是确定产品成本的依据。同时，同一产品采用不同的设计方案，它们的经济效果是不一样的。因此，需要对方案进行经济技术比较，选择合理经济的方案。所以说，定额是比较和评价设计方案是否经济合理的尺度。

(3)定额是加强企业管理的重要工具。企业在计算和平衡资源需要量、组织材料供应、编制施工进度计划和作业计划、组织劳动力、签发任务书、考核工料消耗、实行承包责任制等一系列管理工作时，需要以定额作为计算标准。

(4)定额是贯彻按劳分配原则的尺度。由于工作消耗定额具体落实到每个劳动者身上，因此可用定额来对每个劳动者完成的工作进行考核，来确定他们所完成的劳动量的多少，并以此来决定应支付的劳动报酬。

(5)定额是总结先进生产方法的手段。定额是在先进合理的条件下，通过对生产过程的观察、实测、分析、研究、综合后制定的。它可以准确地反映出生产技术和劳动组织的先进合理程度。因此，可以以定额标定的方法为手段，对同一产品在同一操作条件下的不同的生产方法进行观察、分析、研究，从而总结比较完善的生产方法，然后再经过试验，在生产中推广使用。

三、定额的特性

定额具有群众性、相对稳定性和针对性等特点。

(1)定额的群众性。定额是根据当时的实际生产力水平，在大量测定、综合分析、研究实际生产中的有关数据和资料的基础上制定出来的，因此它具有广泛的群众性。定额一旦制定颁发，即应用到实际生产中去。

(2)定额的相对稳定性。定额随着生产力水平的变化而变化，当原有定额不能适应生产需要时，定额有必要根据新的情况进行修改和补充。一般定额的相对稳定期在5年左右。

(3)定额的针对性。定额的针对性表现在两个方面：①一种产品一项定额，一般情况下不能互相套用；②一项定额不仅是该产品的资源消耗的数量标准，而且还规定了完成该产品的工作内容、质量标准和安全要求。

四、建设工程定额分类

建设工程定额分类见图1-1。

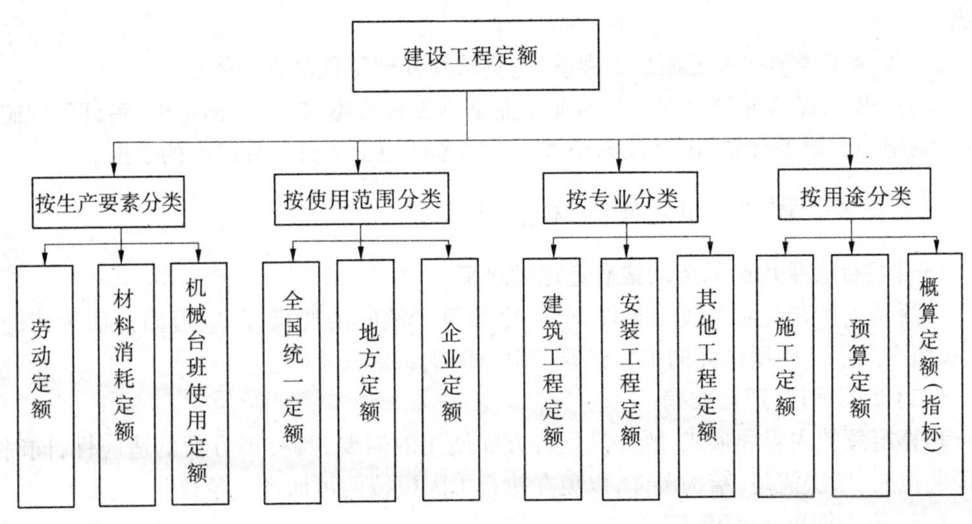

注：其他工程定额如公路工程定额、铁路工程定额、电力工程定额等

图1-1 建设工程定额分类

任务二 建筑安装工程消耗量定额

一、安装工程消耗量定额的概念

安装工程消耗量定额是指消耗在组成安装工程基本构成要素上的人工、材料和施工机械台班的数量标准。

安装工程中的基本构成要素一般是指组成安装工程的最小工程单位，也称为安装工程的“子目”或“细目”，是组成安装工程最基本的单位实体，具有独特的基本性质，如有名称、有编码、有工作内容、有计量单位、可以单独计算资源消耗量、可以计算其净产值、是工作任务的分配依据、是工程造价的计算单元、是工程成本计划和核算的基本对象。这也是对定额分部分项或子项分解和建立的基本要求。

将“安装工程基本构成要素”测定出其合理需要的劳动力、材料和施工机械使用台班等的消耗数量，并将其按工程结构或生产规律排列起来，加上文字说明和编号，印制成册，即形成安装工程消耗量定额，简称定额。

二、安装工程消耗量定额的作用

(1)安装工程消耗量定额是政府投资工程、编制工程造价，政府主管部门管理建设市场，以及国家编制工程概算定额与编制定额的依据。

(2)安装工程消耗量定额是投资方编制投资计划、进行工程决算、考核投资效果的依据和基础。

(3)安装工程消耗量定额是工程招标中编制工程量清单的依据。

(4)安装工程消耗量定额是设计单位进行工程设计方案比较、进行技术经济分析的依据。

(5)安装工程消耗量定额是工程拨款、贷款及办理工程结算的依据。

(6)安装工程消耗量定额是建筑业企业编制工程成本、进行投标报价、签订工程施工合同、编制施工财务计划、进行技术经济分析和考核施工项目工程成本的依据。

三、安装工程消耗量定额的编制原则

(一)按社会平均必要劳动量确定定额水平

在商品生产和商品交换的条件下,确定预算定额的消耗指标,应遵循价值规律的要求,按照产品生产中所消耗的平均必要劳动时间确定定额水平。

(二)简明适用,严谨准确

预算定额的内容和形式,既要满足各方面使用的需要,具有多方面的适应性,同时又要简明扼要、层次清楚、结构严谨,以免在执行中因模棱两可而产生争议。

(三)集中领导,分级管理

集中领导就是由中央主管部门归口管理,依照国家的方针政策和经济发展的要求,统一制定编制定额的方案、原则和方法,颁发统一的条例和规章制度。分级管理是在集中领导下,各部门和各省、自治区主管部门在其管辖范围内,根据各自的特点,按照国家的编制原则和条例细则,编制本部门本地区的预算定额,颁发补充性的条例规定,以及对预算定额实行经常性的动态管理。

(四)技术先进,经济合理

技术先进是指定额项目的确定、施工方法和材料的选择等,能够正确反映设计和施工技术与管理水平,及时采用已经成熟并普遍推广的新技术、新结构、新材料,以便使先进的生产技术和先进的管理经验能够得到进一步的推广和使用。

经济合理是指纳入预算定额的材料规格、质量、数量、劳动效率和施工机械的配备等,要符合当前大多数施工企业的施工和经营管理水平。

四、安装工程消耗量定额的编制方法

在市场条件下,企业编制安装工程消耗量定额有两种方法:

(1)以国家现行安装工程预算定额为基础,结合自身情况加以调整取定,这种方法比较便捷。

(2)当企业要想使定额更符合自己管理情况、所属专业情况、成本库建立情况等,可在WBS分解方法的基础上,用下列技术方法,由企业自主进行编制具有自身特点的“企业施工生产消耗量定额”。

(一)安装工程消耗量定额消耗量标准的确定

1.确定人工消耗量

人工消耗量是指完成该分项工程所必须的全部工序用工量,包括基本用工和其他用工。

1)基本用工

基本用工是指完成该分项工程的主要用工量,包括在劳动定额时间内所有用工量,以及按劳动定额规定应增加的用工量。其计算公式如下：

$$基本用工工日 = \sum(扩大工序工程量 \times 时间定额)$$

2)其他用工

其他用工包括材料超运距用工、辅助工作用工和人工幅度差。

材料超运距用工是指预算定额取定的材料、半成品等运距超过劳动定额规定的运距应增加的工日。其用工量以超运距和劳动定额计算。其计算公式如下：

$$材料超运距用工 = \sum(超运距材料数量 \times 时间定额)$$

辅助工作用工是指劳动定额中未包括的各种辅助工序用工，如材料的零星加工用工，如筛砂子、淋石灰膏等增加的用工量。

人工幅度差是指预算定额对在劳动定额的用工范围内没有包括，而在一般正常情况下又不可避免的一些零星用工，常以百分率计算。一般在取定预算定额用工量时，按基本用工、材料超运距用工、辅助工作用工之和的10% ~15%取定。其计算公式为：

$$人工幅度差 = (基本用工 + 材料超运距用工 + 辅助工作用工) \times 人工幅度差百分率$$

人工消耗量的计算公式为：

$$人工消耗量 = (基本用工 + 材料超运距用工 + 辅助工作用工) \times (1 + 人工幅度差百分率)$$

2. 确定材料消耗量

作为预算定额的材料消耗量，其组成包括材料的有效消耗量、材料的工艺性损耗量和材料的非工艺性损耗量三部分。其用公式表示为：

$$材料消耗量 = 有效消耗量 + 工艺性损耗量 + 非工艺性损耗量$$

工艺性损耗和非工艺性损耗包括场内运输的合理损耗、加工制作的合理损耗和施工操作的合理损耗及堆放损耗等。

3. 确定施工机械台班消耗量

当按照施工定额计算机械台班的消耗量时，应考虑在合理的施工组织设计条件下机械的停歇时间因素，另外增加一定的机械幅度差。

机械幅度差是根据施工定额的施工机械台班消耗量编制预算定额时，对施工定额规定的范围内没有包括而又必须增加的机械台班消耗量，一般以百分率表示。其因素大致有：施工中施工机械转移工作位置及配套机械相互影响所造成的损失时间，施工初期条件限制所造成的工效差，工程结尾时工作量不饱满所损失的时间，临时停水、停电所发生的工作间歇时间，临时水电线路的转移而影响机械的工作间歇时间，工程质量检查影响机械工作的损失时间，配合机械施工的工人在人工幅度差范围内的工作间歇而影响机械操作的时间。

(二)安装工程施工资源价格的确定

1. 人工工资单价的确定

1)工资等级和工资等级系数的确定

安装工人工资等级见表1-2，从表中可以看出，我国建筑安装工人实行八级工资制，把一级工的等级系数定为1，二~八级工的日工资标准均为一级工的不同倍数，如八级工的日工资标准是一级工的3.15倍。即只要确定了一级工的日工资标准，就可以计算出其他级别工人的日工资标准。

表1-2 安装工人工资等级

工资等级	一	二	三	四	五	六	七	八
等级系数	1.00	1.178	1.388	1.635	1.926	2.269	2.672	3.15
级差比(%)		17.8	17.8	17.8	17.8	17.8	17.8	17.8

在分项工程施工过程中,完成施工任务的往往是劳动小组,这个工人小组的平均工资等级不一定是一个整数。比如说,一个工人小组的平均工资等级可能是3.4级或5.1级,这时工资等级系数可以采用内插法进行计算。

例如:计算3.4级工的工资等级系数。

通过表1-2可以查到:3级工的工资等级系数是1.388,4级工的工资等级系数是1.635,则

3.4级工的工资等级系数 = 1.388 + (1.635 - 1.388) × 0.4
= 1.487

2)日工资标准的确定

有了工资等级、工资等级系数,并以一级工的工资标准为基数,即可直接计算出各级工人的日、月工资标准。其计算公式如下:

某级工人月工资标准 = 一级工月工资标准 × 某级工工资等级系数

某级工人日工资标准 = 月工资标准 ÷ 全月法定工作日

2. 材料预算单价的确定

材料预算单价是指材料(包括半成品、配件等)由来源地(或交货地点)运到工地现场(包括工地仓库、加工地点、材料堆放场)存放与保管之后的出库价格。材料从发货地点开始到用料地点仓库发料,要经过材料的采购、装卸、运输、包装、保管等过程。在整个过程中所发生的费用,包括材料原价、供销部门手续费、包装费、运杂费和采购及保管费等。其计算公式如下:

材料预算单价 = [材料原价 × (1 + 供销部门手续费率) + 包装费 + 运杂费] × (1 + 采购及保管费率) - 包装品的回收价值

1)材料原价

材料原价是指材料的出厂价、市场批发价、国营商业部门的批发价格,以及进口材料的离岸价或到岸价。

在确定原价时,若同一种材料因产地或供应单位不同而有几种原价的,应根据不同来源地的供应数量及不同单价,采用加权平均的方法计算原价。

2)供销部门手续费

供销部门手续费是指材料通过当地物资供应部门(物资局材料公司、材料供应站)供应所收取的附加手续费。不经物资供应部门而直接从生产厂家所采购的材料,则不收取此项费用。

供销部门手续费按各地物资部门及供应部门的取费标准计算。

供销部门手续费 = 材料原价 × 供销部门手续费率

3)包装费

包装费是指为了便于材料运输、减少损耗以及保护材料而进行包装所需要的费用。由于部分包装材料在材料使用之后仍具有一定的经济价值,即包装品的回收价值,因此应从材料包装费中予以扣除。

4)运杂费

运杂费是指材料采购部门由来源地到工地仓库全部过程中所发生的一切运杂费用,主要包括调车费(驳船费)、装卸费、运输费、附加工作费及途中损耗。

5)采购及保管费

采购及保管费是指材料采购部门在组织采购供应和保管材料过程中所发生的各种费用。包括各级材料采购部门的职工工资、职工福利、差旅及交通费、办公费等。

采购及保管费 = (材料原价 + 供销部门手续费 + 包装费 + 运杂费) × 采购及保管费率

3. 施工机械台班单价的确定

施工机械台班单价由两部分费用组成,即第一类费用和第二类费用。

1)第一类费用

第一类费用是一种比较固定的费用,又称不变费用。其特点是不论机械开动与否都须支付,主要包括折旧费、大修理费、经常修理费、安拆费及场外运输费等。

2)第二类费用

第二类费用是一种变动费用,又称可变费用。其特点是只有机械运转时才会发生,主要包括机上人工费、燃料动力费、养路费及车船使用费等。

施工机械台班单价确定的原理与人工单价和材料单价确定的原理相同,是通过施工机械台班单价中所包括的内容乘以机上工人工资单价、材料和燃料、动力等单价计算得出的。

五、安装工程消耗量定额的应用

我国自 2008 年 12 月 1 日起,实施《建设工程工程量清单计价规范》(GB 50500—2008)。该规范在编制时,参照了国际惯例,也考虑了我国当前的实际情况。我国现行的建设工程定额体系是经过几十年长期实践而形成的,具有一定的科学性和实用性,从事工程造价管理的工作人员,在定额计价模式下,已经形成了运用预算定额的习惯。《建设工程工程量清单计价规范》(GB 50500—2008)尊重这一历史事实,仍以现行《全国统一安装工程预算定额》为基础,特别是项目(子目)的划分(WBS 分解)、计量单位、工程量计算规则等方面,均与原定额尽量衔接。所以,必须充分掌握《全国统一安装工程预算定额》的工程量计算规则,以及其与《建设工程工程量清单计价规范》(GB 50500—2008)中清单项目的关系与差异。

(一)各专业定额的特点

应掌握各专业定额涉及的施工工艺、施工方法、检验与验收、系统调整及使用的仪表,熟悉施工组织、施工方案、组织措施(质量、安全、进度、成本等措施)、劳动组织,熟悉该专业安装的设备、材料、配件、部件和元件等的型号、规格、性能、产品标志、包装和贮运方法等,更要熟悉人工、设备和材料市场的货币体现及其价格动态。另外,还应掌握各专业定额的章节划分、工程量计算规则、子目的工作内容、子目消耗的主材及辅材、用系数(子目系数、综合系数)计算的消耗量、各专业定额之间的交叉与借项等关系。

(二)各专业定额的说明及章说明

1. 注意各专业定额的说明内容

专业定额的说明称“篇说明”或称“册说明”,它说明本专业定额的适用范围和编制该专业定额的标准,规范依据。若实际工程(或工作)超过或不属于这个范围,或不符合定额所规定的依据条件,就不能使用这个定额。若要使用,则必须经过合理的调整。

2. 注意各专业定额的章说明

定额册表中所列的消耗量数字,只表明人工、材料、机械台班的消耗数量,不能表明本章定额的适用范围、编制本章定额的依据、工程量计算方法、消耗量增减调整方法、包括或不包括的工程内容、与其他专业定额的关系等,而这些必须见定额每章之前的说明。

(三)用系数计算的消耗量或费用

安装工程消耗量定额主要编制了基本构成要素的消耗量,而某些施工工作,例如脚手架搭拆,定额没有列项制目,虽然某些安装工作需要搭脚手架,但不像建筑工程那样,脚手架是主导施工过程,必须搭设。所以,在建筑工程定额中,专门列出脚手架分部来计算其搭拆。而安装工程的这些施工工作,不是主导施工过程,且量不是太大,某些安装工作也不需要搭架,因此在定额中不必列项制目。发生这些工作时,一般用人工消耗量的百分率或一个系数来进行计算。这类系数称为子目系数及综合系数,经测算定制后,列在专业定额篇(册)或章的说明中,按照规定的说明使用。由于各专业工程各具特点,对施工工艺和施工过程的要求和条件不同,系数的取舍和数值的计算方法也不尽相同,所以不能混用,使用定额时,必须注意。

(四)各专业定额之间的关系

编制一个单位工程的工程量清单,或编制一个工程的预算造价,或编制某工程的报价书时,要涉及安装的多个专业定额,还要涉及建筑工程及其他工程定额,在使用时一定要按照各定额的计算规则或《建设工程工程量清单计价规范》(GB 50500—2008)的规则执行。当用子目系数和综合系数计算时,不能各取所需,必须采用“以主代次”的原则进行计算。如《全国统一安装工程预算定额》第二册“电气设备安装工程”、第六册“工业管道工程”、第七册“消防及安全防范设备安装工程”、第八册“给排水、采暖、燃气工程”、第九册“通风空调工程”等,它们均会使用到第十一册“刷油、防腐蚀、绝热工程”定额。但这些专业定额均有各自的脚手架搭桥,这时按照“以主代次”的原则,脚手架搭拆应按照各专业定额的方法计算,而不能用第十一册“刷油、防腐蚀、绝热工程”定额的脚手架搭拆的方法计算。当为单独的刷油、防腐蚀、绝热工程时,脚手架搭拆才单独用第十一册“刷油、防腐蚀、绝热工程”的系数计算。

(五)定额与《建设工程工程量清单计价规范》(GB 50500—2008)之间的关系

《建设工程工程量清单计价规范》(GB 50500—2008)的清单项目在编制时采取尽量与定额衔接的原则,“清单项目”划项简介综合且宽大,“定额”划分的子目详细且较连续。在使用时应从每个编码清单项目的特征、工作内容、计算规则中去发现他们之间的关系。

定额是施工企业管理科学化的产物,也是科学管理的基础,尽管管理科学不断发展,但科学管理仍离不开定额。当前,我国相当部分企业均没有自己企业的定额,这与工程造价改革和加入WTO极不相适应，编制企业定额是摆在我们面前的一项紧迫任务。

定额的“三个消耗量”（人工、材料、机械）是工程造价的基础，“三个单价”（人工单价、材料单价、机械台班单价）是工程造价的真实反映，“量”与“价”标准的制定原理，无论是站在国家角度还是站在企业角度，它都是工程造价管理非常重要的基本理论，也是弄清楚“工程量清单”编码项目的内容以及与“定额”之间关系的关键。所以，“三个消耗量”和“三个单价”的确定是本章的重点，也是全课程的重点，必须全面掌握和深入理解。

任务三　建筑安装工程量清单计价

一、工程量清单的编制

（一）工程量清单的概念

工程量清单表现的是拟建工程的分部分项工程项目、措施项目、其他项目名称和相应数量的明细清单。工程量清单由具有编制能力的招标人或受其委托，具有相应资质的工程造价咨询机构、招标代理机构等依据《建设工程工程量清单计价规范》（GB 50500—2008）及招标文件的有关要求，按照“五个统一”（统一的项目编码、统一的项目名称、统一的项目特征、统一的计量单位、统一的工程量计算规则），结合设计图纸和施工现场实际情况进行编制。采用工程量清单方式招标，工程量清单必须作为招标文件的组成部分，其准确性和完整性由招标人负责。

（二）工程量清单的编制依据

（1）《建设工程工程量清单计价规范》（GB 50500—2008）。

（2）国家或省级、行业建设主管部门颁发的计价依据和办法。

（3）建设工程设计文件。

（4）与建设工程项目有关的标准、规范、技术资料。

（5）招标文件及其补充通知、答疑纪要。

（6）施工现场情况、工程特点及常规施工方案。

（7）其他相关资料。

（三）工程量清单的作用

工程量清单是工程量清单计价的基础，是编制招标控制价、投标报价、计算工程量、支付工程款、调整合同价款、办理工程结算以及工程索赔等的依据之一。

（四）工程量清单的内容

工程量清单作为招标文件的组成部分，一个最基本的功能是作为信息的载体，以便投标人能对工程有全面充分的了解。在《建设工程工程量清单计价规范》（GB 50500—2008）中，工程量清单主要包括封面、填表须知、工程量清单总说明、分部分项工程量清单、措施项目清单、其他项目清单、零星工作项目表及主要材料设备表。

（五）工程量清单的编制

编制工程量清单共需要5步：①编制工程量清单总说明；②编制分部分项工程量清单；③编制措施项目清单；④编制其他项目清单；⑤编制零星工作项目表。

1. 编制工程量清单总说明(格式如下)

工程量清单总说明应按下列内容填写:

(1)工程概况,建设规模、工程特征、计划工期、施工现场实际情况、交通运输情况、自然地理条件、环境保护要求等;

(2)工程招标和分包范围;

(3)工程量清单编制依据;

(4)工程材料、质量、施工等的要求;

(5)业主自行采购材料的名称、规格、型号、数量等;

(6)预留金、自行采购材料的金额数量;

(7)其他需要说明的问题。

2. 编制分部分项工程量清单

分部分项工程量清单依据"五个统一"原则进行编制。

1)项目编码

项目以五级编码设置,用12位阿拉伯数字表示。其中一、二、三、四级编码统一(1~9位应按本计价规则的规定设置);第五级编码由工程量清单编制人员区分具体工程的清单项目特征而分别编码,由001起顺序编码。

各级编码代表的含义如下:

(1)一级表示专业工程分类码(分二位);建筑工程为01,装饰装修工程为02,安装工程为03,市政工程为04,园林绿化工程为05,矿山工程为06。

(2)第二级表示专业工程顺序码(分二位)。

(3)第三级表示分部工程顺序码(分二位)。

(4)第四级表示分项工程顺序码(分三位)。

(5)第五级表示工程量清单项目顺序码(分三位)。

以图示为例说明如下:

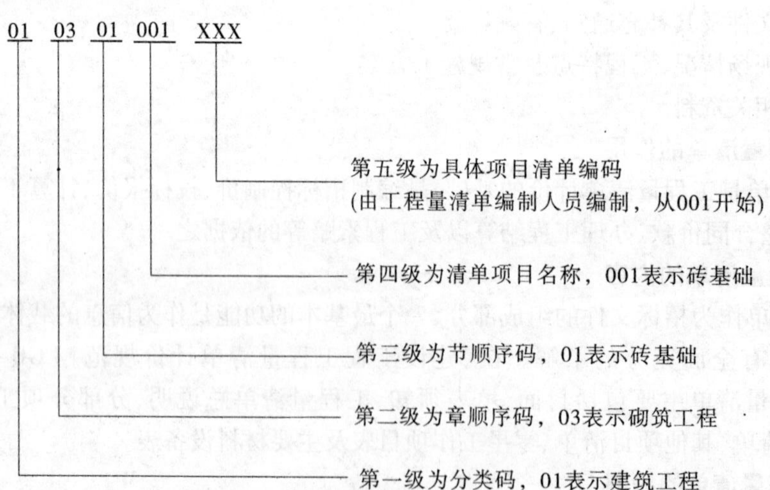

2）项目名称

《建设工程工程量清单计价规范》（GB 50500—2008）附录表中的“项目名称”为分项工程项目名称，是形成分部分项工程量清单项目名称的基础，项目名称是以形成工程实体而命名的。项目名称若有缺项，招标人可按原则进行补充，并报当地工程造价管理部门备案。

3）项目特征

项目特征是对项目的准确描述，项目特征是指项目的实体名称、型号、规格、材质、品种、质量、连接方式等。《建设工程工程量清单计价规范》（GB 50500—2008）“分部分项工程量清单项目”中未包括的项目，编制人可做相应补充并报造价管理机构备案。补充的分部分项清单项目，由其项目特征确定的项目名称应具有唯一性。

4）计量单位

应按《建设工程工程量清单计价规范》（GB 50500—2008）“分部分项工程量清单项目”中的规定确定计量单位，除各专业另有特殊规定外，均按以下单位计量：

（1）以质量计算的项目，t 或 kg；

（2）以体积计算的项目，m^3；

（3）以面积计算的项目，m^2；

（4）以长度计算的项目，m；

（5）以计数单位（自然单位）计算的项目，个、套、块、樘、组、台等；

（6）整体数量的项目，系统、项等。

其中，以“t”为单位时，应保留小数点后三位数字，第四位四舍五入；以“m^3”、“m^2”、“m”为单位时，应保留小数点后两位数字，第三位四舍五入；以“个”、“项”等为单位时，应取整数；木材取小数点后三位。编制人补充的分部分项清单项目，其计量单位应综合考虑组成该项目的各工程内容的计量单位的统一或便于换算。

5）工程内容

工程内容是指在正常施工条件下完成该分部分项清单项目可能发生的具体施工内容，以供招标人确定清单项目和供投标人投标报价时参考。

6）工程数量的计算

工程数量统一按照《建设工程工程量清单计价规范》（GB 50500—2008）的工程量计算规则和设计文件计算。所有分部分项工程工程量清单项目的工程数量应以实体工程量为准，施工中的各种损耗和需要增加的工程量综合考虑到报价中。

《建设工程工程量清单计价规范》（GB 50500—2008）中工程量的计算规则按主要专业划分，包括：附录 A 为建筑工程工程量清单项目及计算规则，附录 B 为装饰装修工程工程量清单项目及计算规则，附录 C 为安装工程工程量清单项目及计算规则，附录 D 为市政工程工程量清单项目及计算规则，附录 E 为园林绿化工程工程量清单及计算规则，附录 F 为矿山工程工程量清单项目及计算规则六个专业部分。

（1）建筑工程。包括土石方工程，桩与地基基础工程，砌筑工程，混凝土及钢筋混凝土工程，厂库房大门、特种门、木结构工程，金属结构工程，屋面及防水工程，防腐、隔热、保温工程。

（2）装饰装修工程。包括楼地面工程，墙柱面工程，天棚工程，门窗工程，油漆、涂料、裱糊工程,其他装饰工程。

(3)安装工程。包括机械设备安装工程,电器设备安装工程,热力设备安装工程,炉窑砌筑工程,静置设备与工艺金属结构制作安装工程,工业管道工程,消防工程,给水排水、采暖、燃气工程,通风空调工程,自动化控制仪表安装工程,通信设备及线路工程,建筑智能化系统设备安装工程,长距离输送管道工程。

(4)市政工程。包括土石方工程,道路工程,桥涵护岸工程,隧道工程,市政管网工程,地铁工程,钢筋工程,拆除工程,厂区、小区道路工程。

(5)园林绿化工程。包括绿化工程,园路、园桥、假山工程,园林景观工程。

(6)矿山工程。包括露天工程和井巷工程。

3. 编制措施项目清单

措施项目是指发生于工程施工前和施工过程中不构成工程实体的项目,分为通用项目和专业项目。措施项目清单应根据拟建工程具体情况,参照《建设工程工程量清单计价规范》(GB 50500—2008)的措施项目一览表中所列项目列项。需要说明的是,在编制措施项目清单时,对于一览表中未列而实际又发生的项目,编制人可自行补充,但需在投标文件中注明。

措施项目中可以计算工程量的项目清单宜采用分部分项工程量的方式编制,列出项目编码、项目名称、项目特征、计量单位和工程量;不能计算工程量的清单项目,以"项"为计量单位,数量统一为1。措施项目一览见表1-3。

表1-3 措施项目一览

序号	项目名称
1 通用项目	
1.1	安全文明施工(含环境保护、文明施工、安全施工、临时设施)
1.2	夜间施工
1.3	二次搬运
1.4	冬雨季施工
1.5	大型机械设备进出场及安拆
1.6	施工排水
1.7	施工降水
1.8	地上、地下设施,建筑物的临时保护设施
1.9	已完工程及设备保护
2 建筑工程	
2.1	垂直运输机械
3 装饰装修工程	
3.1	垂直运输机械
3.2	室内空气污染测试
4 安装工程	
4.1	组装平台
4.2	设备、管道施工的安全、防冻和焊接保护措施

续表 1-3

序号	项目名称
4.3	压力容器和高压管道的检验
4.4	焦炉施工大棚
4.5	焦炉烘炉、热态工程
4.6	管道安装后的充气保护措施
4.7	隧道内施工的通风、供水、供气、供电、照明及通信设施
4.8	现场施工围栏
4.9	长输管道临时水工保护设施
4.10	长输管道施工便道
4.11	长输管道跨越或穿越施工措施
4.12	长输管道穿越地上建筑物的保护措施
4.13	长输管道工程施工队伍调遣
4.14	格架式桅杆
5 市政工程	
5.1	围堰
5.2	筑岛
5.3	现场施工围栏
5.4	便道
5.5	便桥
5.6	洞内施工的通风、供水、供气、供电、照明及通信设施
5.7	驳岸块石清理

4. 编制其他项目清单

其他项目是指除分部分项清单项目和措施项目外，为完成工程施工可能发生费用的项目。其他项目清单可参照《建设工程工程量清单计价规范》(GB 50500—2008)中所列的其他项目一览表的内容，根据拟建工程的具体情况列项。需要说明的是，在编制其他项目清单中，对于一览表中未列而实际又发生的项目，编制人员可自行补充，但需在投标文件中注明。

根据一览表中的内容，其他项目清单包括暂列金额、暂估价(材料暂估价和专业工程暂估价)、计日工、总承包服务费，见表 1-4。

表 1-4 其他项目一览

序号	项目内容	计算方法
1	暂列金额	拟建工程具体计价说明
2	暂估价	拟建工程具体计价说明
3	计日工	拟建工程具体计价说明
4	总承包服务费	拟建工程具体计价说明

暂列金额是指招标人在工程量清单中暂定并包括在合同价款中的一笔款项，是用于施工合同签订时尚未确定或者不可预见的所需材料、设备、服务的采购，施工中可能发生的工程变更、合同约定调整因素出现时的工程价款调整以及发生的索赔、现场签证确认等的费用。

暂估价是指招标人在工程量清单中提供的用于支付必然发生但暂时不能确定价格的材料的单价以及专业工程的金额。

计日工是指在施工过程中，完成发包人提出的施工图纸外的零星项目或工作，按合同中约定的综合单价计价。

总承包服务费是指总承包人为配合协调发包人进行的工程分包自行采购的设备、材料等进行管理、服务以及施工现场管理、竣工材料汇总整理等服务所需的费用。

5. 规费项目清单

规费项目清单主要包括：

(1) 工程排污费。

(2) 工程定额测定费。

(3) 社会保障费。包括养老保险费、失业保险费、医疗保险费。

(4) 住房公积金。

(5) 危险作业意外伤害险。

未列而实际发生的项目可根据本省政府或有关权利部门的规定列项。

6. 税金项目清单

税金项目清单包括：

(1) 营业税。

(2) 城市维护建设税。

(3) 教育费附加。

未列而实际需要支出的税金项目应根据税务部门的规定列项。

二、工程量清单计价

(一)工程量清单计价的概念

工程量清单计价应包括按招标文件规定完成工程量清单所需的全部费用，包括拟建工程的分部分项工程费、措施项目费、其他项目费、规费和税金。按照《建设工程工程量清单计价规范》(GB 50500—2008)规定，依照工程量清单和综合单价法对建设工程进行计价的活动，按不同用途分为施工图预算、招标标底和投标报价以及工程结算。

(二)一般规定

分部分项工程量清单应采用综合单价计价。综合单价是指完成工程量清单中一个规定计量单位项目所需的人工费、材料费、机械使用费、管理费和利润，并考虑风险因素。综合单价不但适用于分部分项工程量清单计价，也适用于措施项目清单及其他项目清单计价。

工程量清单计价的编制过程一般可以分为两个阶段，即工程量清单的编制和根据所列的工程量清单进行投标报价。

工程量清单及其计价采用统一格式。各省、自治区、直辖市建设行政主管部门和行业建设主管部门可根据本地区、本行业的实际情况，在本规范计价表格的基础上补充完善。

编制施工图预算时，可直接使用工程量清单计价表格；工程招标投标时的商务标底、投标报价及工程结算，应同时使用工程量清单及工程量清单计价表格。

招标文件中的工程量清单标明的工程量是投标人投标报价的基础，竣工结算的工程量按发、承包双方在合同中约定应予计量且实际完成的工程量确定。

措施项目清单中的安全文明施工费应按照国家或省级、行业建设主管部门的规定计价，不得作为竞争性费用。

规费和税金应按国家或省级、行业建设主管部门的规定计算，不得作为竞争性费用。

（三）工程量清单计价的程序

工程量清单计价模式下的费用项目包括分部分项工程费、措施项目费、其他项目费、规费和税金。

1. 分部分项工程费

分部分项工程费是指完成工程量清单列出的各分部分项工程量所需的费用，包括人工费、材料费、机械使用费、管理费、利润和风险。

$$\text{分部分项工程费} = \sum \text{分部分项工程量} \times \text{分部分项工程综合单价}$$

分部分项工程综合单价由人工费、材料费、机械费、管理费、利润组成，并考虑一定的风险费用。

$$\text{人工费} = \sum(\text{定额综合工日数量} \times \text{人工工日单价})$$

$$\text{材料费} = \sum(\text{定额材料数量} \times \text{对应材料单价})$$

$$\text{机械费} = \sum(\text{定额机械台班数量} \times \text{对应机械台班单价})$$

管理费的计算根据不同的工程类型，其取费基数和费率均不同。其中，除人工土石方工程以人工费为取费基数外，其余的土建工程和装饰工程均以直接工程费为取费基数乘以相关的费率。

利润的计算和管理费类似。除人工土石方是以人工费为取费基数外，其余均以直接工程费加管理费乘以利润率求解。

2. 措施项目费

措施项目费是由“措施项目一览表”中提供的通用项目和专用项目来确定工程措施项目金额的总和，包括人工费、材料费、机械使用费、管理费、利润和风险。

$$\text{措施项目费} = \sum \text{措施项目工程量} \times \text{措施项目综合单价}$$

措施项目综合单价的费用构成和确定方法与分部分项工程综合单价基本类似。

3. 其他项目费

其他项目费是指暂列金额、暂估价、计日工、总承包服务费的估算金额的总和。

暂列金额应根据工程特点，按有关计价规定估算。暂估价中的材料单价应根据工程造价信息或参照市场价格估算，暂估价中的专业工程金额应分不同专业，按有关计价规定估算。计日工应根据工程特点和有关计价依据计算。总承包服务费应根据招标文件列出的内容和要求估算。

4. 规费

规费是政府和有关部门规定必须缴纳的费用的总和。

$$\text{规费} = (\text{分部分项工程费} + \text{措施项目费} + \text{其他项目费}) \times \text{规费费率}$$

5. 税金

税金是指国家规定应计入建筑安装工程造价内的营业税、城市维护建设税和教育费附加费用的总和。

$$税金 = 不含税工程造价 \times 税率$$

$$单位工程报价 = 分部分项工程费 + 措施项目费 + 其他项目费 + 规费 + 税金$$

$$单项工程报价 = \sum 单位工程报价$$

$$建设项目总报价 = \sum 单项工程报价$$

(四)工程量清单及计价表格

编制工程量清单时,封面应根据规定的内容填写、签字、盖章,造价员编制的工程量清单应有负责审核的造价工程师签字、盖章。

____________________工程

工 程 量 清 单

招标人:________________ 工程造价

(单位盖章) 咨 询 人:________________

(单位资质专用章)

法定代表人: 法定代表人:

或其授权人:________________ 或其授权人:________________

(签字或盖章) (签字或盖章)

编制人:________________ 复核人:________________

(造价人员签字盖专用章) (造价工程师签字盖专用章)

编制时间: 年 月 日 复核时间: 年 月 日

投标总价

招 标 人:________________________

工程名称:________________________

投标总价(小写):________________

(大写):________________

投标人:________________________

(单位盖章)

法定代表人

或其授权人:________________________

(签字或盖章)

编制人:________________________

(造价人员签字盖专用章)

编制时间: 年 月 日

在编制招标控制价、投标报价、竣工结算时，除承包人自行编制的投标报价和竣工结算外，若委托造价咨询部门编制招标控制价、投标报价、竣工结算，应由负责审核的造价工程师签字、盖章以及工程造价咨询公司盖章。

总说明一般应包括下列内容：

(1)工程概况：建设规模、工程特征、计划工期、合同工期、实际工期、施工现场及变化情况、施工组织设计特点、自然地理条件、环境保护要求等。

(2)工程招标和分包范围。

(3)工程量清单编制依据。

(4)工程质量、材料、施工等的特殊要求。

(5)其他需要说明的问题。

其具体计价表格见表 1-5 ~ 表 1-18。

总说明

工程名称　　　　　　　　　　　　　　　　　　　　　　　　第　页　共　页

表 1-5　投标报价汇总表

工程名称：　　　　　　　　　　　　　　　　　　　　　　　　　第　页 共　页

序号	单项工程名称	金额(元)	其中		
			暂估价(元)	安全文明施工费(元)	规费(元)
合计					

注：本表适用于工程项目招标控制价或投标报价的汇总。

表 1-6　单项工程投标报价汇总表

工程名称：　　　　　　　　　　　　　　　　　　　　　　　　　第　页 共　页

序号	单项工程名称	金额(元)	其中		
			暂估价(元)	安全文明施工费(元)	规费(元)
合计					

注：本表适用于单项工程招标控制价或投标报价的汇总。暂估价包括分部分项工程中的暂估价和专业工程暂估价。

表 1-7　单位工程投标报价汇总表

工程名称：　　　　　　　　　　　　标段：　　　　　　　　　　第　页　共　页

序号	汇总内容	金额(元)	其中:暂估价(元)
1	分部分项工程		
1.1			
1.2			
1.3			
1.4			
1.5			
2	措施项目		
2.1	安全文明施工费		—
3	其他项目		—
3.1	暂列金额		—
3.2	专业工程暂估价		—
3.3	计日工		—
3.4	总承包服务费		—
4	规费		—
5	税金		—
招标控制价合计 =1 +2 +3 +4 +5			

注：本表适用于单位工程招标控制价或投标报价的汇总，若无单位工程划分，单项工程也使用本表汇总。

表 1-8　分部分项工程量清单与计价表

工程名称：　　　　　　　　　　　　标段：　　　　　　　　　　第　页　共　页

序号	项目编码	项目名称	项目特征描述	计量单位	工程量	金额(元)		
						综合单价	合价	其中：暂估价
本页小计								
合计								

注：根据建设部、财政部发布的《建筑安装工程费用组成》（建标[2003]206 号）的规定，为计取规费等的使用，可在表中增设其中："直接费"、"人工费"或"人工费 + 机械费"。

表 1-9 工程量清单综合单价分析表

工程名称：　　　　　　　　　　　标段：　　　　　　　　　　　第　页　共　页

<table>
<tr><td>项目编码</td><td></td><td colspan="2">项目名称</td><td colspan="4"></td><td colspan="3">计量单位</td><td></td></tr>
<tr><td colspan="12">清单综合单价组成明细</td></tr>
<tr><td rowspan="2">定额编号</td><td rowspan="2">定额名称</td><td rowspan="2">定额单位</td><td rowspan="2">数量</td><td colspan="4">单价（元）</td><td colspan="4">合价（元）</td></tr>
<tr><td>人工费</td><td>材料费</td><td>机械费</td><td>管理费和利润</td><td>人工费</td><td>材料费</td><td>机械费</td><td>管理费和利润</td></tr>
<tr><td></td><td></td><td></td><td></td><td></td><td></td><td></td><td></td><td></td><td></td><td></td><td></td></tr>
<tr><td></td><td></td><td></td><td></td><td></td><td></td><td></td><td></td><td></td><td></td><td></td><td></td></tr>
<tr><td></td><td></td><td></td><td></td><td></td><td></td><td></td><td></td><td></td><td></td><td></td><td></td></tr>
<tr><td></td><td></td><td></td><td></td><td></td><td></td><td></td><td></td><td></td><td></td><td></td><td></td></tr>
<tr><td colspan="2">人工单价</td><td colspan="6">小计</td><td></td><td></td><td></td><td></td></tr>
<tr><td colspan="2">元/工日</td><td colspan="6">未计价材料费</td><td colspan="4"></td></tr>
<tr><td colspan="8">清单项目综合单价</td><td colspan="4"></td></tr>
<tr><td rowspan="6">材料费明细</td><td colspan="5">主要材料名称、规格、型号</td><td>单位</td><td>数量</td><td>单价（元）</td><td>合价（元）</td><td>暂估单价（元）</td><td>暂估合价（元）</td></tr>
<tr><td></td><td></td><td></td><td></td><td></td><td></td><td></td><td></td><td></td><td></td><td></td></tr>
<tr><td></td><td></td><td></td><td></td><td></td><td></td><td></td><td></td><td></td><td></td><td></td></tr>
<tr><td></td><td></td><td></td><td></td><td></td><td></td><td></td><td></td><td></td><td></td><td></td></tr>
<tr><td colspan="7">其他材料费</td><td>—</td><td></td><td>—</td><td></td></tr>
<tr><td colspan="7">材料费小计</td><td>—</td><td></td><td>—</td><td></td></tr>
</table>

注：1. 若不使用省级或行业建设主管部门发布的计价依据，可不填定额项目、编号等。

2. 招标文件提供了暂估单价的材料，按暂估的单价填入表内“暂估单价”栏及“暂估合价”栏。

表 1-10 措施项目清单与计价表(一)

工程名称：　　　　　　　　　　　标段：　　　　　　　　　　　第　页　共　页

序号	项目名称	计算基础	费率(%)	金额(元)
1	安全文明施工费			
2	夜间施工费			
3	二次搬运费			
4	冬雨季施工			
5	大型机械设备进出场及安拆费			
6	施工排水			
7	施工降水			
8	地上、地下设施及建筑物的临时保护设施			

续表 1-10

序号	项目名称	计算基础	费率(%)	金额(元)
9	已完工程及设备保护			
10	各专业工程的措施项目			
11				
12				
合计				

注:1. 本表适用于以"项"计价的措施项目。

2. 根据建设部、财政部发布的《建筑安装工程费用组成》(建标[2003]206 号)的规定,"计算基础"可为"直接费"、"人工费"或"人工费+机械费"。

表 1-11　措施项目清单与计价表(二)

工程名称:　　　　　　　　　　标段:　　　　　　　　　　第　页　共　页

序号	项目编码	项目名称	项目特征描述	计量单位	工程量	金额(元)	
						综合单价	合价
本页小计							
合计							

注:本表适用于以综合单价形式计价的措施项目。

表 1-12　其他项目清单与计价汇总表

工程名称:　　　　　　　　　　标段:　　　　　　　　　　第　页　共　页

序号	项目名称	计量单位	金额(元)	说明
1	暂列金额			明细详见暂列金额明细表
2	暂估价			
2.1	材料暂估价			明细详见材料暂估单价表
2.2	专业工程暂估价			明细详见专业工程暂估价表
3	计日工			明细详见计日工表
4	总承包服务费			明细详见总承包服务费计价表
5				
合计				—

注:材料暂估价单价进入清单项目综合单价,此处不汇总。

表 1-13　暂列金额明细表

工程名称：　　　　　　　　　　　　　　标段：　　　　　　　　　　　　　　第　页　共　页

序号	项目名称	计量单位	暂定金额(元)	说明
1				
2				
3				
4				
合计				—

注：此表由招标人填写，若不能详列，也可只列暂定金额总额，投标人应将上述暂列金额计入投标总价中。

表 1-14　材料暂估单价表

工程名称：　　　　　　　　　　　　　　标段：　　　　　　　　　　　　　　第　页　共　页

序号	材料名称、规格、型号	计量单位	单价(元)	说明

注：1. 此表由招标人填写，并在备注栏中说明暂估价的材料拟用在哪些清单项目上，投标人应将上述材料暂估价单价计入工程量清单综合单价报价中。

2. 材料包括原材料、燃料、构配件以及按规定应计入建筑安装工程造价的设备。

表 1-15　专业工程暂估表

工程名称：　　　　　　　　　　　　　　标段：　　　　　　　　　　　　　　第　页　共　页

序号	工程名称	工程内容	单价(元)	说明
合计				—

注：此表由招标人填写，投标人应将上述专业工程暂估价计入投标总价中。

表 1-16　计日工表

工程名称：　　　　　　　　　　　　　标段：　　　　　　　　　　　　　第　页　共　页

编号	项目名称	单位	暂定数量	综合单价(元)	合价(元)
一	人工				
1					
2					
3					
4					
5					
人工小计					
二	材料				
1					
2					
3					
4					
5					
材料小计					
三	施工机械				
1					
2					
3					
4					
施工机械小计					
总计					

注：此表项目名称、暂定数量由招标人填写，编制招标控制价时，综合单价是由招标人按有关计价规定确定的；投标时，综合单价由投标人自主报价，计入投标总价中。

表 1-17　总承包服务费计价表

工程名称：　　　　　　　　　　　　　标段：　　　　　　　　　　　　　第　页　共　页

序号	项目名称	项目价值(元)	服务内容	费率(%)	金额(元)
1	发包人发包专业工程				
2	发包人供应材料				
合计					

表 1-18　规费、税金项目清单与计价表

工程名称：　　　　　　　　　　　　标段：　　　　　　　　　　　　第　页　共　页

序号	项目名称	计费基础	费率(%)	金额(元)
1	规费			
1.1	工程排污费			
1.2	社会保障费			
(1)	养老保险费			
(2)	失业保险费			
(3)	医疗保险费			
1.3	住房公积金			
1.4	危险作业以外伤害保险			
1.5	工程定额测定费			
2	税金	分部分项工程费＋措施项目费＋其他项目费＋规费		
合计				

注：根据建设部、财政部发布的《建筑安装工程费用组成》(建标[2003]206号)的规定，“计费基础”可为“直接费”、“人工费”或“人工费＋机械费”。

思考题

一、名词解释

1. 定额
2. 基本用工
3. 人工幅度差
4. 材料预算单价

二、填空题

1. 材料的工艺性损耗和非工艺性损耗包括____________的合理损耗、____________的合理损耗和____________的合理损耗及堆放损耗等。

2. 材料从发货地点开始到用料地点仓库发料，要经过材料的________、________、________、________、________等过程。

三、判断题

1. 在产品生产中消耗不能无限地降低。(　)

2. 当物体的长、宽、高都变化不定时应当以自然单位为计量单位。(　)

3. 预算定额中材料的数量是指工程中材料的净用量和合理损耗量之和。(　)

四、单项选择题

1.《全国统一安装工程预算定额》共有(　)。

A. 3 册　B. 9 册　C. 12 册　D. 11 册

2.“统一定额”的适用条件是(　)。

A. 特殊施工条件下　B. 一般施工条件下

C. 正常施工条件下　D. 非正常施工条件下

3. 物体的截面有一定的形状和大小,但有不同长度时,应当以(　)为计量单位。

A. 体积　B. 面积　C. 长度　D. 质量

4. 当物体有一定的厚度,而面积不固定时,应当以(　)为计量单位。

A. 体积　B. 面积　C. 长度　D. 质量

5. 如果物体的长、宽、高都变化不定时,应当以(　)为计量单位。

A. 体积　B. 面积　C. 长度　D. 质量

五、多项选择题

1. 下面哪些属于定额的特性?(　)

A. 一次性　B. 群众性　C. 相对稳定性　D. 针对性

E. 固定性

2. 定额按生产要素可分为(　)。

A. 建筑工程定额　B. 劳动定额　C. 施工定额　D. 材料消耗定额

E. 机械台班使用定额

3. 安装工程消耗量定额中人工消耗量包括(　)。

A. 基本用工　B. 材料超运距用工　C. 其他用工

D. 人工幅度差　E. 辅助工作用工

4. 其他用工包括(　)。

A. 材料超运距用工　B. 辅助工作用工　C. 加工用工　D. 工序用工

E. 人工幅度差

5. 安装工程消耗量定额中材料的预算单价由(　)组成。

A. 材料原价　B. 供销部门手续费　C. 包装费　D. 运杂费

E. 采购及保管费

6. 属施工机械台班单价中的第一类费用的有(　)。

A. 折旧费　B. 燃料动力费　C. 经常修理费　D. 安拆费

E. 场外运输费

7. 属施工机械台班单价中的第二类费用的有(　)。

A. 人工费　B. 大修理费　C. 养路费　D. 车船使用费

E. 税金

六、问答题

1. 定额的作用有哪些？
2. 简述安装工程消耗量定额的作用。
3. 安装工程消耗量定额的编制原则是什么？
4. 实行清单计价法和定额计价法的区别是什么？
5. 如何确定措施项目清单的计量单位和数量？
6. 分部分项工程的项目编码如何确定？
7. 什么是计日工？如何计取？
8. 根据不同的工程类型，管理费的取费基数和费率如何确定？

项目二　生活给水排水工程计量与计价

任务一　工程量计算规则及定额套用

一、室内给水排水工程量计算

(一)室内给水排水系统组成

1. 室内生活给水系统组成

室内生活给水系统主要由六大部分组成,如图2-1所示。

(1)进户管。进户管亦称为引入管,是从室外管网引入室内进水管,与室内管道相连,直达水表位置的管段。此处通常设水表井(阀门井)。

(2)水表节点(水表井)。水表节点用以计量室内给水系统总用水量。

(3)室内给水管网。一般设有水平干管、立干管、支管等。

(4)给水管道附件。包括阀门、水嘴、过滤器等。

(5)升压和储水设备。包括水泵、水箱等。

(6)消防设备。包括消火栓、喷淋管及喷淋头等。

2. 室内生活污水排水系统组成

室内生活污水排水系统主要由六大部分组成,如图2-2所示。

(1)污水收集器。包括便器、面盆等用水设备。

(2)排水管网。包括排水立管、横管以及支管等。

(3)透气装置。包括排气管、透气管、透气帽等。

(4)排水管网附件。包括存水弯、地漏等。

(5)清通装置。包括清扫口、检查口等。

(6)检查井。用砖砌筑或预制成型的构筑物。

(二)室内给水管道工程量计算

工程量总的计算顺序:从入口处算起,先主干后支管,先进入后排出,先设备后附件。

工程量计算要领:以管道系统为单元计算,先小系统,后相加为全系统,以建筑平面特点划片计算。用管道平面图的建筑物轴线尺寸和设备位置尺寸为参考计算水平管长度,以管道系统图、剖面图的标高计算立管长度,支管按自然层计算。

1. 工程量计算规则

(1)以施工图所示管道中心线长度,按"延长米"计量,以"10 m"为计算单位。阀门、管件(包括减压器、水表等组成安装项目)所占长度均不从管道延长米中扣除。

计算工程量时,应分别按不同材质(镀锌管、焊接管、铸铁管、塑料管等)、不同连接方式(螺纹连接、焊接、石棉水泥接口等)、不同直径(定额规定的步距),以"10 m"为单位分别计算。

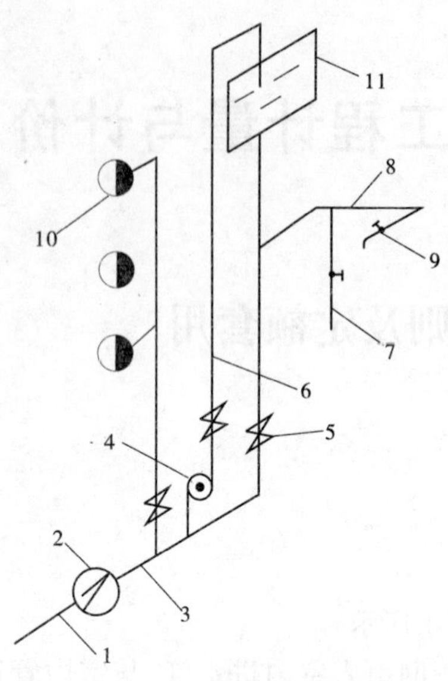

1—引入管;2—水表井;3—水平干管;
4—水泵;5—主控制阀;6—主干管;
7—立支管;8—水平支管;9—水嘴
及用水设备;10—消火栓;11—水箱

图 2-1　室内生活给水系统组成

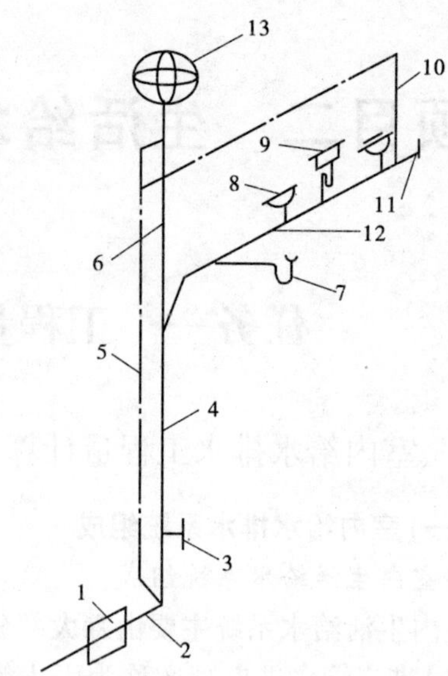

1—检查井;2—排出管;3—检查口;4—排水立管;
5—排气管;6—透气管;7—大便器;8—地漏;
9—脸盆等用水设备;10—地面扫除口;11—清通口;
12—排水横管;13—透气帽

图 2-2　室内生活污水排水系统组成

(2)室内外管道界线划分规定。给水管道室内外界线入口处设阀门者以阀门为界,无阀门者以建筑物外墙皮 1.5 m 处为界;与市政管道界线以水表井为界,无水表井者以与市政管道碰头点为界。

2. 定额套用

室内给水管道安装工程量套用《全国统一安装工程预算定额》第八册定额相应子目,但各册中亦有交叉,在使用中需要注意以下几点:

(1)可按管道材质、接口方式和接口材料以及管径大小分档次,分别选套定额。

(2)主材按定额用量计算,管件计算未计价值。

(3)管道安装定额包括:①管道及接头零件安装;②水压试验或灌水试验;③室内 *DN*32 以内钢管的管卡以及托钩制作和安装均综合在定额中;④钢管包括弯管制作与安装(伸缩器除外),无论是现场煨制还是成品弯管,均不得换算;⑤穿墙以及过楼板薄钢板套管安装人工费。

(4)管道安装定额不包括以下内容:

①镀锌薄钢板套管制作按"个"计算,执行《全国统一安装工程预算定额》第八册相应定额子目。其安装项目已包括在管道安装定额中,不再另行计算。钢管套管制作、安装工料,按室外钢管(焊接)项目计算。

②管道支架制作安装,室内管道 *DN*32 以下的安装工程已包括在内,不再另行计算。*DN*32 以上者,以"kg"为计量单位,另列项计算。

③室内给水管道消毒、冲洗、压力试验,均按管道长度以"m"计算,不扣除阀门、管件

所占长度。

④室内给水钢管除锈、刷油，按照管道展开表面积以“m^2”计算。其计算公式为：

$$F = \pi DL \tag{2-1}$$

式中 L——钢管长度，m；

D——钢管外径，m。

明装管道通常刷底漆1遍，其他漆2遍；埋地或暗敷部分的管道刷沥青漆2遍。

工程量计算可查阅《全国统一安装工程预算定额》第十一册“刷油、防腐蚀、绝热工程”。定额套用《全国统一安装工程预算定额》第十一册“刷油、防腐蚀、绝热工程”相应子目。

⑤室内给水铸铁管道除锈、刷油的工程量，可按管道展开面积以“m^2”计算。其计算公式为：

$$F = 1.2\pi DL \tag{2-2}$$

式中 F——管外壁展开面积，m^2；

D——管外径，m；

L——管长度，m；

1.2——承插管道承头增加面积系数。

刷油可按设计图或规范要求计算，通常露在空间部分刷防锈漆1遍、调和漆2遍，埋地部分通常刷沥青漆2遍。

除锈、刷油定额选套《全国统一安装工程预算定额》第十一册“刷油、防腐蚀、绝热工程”相应子目。

（三）室内排水管道工程量计算

室内排水管道工程量计算顺序和计算要领同室内给水管道工程量计算。

1.工程量计算规则

（1）室内排水管道工程量计算规则同室内给水管道，仍以“延长米”计算，以“10 m”为计算单位。

（2）室内外管道界线划分规定。室内外以出户第一个排水检查井或外墙皮1.5 m处为界，室外管道与市政管道界线以与市政管道碰头井为界。

2.定额套用

（1）可按管道材质、接口方式和接口材料以及管径大小分档次，选套相应定额。

（2）主材按定额用量计算，管件计算未计价值。

（3）管道安装定额包括：铸铁排水管、塑料排水管（均包括管卡以及托、吊支架、透气帽）的制作和安装，管道接头零件的安装。

（4）管道安装定额不包括以下内容：

①室内排水管道除锈、刷油工程量，其计算方法和计算公式同室内给水铸铁管道。按照规范的规定，裸露在空间部分排水管道刷防锈底漆1遍、银粉漆2遍，埋地部分通常刷沥清漆2遍或刷热沥清2遍，选套《全国统一安装工程预算定额》第十一册定额相应子目。

②室内排水管道沟土石方工程量计算详见室内、室外给水排水管道土方工程计算。

③室内排水管道部件安装工程量计算：地漏安装，可区别不同直径按“个”计算；地面

扫除口(清扫口)安装,可区别不同直径按“个”计算;排水栓安装,分带存水弯和不带存水弯以及不同直径按“组”计算。

(四)栓、阀及水表组等安装工程量计算

(1)各种阀门安装均以“个”为计量单位,根据不同类别、不同直径和接口方式选套定额。

法兰阀门安装,当仅是一侧法兰连接时,定额所列法兰、带帽螺栓以及垫圈数量减半,其余不变。

各种法兰连接用垫片均按石棉橡胶板计算,若用其他材料,不得调整。

法兰阀(带短管甲乙)安装均以“套”为计量单位,当接口材料不同时,可作调整。

自动排气阀安装以“个”为计量单位,已包括支架制作安装,不得另行计算;浮球阀安装以“个”为计量单位,已包括了连杆以及浮球安装,不得另行计算。

(2)法兰安装应区别不同材质(碳钢法兰和铸铁法兰)、连接方式(丝接、焊接)和不同直径大小,分别以“副”为单位计算。每两片法兰为一副。法兰本身价值按工程所在地的预算价格应另行计算。

(3)水表组成与安装应区分不同形式、接管直径、连接方式,分别以“组”为单位计算。法兰水表安装是按《全国通用给水排水标准图集》S145 编制的,定额内包括旁通管及止回阀,当与设计规定的安装形式及定额不同时,阀门及止回阀可按设计规定进行调整,其余不变。水表本身价值应另行计算。

(4)水龙头安装工程量可按不同规格直径,以“个”为计量单位。

(五)卫生器具安装工程量计算

卫生器具组成安装以“组”为计量单位,定额已按照标准图综合了卫生器具与给水管、排水管连接的人工与材料用量,不得另行计算。

1. 盆类卫生器具安装

(1)浴盆安装可区别冷热水和冷水带喷头以及不同材质,分别以“组”为计量单位。但不包括支座和四周侧面砌砖及贴瓷砖工程量。

(2)洗涤盆、化验盆安装可区别单嘴、双嘴以及不同开关,分别以“组”为计量单位。

(3)洗脸盆、洗手盆安装可区别冷水、冷热水和不同材质、开关,分别以“组”为计量单位。

2. 淋浴器组成与安装

(1)钢管组成淋浴器可区分冷水、冷热水,以“组”为计量单位,淋浴器的莲蓬头不包括在定额内,应另行计算。

(2)铜管制品淋浴器安装项目适用于各种成品淋浴器安装。各种成品淋浴器的价值不包括在定额内,应另行计算。

3. 便溺用卫生器具安装

(1)大便器安装工程量应根据设计图纸规定的大便器形式以及冲洗方式、不同材质以“套”为计量单位。蹲式大便器安装已包括了固定大便器的垫砖,但不包括大便器蹲台砌筑。

(2)小便器安装工程量根据冲洗方式(自动式、普通式)、小便器形式(挂斗式、立式)分别以“套”为计量单位。但小便器及高水箱的价格不包括在定额内,应另行计算。

(3)大便槽、小便槽自动冲洗水箱安装以“套”为计量单位,已包括了水箱托架的制作安装,不得另行计算。小便槽冲洗管的制作与安装以“m”为计量单位,不包括阀门安装,其工程量可按相应定额另行计算。

4. 盥洗(槽)台安装

(1)管道安装按“m”计算,在室内给水排水管网工程中,套相应定额子目。

(2)水龙头以“个”为计量单位,计入给水分部工程中。

(3)排水栓以“组”、地漏以“个”为计量单位,分别计入排水分部工程中。

5. 水磨石、水泥制品的污水盆、拖布池、洗涤盆安装

水磨石、水泥制品的污水盆、拖布池、洗涤盆安装套土建定额。

6. 冷热水混合器安装

冷热水混合器安装以“套”为计量单位,不包括支架制作安装及阀门安装,其工程量可按相应定额另行计算。

7. 蒸汽–水加热器安装

蒸汽–水加热器的安装工程量以“台”为计量单位,已包括莲蓬头安装,但不包括支架制作、安装及阀门、疏水器安装,其工程量可按照相应定额另行计算。

8. 电热水器、电开水炉安装

电热水器、电开水炉安装以“台”为计量单位,只考虑本体安装,连接管、连接件等工程量可按相应定额另行计算。

9. 容积式热交换器安装

容积式热交换器可按不同型号分别以“台”为计量单位,不包括安全阀安装、温度计、保温与基础砌筑,可按照设计用量和相应定额另行计算。

10. 消毒器、消毒锅、饮水器安装

消毒器安装工程量可按湿式、干式和不同规格以“台”为计量单位。

消毒锅安装工程量可按不同型号以“台”为计量单位。

饮水器安装工程量以“台”为计量单位,但阀门和脚架开关(包括弯管与喷头的安装,不得另行计算)工程量要另行计算。

二、室外给水排水工程量计算

(一)室外给水管道工程量计算

1. 工程量计算规则

(1)以施工图所示管道中心线长度,按“m”计算,不扣除阀门、管件所占长度。

(2)同室内给水管道界线:从进户第一个水表井处或外墙皮 1.5 m 处,与市政给水干管交接处为界点。

2. 工程量常列项目

(1)阀门安装分螺纹、法兰连接,按直径分档,以“个”为计量单位。

(2)法兰盘安装以“副”为计量单位。

(3)水表安装工程计算同室内给水管道水表安装计算。

(4)管道消毒、清洗,同室内给水管道安装工程量计算。

(二)室外排水管道工程量计算

1. 工程量计算规则

(1)以施工图管道平面图和纵断面图所示中心线长度,按"m"计算,不扣除窨井、管件所占长度。

(2)同室外排水管道界线:从室内排出口第一个检查井或外墙皮 1.5 m 处,室外管道与市政排水管道碰头井为界点。

2. 工程量常列项目

(1)混凝土、钢筋混凝土管道,套土建定额。

(2)污水井、检查井、窨井、化粪池等构筑物套土建定额。

(3)室外排水管道沟、土石方工程量套土建定额。

(4)承插铸铁排水管,可按不同接口材料以管径分档次,套《全国统一安装工程预算定额》第八册相应定额项目。

其余材质和不同连接方式的室外排水管道工程量计算以定额套用同室内给水管道。只是分部工程子目不同。

(三)室内、外给水排水管道土石方工程量计算(其土方量可套用土建定额)

管沟开挖与回填工程量以"m^3"为计量单位,按下列规定计算(地区有规定者按地区规定计算)。

1. 管沟开挖土方工程量的计算

(1)管沟计算长度按图示尺寸净长计算;宽度按设计宽度计算,当设计无规定时,可按表 2-1 计算。

表 2-1　管沟底宽尺寸

管径(mm)	铸铁管、钢管、石棉水泥管(m)	混凝土、钢筋混凝土、预应力混凝土管(m)	陶土管(m)
50 ~ 75	0.60	0.80	0.70
100 ~ 200	0.70	0.90	0.80
250 ~ 350	0.80	1.00	0.90
400 ~ 450	1.00	1.30	1.10
500 ~ 600	1.30	1.50	1.40
700 ~ 800	1.60	1.80	—
900 ~ 1 000	1.80	2.00	—

(2)设计室外标高以下的,按人工挖土定额计算;设计室外标高以上的,按山坡切土定额计算。

(3)计算管道沟槽土方工程量时,各种检查井和排水管道接口等处,因加宽面积增加的工程量均不计算。但铺设铸铁给水管道时,接口处的土方工程量应按铸铁管道沟槽全部土方工程量增加 2.5% 计算。

(4)采用机械挖土时,挖不到的土方应按人工挖土计算,套用相应定额乘以系数 2。

(5)管沟的深度按分段内的地面平均自然标高减去管子底面或基础底面的平均高度计算。

(6)无地下水且在天然湿度的土中挖土时，普通土在 1 m 深以内，坚土和砂砾坚土在 1.5 m 深以内，均不放坡和支挡土板。

2. 管沟回填土方工程量的计算

回填土按夯填和松填分别以“m^3”为单位计算。

(1)回填土计算方法。

回填土体积 = 挖土体积 - 设计室外地坪以下建(构)筑物被埋置部分所占的体积

(2)计算管沟回填土。管径小于 500 mm 时，管道所占体积不扣除；管径大于 500 mm 时，应减去管道所占体积，每米管道扣减体积数量按表 2-2 的规定计算。

表 2-2　大于 500 mm 管径每米管道扣减体积　(单位：m^3)

项目	管道直径(mm)		
	500 ~ 600	700 ~ 800	900 ~ 1 000
钢管	0.24	0.44	0.71
铸铁管	0.24	0.49	0.77
钢筋混凝土管	0.33	0.60	0.92

三、生活给水排水安装工程量计算的注意事项

(一)定额中的有关说明

1. 定额编制依据

本定额是根据现行有关国家产品标准、设计规范、施工及验收规范、技术操作规程、质量评定标准和安全操作规程编制的，亦参考了行业、地方标准以及有代表性的工程设计、施工资料和其他资料。除定额规定者外，均不得调整。

2. 工程预算定额中几项费用的规定

1)脚手架搭拆费及摊销费

脚手架搭拆费及摊销费按人工费的 5% 计取，其中人工费占 25%。

2)高层建筑增加费系数

高层建筑是指高度在 6 层(不含 6 层)或 20 m 以上的工业与民用建筑，可按定额册(篇)说明中的规定系数计算。高层建筑增加费系数(见表 2-3)属于子目系数。

表 2-3　高层建筑增加费系数

层数	9 层(30 m)以下	12 层(40 m)以下	15 层(50 m)以下	18 层(60 m)以下	21 层(70 m)以下	24 层(80 m)以下	27 层(90 m)以下	30 层(100 m)以下	33 层(110 m)以下
按人工费(%)	2	3	4	6	8	10	13	16	19
层数	36 层(120 m)以下	39 层(130 m)以下	42 层(140 m)以下	45 层(150 m)以下	48 层(160 m)以下	51 层(170 m)以下	54 层(180 m)以下	57 层(190 m)以下	60 层(200 m)以下
按人工费(%)	22	25	28	31	34	37	40	43	46

3)超高增加费系数

给排水工程预算定额高度为3.6 m。若工程安装高度超过3.6 m(不含3.6 m),应按超过部分(指由3.6 m至操作物最高点)的定额人工费乘以表2-4中的超高增加费系数计取超高增加费。超高增加费系数属于子目系数。

表2-4　超高增加费系数

标高(±m)	3.6~8	3.6~12	3.6~16	3.6~20
超高系数	0.10	0.15	0.20	0.25

如:某建筑层高5 m,给水工程定额人工费为2 000元,其中安装高度超过3.6 m工程量的人工费为500元,则该工程超高增加费为:500×0.25=125(元),整个给水工程人工费应为:2 000+125=2 125(元),或者2 000-500+500×(1+0.25)=2 125(元)。

3. 管廊系数

设置于管道间、管廊内的管道、阀门、法兰、支架安装,定额人工乘以系数1.3,即增加费系数为0.3。

如:某建筑管廊内有*DN*50的给水管道200 m,查定额知基价为110.13元,其中人工费为62.23元,则该管廊内给水管的人工费为$62.23\times\frac{200}{10}\times1.3=1\ 617.98$(元)。

该项内容是指一些高级建筑、宾馆、饭店内封闭的天棚、竖向通道内安装的给水排水管道及阀门、法兰、支架等工程量,不包括管沟内的管道安装。

4. 浇筑工程系数

为了配合预留孔洞,当土建主体结构为现场浇筑并采用钢模施工的工程时,内外浇筑的定额人工费乘以系数1.05,采用内浇外砌的定额人工费乘以系数1.03。

如:有一工程,其主体结构为现场浇筑并采用钢模施工,该工程给水排水工程定额人工费为12 000元。根据定额规定,定额人工费应乘以系数。即内外浇筑时,人工费为12 000×1.05=12 600(元);内浇外砌时,人工费为12 000×1.03=12 360(元)。

(二)使用定额应注意的问题

(1)室内外给水、雨水铸铁管的安装,定额已包括接头零件安装所需人工费(包括雨水漏斗),但不包括接头零件和雨水漏斗的材料费,应按设计需用量另计主材费。

(2)铸铁排水管及塑料排水管均包括管卡及托架、支架、臭气帽的制作与安装,其用量和种类不得调整。

(3)定额规定,给水管道室内外界限的划分,以建筑物外墙面1.5 m为界。如果给水管道绕房屋周围1 m内敷设,不得按室内管道计算,而是按室外管道计算。

(4)管沟内的管道安装,不能视同管廊内的管道安装,应执行管道安装定额的相应子目。

(5)定额中,室内给水螺纹连接部分,给出的附属零件是综合计算的,无论实际需用多少均不得调整。

(6)各种水箱连接管和支架均未包括在定额内,可按室内管道安装的相应项目执行:型钢支架可执行定额"一般管架项目",混凝土或砖支架可执行各省、自治区、直辖市建筑工程预算定额有关项目。

(7)地漏安装中所需的焊接管道定额是综合取定的,任何情况下都不得调整。

(三)给水排水安装工程与其他册(篇)定额之间的关系

(1)工业管道、生活与生产共用管道、锅炉房、泵房、高层建筑内加压泵房等管道,执行《全国统一安装工程预算定额》第六册"工业管道"相应定额。

(2)通冷冻水的管道(用于空调)执行《全国统一安装工程预算定额》第六册"工业管道"相应定额。

(3)管道、设备刷油、保温等执行《全国统一安装工程预算定额》第十一册"刷油、防腐蚀、绝热工程"相应定额。

(4)管道沟砌筑、浇筑混凝土等工程可执行地方"建筑工程预算定额"。

任务二　给水排水安装工程施工图预算编制实例

一、工程内容

该工程为某单位职工宿舍楼。建筑面积为 2 400 m^2,共 4 层,层高 3.3 m。每层设男厕所、女厕所、盥洗室各 1 个。

盥洗室内沿两侧墙设盥洗槽,每个盥洗槽设水嘴 5 个;男、女厕所各装瓷高水箱蹲式大便器 3 个,各砌污水池 1 个,污水池各装水嘴 1 个,男厕所设小便槽 1 个,设冲洗管(管长 2 m)。上水立管均在 1 楼设置控制阀门,每层从上水立管引出的支干管均设控制阀门。

给水管道全部采用镀锌钢管,螺纹连接;排水管道采用排水铸铁管,石棉水泥接口。洗涤污水和粪便污水分别由甲、乙两个排出口排出室外。第一个检查井距建筑外墙面 3.5 m。

埋地铸铁管刷两道沥青漆防腐,地面以上铸铁管刷一道防锈漆、两道银粉漆。

设备、管道规格、型号、安装位置等详细情况见图 2-3 ~ 图 2-6,主要设备材料见表 2-5。

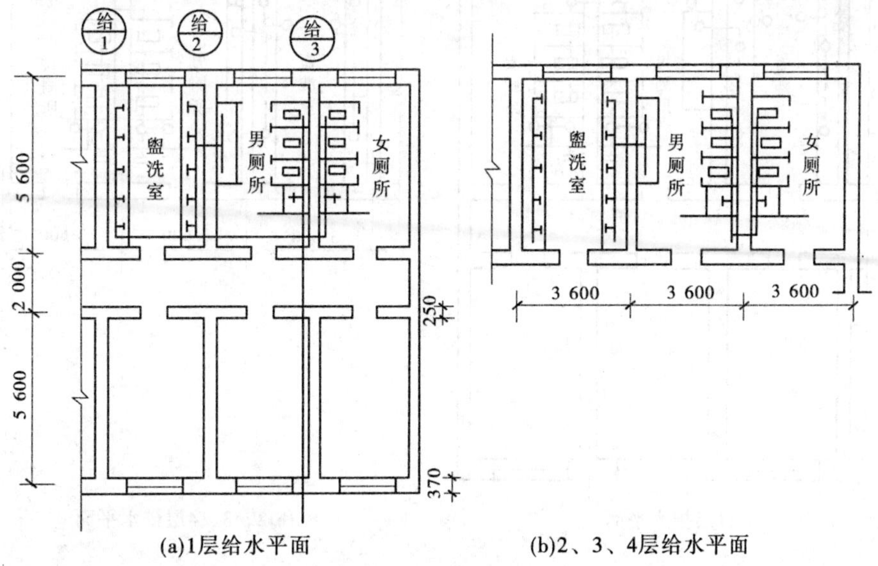

图 2-3　给水平面

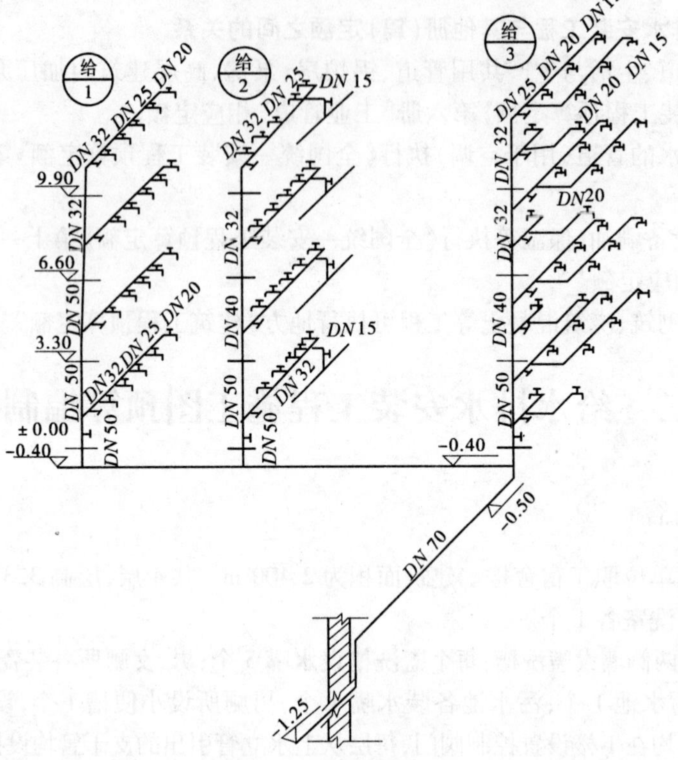

图 2-4　给水管道系统

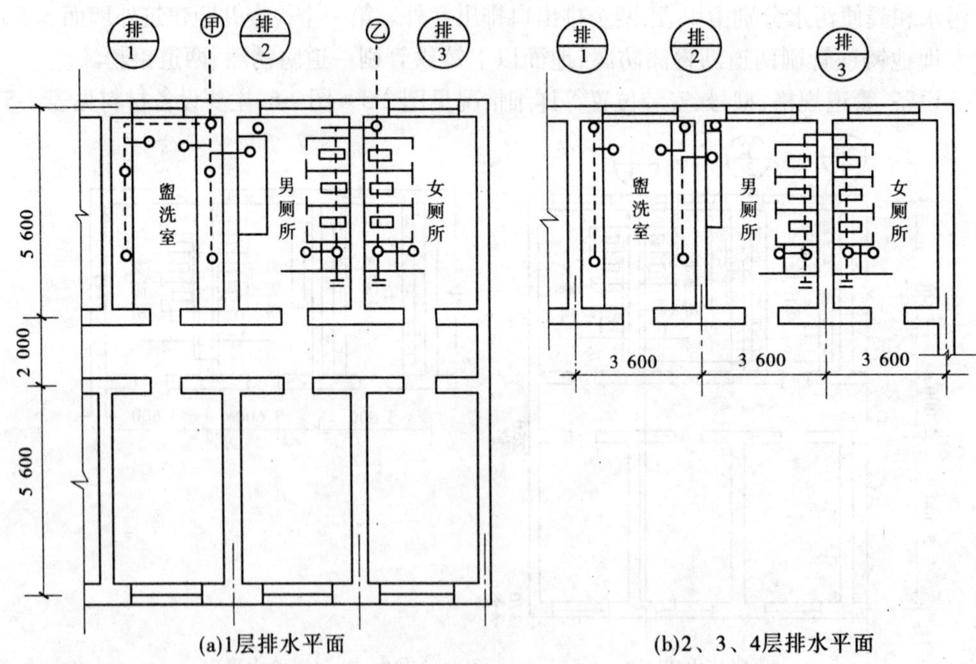

(a)1层排水平面　　(b)2、3、4层排水平面

图 2-5　排水平面

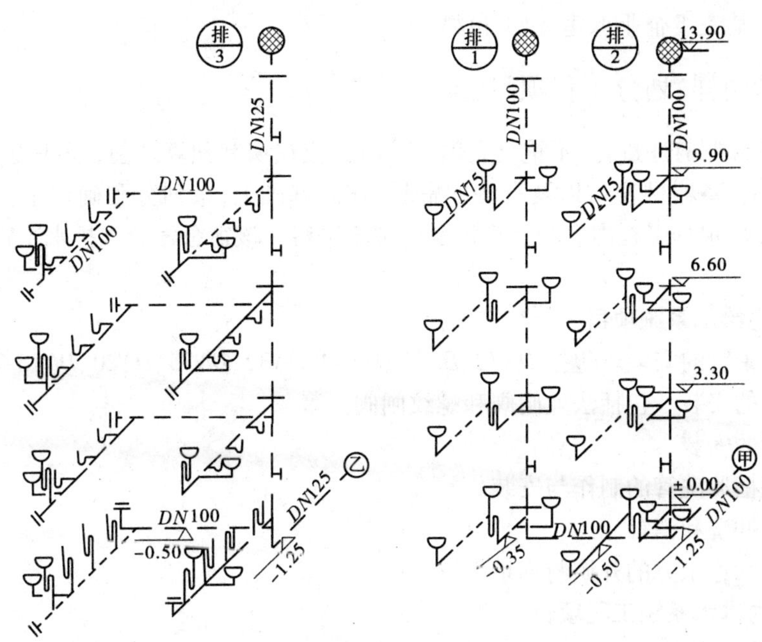

图 2-6　排水管道系统

表 2-5　主要设备材料

序号	设备材料名称	型号及规格	单位	数量	说明
1	瓷高水箱蹲式大便器		组	24	
2	水嘴	DN20	个	8	
3	水嘴	DN15	个	40	
4	法兰闸阀	Z45T－10，DN50	个	3	
5	螺纹闸阀	Z15T－10，DN32	个	8	
6	螺纹闸阀	Z15T－10，DN25	个	4	
7	螺纹闸阀	Z15T－10，DN20	个	4	
8	螺纹闸阀	Z15T－10，DN15	个	4	
9	地漏	DN50	个	20	
10	排水栓	DN50	个	24	
11	扫除口	DN100	个	8	
12	镀锌钢管	DN70	m	12	
13	镀锌钢管	DN50	m	20	
14	镀锌钢管	DN40	m	12	
15	镀锌钢管	DN32	m	25	
16	镀锌钢管	DN25	m	26	
17	镀锌钢管	DN20	m	25	
18	镀锌钢管	DN15	m	18	
19	铸铁排水管	DN125	m	18	
20	铸铁排水管	DN100	m	75	
21	铸铁排水管	DN75	m	15	
22	铸铁排水管	DN50	m	35	

该工程由某三级企业承建，包工包料。

二、熟悉图样，划分工程项目

为使预算编制有序进行，不重复立项，不漏项，应在编制预算之前，仔细阅读图样（包括施工说明和设备器材表），以及有关的资料，在此基础上，来划分和确定工程项目。工程项目的确定应根据工程内容和预算定额的规定进行。该宿舍楼给水排水工程有以下工程项目。

（一）室内给水系统项目

（1）镀锌钢管的安装。包括 *DN*70、*DN*50、*DN*40、*DN*32、*DN*25、*DN*20、*DN*15 等规格。

（2）阀门的安装。包括法兰闸阀和螺纹闸阀。

（3）水嘴的安装。

（4）小便槽冲洗管的制作与安装。

（5）管道冲洗和消毒。

（6）埋地管道土方的开挖与回填。

（二）室内排水系统工程项目

（1）铸铁排水管的安装（石棉水泥接口）。包括 *DN*125、*DN*100、*DN*75、*DN*50 四种规格。

（2）瓷高水箱蹲式大便器的安装。

（3）铸铁排水管刷油防腐。包括刷防腐漆、银粉漆、沥青漆。

（4）地漏的安装。

（5）扫除口的安装。

（6）埋地管道土方开挖与回填。

三、计算工程量

（一）给水工程

1. 镀锌钢管的安装

管道安装工程量可以根据比例量取，也可以根据建筑尺寸计算。现以建筑尺寸计算方法统计工程量。

1）*DN*70 镀锌钢管（给水进户干管）

根据定额室内外给水管道界限划分的规定，进户干管的范围是从距外墙 1.5 m 处起到厕所隔墙内。其长度为：

1.5（距外墙面距离）+7.6（外墙中至厕所墙中距离）+0.31（外墙与隔墙厚度和的一半）+0.85（引入管与室内管标高差）=10.26（m）。

2）*DN*50 镀锌钢管

*DN*50 镀锌钢管包括水平支干管和立管两大部分。

（1）水平支干管长度等于盥洗室和男厕所开间尺寸去掉两个隔墙厚度和的一半和两个立管管径以及规范规定管道距墙的距离。即水平支干管长度为：

3.6×2（开间尺寸）－0.13×2（两墙厚度和的一半）－0.05×2（两个立管管径）－0.02×2（管道距墙距离）=6.80（m）

(2)立管部分。立管共有 3 根,每个立管均包括地上部分和地下部分。

立管①,*DN*50 镀锌钢管,地下部分 0.40 m,地上部分包括 1 层至 2 层高度 3.30 m,盥洗台高 0.80 m,水嘴至盥洗台距离 0.20 m。*DN*50 镀锌钢管数量为:

$$0.40 + 3.30 + 0.80 + 0.20 = 4.70(\text{m})$$

*DN*40 镀锌钢管数量为 3.30 m(相当于层高)。

*DN*32 镀锌钢管数量为:

3.30(相当于层高) + [(5.60 - 0.31) ÷ 6] × 4 = 6.83(m)

式中房间纵深减内外墙厚度之半,再六等分,为第一个水嘴至立管中心的距离,乘以 4 是指 4 个楼层相同。

*DN*25 镀锌钢管数量为:

0.88(水嘴间距) × 3(3 个间距) × 4(4 层) = 10.56(m)

*DN*20 镀锌钢管数量为:

0.88 × 4(4 层) = 3.52(m)

立管②,计算方法同立管①:*DN*50 镀锌钢管为 4.70 m,*DN*40 镀锌钢管为 3.30 m,*DN*32 镀锌钢管为 6.83 m,*DN*25 镀锌钢管为 10.56 m,*DN*20 镀锌钢管为 3.52 m。

立管②和立管①不同之处在于还有 *DN*15 镀锌钢管,这是穿过隔墙到男厕所小便槽冲洗管的管道。其长度为:

[0.24(墙厚) + 0.05 × 2(管中心距墙灰面距离) + 0.01 × 2(墙两面抹灰厚度) + 0.20(冲洗管与水平支管的距离)] × 4(4 层) = 2.24(m)

立管③,*DN*50 镀锌钢管为 2.25 m(1 层大便器水箱给水横管至地面高度,查标准图可知)。

*DN*40 镀锌钢管为:

3.30(层高) - 2.25(1 层大便器水箱给水横管至地面高度) + 2.25(2 层大便器水箱给水横管距 2 层地面高度) = 3.30(m)

*DN*32 镀锌钢管为:

3.30 × 2(同 *DN*40 算法) + 0.88 × 4(水平支管部分) = 10.12(m)

*DN*25 镀锌钢管为:

0.90(跨越拖布池的间距) × 4 + 0.10(水箱进水管距隔墙距离) × 4 = 4.00(m)

*DN*20 镀锌钢管为:

[0.90(大便池间距) × 2(男、女厕所各 1 个) + 0.25(大便器隔墙厚加抹灰厚) + 0.05 × 2(管中心距墙距离) + 1.25(男、女厕所拖布池配管,查大样图知)] × 4 = 13.6(m)

*DN*15 镀锌钢管为:

0.90(大便器间距) × 2(男、女厕所各 1 个) × 4 = 7.20(m)

3)镀锌钢管工程量汇总

镀锌钢管工程量汇总见表 2-6。

2. 阀门、水嘴的安装

阀门、水嘴的安装、规格、型号、数量可以从系统图、平面图上查得,并与材料表对照确定。

法兰闸阀:Z45T－10,*DN*50 3 个。

螺纹闸阀:Z15T－10,*DN*32 12 个。

螺纹闸阀:Z15T－10,*DN*20 4 个。

螺纹闸阀:Z15T－10,*DN*15 4 个。

水嘴:　　　　　*DN*20 8 个。

水嘴:　　　　　*DN*15 40 个。

表 2-6　镀锌钢管工程量汇总　　(单位:m)

名称	规格						
	*DN*15	*DN*20	*DN*25	*DN*32	*DN*40	*DN*50	*DN*70
给水进户干管							10.26
水平支干管						6.80	
立管①		3.52	10.56	6.83	3.30	4.70	
立管②	2.24	3.52	10.56	6.83	3.30	4.70	
立管③	7.20	13.6	4.00	10.12	3.30	2.25	
合计	9.44	20.64	25.12	23.78	9.90	18.45	10.26

3. 小便槽冲洗管的制作与安装

*DN*15:4×2＝8(m)。

4. 管道的冲洗

*DN*50 以内管道为 107.33 m,*DN*100 以内的管道为 10.26 m。

5. 挖填土方

设计上对管沟无具体要求,按表 2-1 选用沟宽:给水系统埋地管道有 *DN*70、*DN*50 两种规格,沟宽均为 0.60 m。

土方量＝0.60(沟宽)×1.25(*DN*70 管埋深)×(1.50＋0.38)(外墙面以外 1.50＋墙厚)＋0.60(沟宽)×0.50(*DN*70 管室内埋深)×(7.60－0.19＋0.12＋0.02)(外墙中至厕所墙中－外墙厚的一半＋厕所墙厚的一半＋管道距墙距离)＋0.60(沟宽)×0.40(*DN*50 管埋深)×(3.60×2－0.12×2－0.05×2－0.02×2)(开间尺寸－墙厚－立管管径－管距墙距离)＝5.31(m^3)

回填土方量＝5.31(m^3)

(二)排水系统

1. 甲排出口管道

(1)*DN*100 铸铁排水管。

地下部分:3.50(室内外管道分界)＋0.38(外墙厚度)＋0.16(管中心距墙面距离)＋(1.25－0.5)(排水立管①地下排水管与排出管标高差)＋3.60(盥洗室开间尺寸)－0.16－0.16(排水立管①、②中心至隔墙距离)＋0.50＋0.50(排水立管①、②地坪以下部分)＝9.07(m)。

地上部分:13.90×2(排水立管①、②由地面至铅丝球中心标高)＝27.80(m)。

则 $DN100$ 铸铁排水管为：

$$9.07 + 27.80 = 36.87(\text{m})$$

(2)$DN75$ 铸铁排水管。

地下部分：0.88×2(右侧盥洗台排水栓至排水立管②为两个水嘴的间距)+0.35(地下横排水管至地坪高差)+0.35(左侧高差)+0.88×2(左侧间距)=4.22(m)。

地上部分：0.88×2(盥洗台排水栓至排水立管距离)×6(2、3、4层6个盥洗台)=10.56(m)。

则 $DN75$ 铸铁排水管为：

$$4.22 + 10.56 = 14.78(\text{m})$$

(3)$DN50$ 铸铁排水管。

地下部分：0.50×2(两个地漏横支管长)+0.99(通向小便槽水口总长度)=1.99(m)。

地上部分：1.99×3(2、3、4层同层)=5.97(m)。

则 $DN50$ 铸铁排水管为：

$$1.99 + 5.97 = 7.96(\text{m})$$

(4)$DN50$ 焊接钢管。

地下部分：0.35×3=1.05(m)(3个地漏接钢管长度)。

地上部分：0.80(盥洗台存水弯下接钢管长度)×8(共8个存水弯)−0.35×2(一层地下部分算过)+0.40(一个地漏连接钢管长度)×9(2至4层共9个)=9.30(m)。

则 $DN50$ 焊接钢管为：

$$1.05 + 9.30 = 10.35(\text{m})$$

2. 乙排出口管道

(1)$DN125$ 铸铁排水管。

地下部分：3.50+0.38+0.16+1.25(透气立管地下埋深)=5.29(m)。

地上部分：13.90 m(透气管标高)。

则 $DN125$ 铸铁排水管为：

$$5.29 + 13.90 = 19.19(\text{m})$$

(2)$DN100$ 铸铁排水管。

地下部分：0.60(女厕所隔墙距外墙间距)+0.90×4(女厕所4个蹲坑间距)+0.90×4(男厕所蹲坑间距)+0.16(立管距隔墙距离)+0.28(隔墙厚加抹灰厚)+0.40(清扫口离隔墙距离)+0.50×2(两个清扫口管长度)=9.64(m)。

地上部分：9.64×3(2、3、4层同1层)=28.92(m)。

则 $DN100$ 铸铁排水管为：

$$9.64 + 28.92 = 38.56(\text{m})$$

(3)$DN50$ 铸铁排水管。

地下部分：1.00+1.00=2.00(m)(男、女厕所地漏横管长)。

地上部分：2.00×3(2、3、4层同1层)=6.00(m)。

则 $DN50$ 铸铁排水管为：

2.00 + 6.00 = 8.00(m)

(4)*DN*50 焊接钢管。

地下部分:0.40 ×2(两个地漏连接钢管长度) +0.60 ×2(两拖布池排水栓存水弯连接钢管长度) =2.00(m)。

地上部分:2.00 ×3(2、3、4 层同 1 层) =6.00(m)。

则 *DN*50 焊接钢管为:

2.00 + 6.00 = 8.00(m)

3. 铸铁排水管工程量汇总

铸铁排水管工程量汇总见表 2-7。

表 2-7 铸铁排水管安装工程量汇总 (单位:m)

部位	规格				
	*DN*50	*DN*75	*DN*100	*DN*125	*DN*50(钢管)
甲排水口	7.96	14.78	36.87		10.35
乙排水口	8.00		38.56	19.19	8.00
合计	15.96	14.78	75.43	19.19	18.35

4. 排水栓的安装

*DN*50:6 ×4 =24(个)。

5. 铸铁地漏的安装

*DN*50:5 ×4 =20(个)。

6. 扫除口的安装

*DN*100:2 ×4 =8(个)。

*DN*125:1 ×4 =4(个)。

7. 瓷高水箱蹲式大便器

6 ×4 =24(组)。

8. 管道防腐刷沥青漆(两道)

(1)铸铁排水管 *DN*125 地下埋设 5.29 m,外径为 137 mm,表面积为:

$$S = \pi DL = 3.14 \times 0.137 \times 5.29 = 2.28(\mathrm{m}^2)$$

(2)铸铁排水管 *DN*100 地下埋设 18.71 m,外径为 110 mm,表面积为:

$$S = \pi DL = 3.14 \times 0.110 \times 18.71 = 6.46(\mathrm{m}^2)$$

(3)铸铁排水管 *DN*75 地下埋设 4.22 m,外径为 85 mm,表面积为:

$$S = \pi DL = 3.14 \times 0.085 \times 4.22 = 1.13(\mathrm{m}^2)$$

(4)铸铁排水管 *DN*50 地下埋设 3.99 m,外径为 60 mm;地下埋设焊接钢管 3.05 m,外径为 60 mm,两项表面积为:

$$S = \pi DL = 3.14 \times 0.06 \times (3.99 + 3.05) = 1.33(\mathrm{m}^2)$$

管道防腐刷沥青漆工程量为:

$$2.28 + 6.46 + 1.13 + 1.33 = 11.20(\mathrm{m}^2)$$

9. 管道刷油(防锈漆一道,银粉漆两道)工程量

(1)铸铁排水管 $DN125$ 地上安装 13.90 m,表面积为:

$$3.14\times0.137\times13.90=5.98(\mathrm{m}^2)$$

(2)铸铁排水管 $DN100$ 地上安装 56.72 m,表面积为:

$$3.14\times0.110\times56.72=19.59(\mathrm{m}^2)$$

(3)铸铁排水管 $DN75$ 地上安装 10.56 m,表面积为:

$$3.14\times0.085\times10.56=2.82(\mathrm{m}^2)$$

(4)铸铁排水管和焊接钢管 $DN50$ 地上安装 27.27 m,表面积为:

$$3.14\times0.06\times27.27=5.14(\mathrm{m}^2)$$

管道刷油工程量为:

$$5.98+19.59+2.82+5.14=33.53(\mathrm{m}^2)$$

10. 埋地管道挖填土方

(1)甲排出口 $DN100$,沟宽 0.7 m,则

土方量 = 0.7(沟宽) × 1.25(埋深) × (3.5(检查井与建筑物外墙距离) + 0.38(墙厚) + 0.16(管中心距墙距离)) + 0.7(沟宽) × 0.5(埋深) × (3.6(开间尺寸) − 0.16 × 2(排水立管至墙距))

= 3.54 + 1.15 = 4.69(m^3)

$DN75$、$DN50$ 铸铁排水管和 $DN50$ 焊接钢管埋地敷设,沟宽均为 0.6 m,则

土方量 = 0.6(沟宽) × 0.35(埋深) × (0.88 × 2 + 0.88 × 2)(排水支管长) + 0.6 × 0.35 × 1.99($DN50$ 铸铁排水管埋地长)

= 0.74 + 0.42 = 1.16(m^3)

甲排出口土方量 = 4.69 + 1.16 = 5.85(m^3)

(2)乙排出口。$DN125$ 铸铁排水管埋地管沟宽为 0.7 m,则

土方量 = 0.7(沟宽) × 1.25(埋深) × (3.5 + 0.38 + 0.16)(管长) = 3.54(m^3)

$DN100$ 铸铁排水管埋地土方量为:

土方量 = 0.7 × 0.5(埋深) × 9.64(管长) = 3.37(m^3)

$DN50$ 铸铁排水管埋地土方量为:

土方量 = 0.6 × 0.5 × 2 = 0.6(m^3)

乙排出口铸铁排水管埋地工程量为:

$$3.54+3.37+0.6=7.51(\mathrm{m}^3)$$

(3)土方工程量合计。

$$5.85+7.51=13.36(\mathrm{m}^3)$$

(4)回填土方量。回填土方量也为 13.36 m^3。

将工程量计算过程汇总如表 2-8 所示。

表 2-8　工程量计算过程汇总

工程名称:给排水系统　　　　　　　　　　　　　　　　　　　　　　年　月　日

序号	分部分项工程名称	计算式	计量单位	工程数量	部位
给水系统					
1	镀锌钢管的安装 *DN*70	1.5 + 7.6 + 0.31 + 0.85	m	10.26	给水进户干管
2	镀锌钢管的安装 *DN*50	3.6 × 2 − 0.13 × 2 − 0.05 × 2 − 0.02 × 2	m	6.80	水平支干管
3	镀锌钢管的安装 *DN*50	0.40 + 3.30 + 0.80 + 0.20	m	4.70	立管①
4	镀锌钢管的安装 *DN*40	3.30	m	3.30	立管①
5	镀锌钢管的安装 *DN*32	3.30 + [(5.60 − 0.31) ÷ 6] × 4	m	6.83	立管①
6	镀锌钢管的安装 *DN*25	0.88 × 3 × 4	m	10.56	立管①
7	镀锌钢管的安装 *DN*20	0.88 × 4	m	3.52	立管①
8	镀锌钢管的安装 *DN*50	同立管①	m	4.70	立管②
9	镀锌钢管的安装 *DN*40	同立管①	m	3.30	立管②
10	镀锌钢管的安装 *DN*32	同立管①	m	6.83	立管②
11	镀锌钢管的安装 *DN*25	同立管①	m	10.56	立管②
12	镀锌钢管的安装 *DN*20	同立管①	m	3.52	立管②
13	镀锌钢管的安装 *DN*15	(0.24 + 0.05 × 2 + 0.01 × 2) × 4	m	2.24	立管②
14	镀锌钢管的安装 *DN*50	2.25	m	2.25	立管③
15	镀锌钢管的安装 *DN*40	3.3 − 2.25 + 2.25	m	3.30	立管③
16	镀锌钢管的安装 *DN*32	3.3 × 2 + 0.88 × 4	m	10.12	立管③
17	镀锌钢管的安装 *DN*25	0.9 × 4 + 0.1 × 4	m	4.00	立管③
18	镀锌钢管的安装 *DN*20	(0.9 × 2 + 0.25 + 0.05 × 2 + 1.25) × 4	m	13.6	立管③
19	镀锌钢管的安装 *DN*15	0.9 × 2 × 4	m	7.20	立管③
20	法兰闸阀 *DN*50	1 + 1 + 1	个	3	立管①、②、③
21	螺纹闸阀 *DN*32	3 × 4	个	12	立管①、②、③
22	螺纹闸阀 *DN*20	4	个	4	立管②
23	螺纹闸阀 *DN*15	4	个	4	立管③
24	水嘴安装 *DN*20	2 × 4	个	8	立管③
25	水嘴安装 *DN*15	5 × 2 × 4	个	40	立管①、②
26	管道冲洗 *DN*50 以内		m	107.33	
27	管道冲洗 *DN*100 以内		m	10.26	
28	挖填土方	0.60 × 1.25 × (1.50 + 0.38) + 0.60 × 0.50 × (7.60 − 0.19 + 0.12 + 0.02) + 0.60 × 0.40 × (3.60 × 2 − 0.12 × 2 − 0.05 × 2 − 0.02 × 2)	m^3	5.31	
29	小便槽冲洗管安装 *DN*15	4 × 2	m	8.00	

续表 2-8

序号	分部分项工程名称	计算式	计量单位	工程数量	部位
排水系统					
30	铸铁排水管 *DN*100	3.5 +0.38 +0.16 +1.25 -0.5 +3.6 -0.16 ×2 +0.5 ×2	m	9.07	甲排出口地下部分
31	铸铁排水管 *DN*100	13.9 ×2	m	27.80	甲排出口地上部分
32	铸铁排水管 *DN*75	0.88 ×2 +0.35 +0.35 +0.88 ×2	m	4.22	甲排出口地下部分
33	铸铁排水管 *DN*75	0.88 ×2 ×6	m	10.56	甲排出口地上部分
34	铸铁排水管 *DN*50	0.5 ×2 +0.99	m	1.99	甲排出口地下部分
35	铸铁排水管 *DN*50	1.99 ×3	m	5.97	甲排出口地上部分
36	焊接钢管 *DN*50	0.35 ×3	m	1.05	甲排出口地下部分
37	焊接钢管 *DN*50	0.8 ×8 -0.35 ×2 +0.4 ×9	m	9.30	甲排出口地上部分
38	铸铁排水管 *DN*125	3.5 +0.38 +0.16 +1.25	m	5.29	乙排出口地下部分
39	铸铁排水管 *DN*125		m	13.90	乙排出口地上部分
40	铸铁排水管 *DN*100	0.6 +0.9 ×4 +0.9 ×4 +0.16 +0.28 +0.4 +0.5 ×2	m	9.64	乙排出口地下部分
41	铸铁排水管 *DN*100	9.64 ×3	m	28.92	乙排出口地上部分
42	铸铁排水管 *DN*50	1.00 +1.00	m	2.00	乙排出口地下部分
43	铸铁排水管 *DN*50	2.00 ×3	m	6.00	乙排出口地上部分
44	焊接钢管 *DN*50	0.4 ×2 +0.6 ×2	m	2.00	乙排出口地下部分
45	焊接钢管 *DN*50	2.00 ×3	m	6.00	乙排出口地上部分
46	排水栓 *DN*50	6 ×4	个	24	
47	地漏 *DN*50	5 ×4	个	20	
48	扫除口 *DN*125	1 ×4	个	4	
49	扫除口 *DN*100	2 ×4	个	8	
50	大便器的安装	6 ×4	组	24	
51	管道刷沥青漆两道		m^2	11.20	
52	管道刷防锈漆一道		m^2	33.53	
53	管道刷银粉漆一道		m^2	33.53	
54	挖填土方		m^3	13.36	

四、整理工程量

将表 2-8 中的工程量同类项合并，按序排列，见表 2-9。

表 2-9　工程预算

工程名称:某宿舍楼给水排水工程　　　　　　　　　　　　　　年　月　日

定额编号	项目名称	规格型号及计算公式	单位	数量	金额(元)		其中:工资(元)	
					单价	复价	单价	复价
8 - 93	镀锌钢管安装	DN70 螺纹连接	10 m	1.03	139.89	144.09	70.69	72.81
8 - 92	镀锌钢管安装	DN50 螺纹连接	10 m	1.85	130.24	240.94	69.14	127.91
8 - 91	镀锌钢管安装	DN40 螺纹连接	10 m	0.99	113.99	112.85	67.60	66.92
8 - 90	镀锌钢管安装	DN32 螺纹连接	10 m	2.38	104.15	247.88	56.76	135.09
8 - 89	镀锌钢管安装	DN25 螺纹连接	10 m	2.51	100.42	252.05	56.76	142.47
8 - 88	镀锌钢管安装	DN20 螺纹连接	10 m	2.06	81.26	167.40	47.21	97.25
8 - 87	镀锌钢管安装	DN15 螺纹连接	10 m	0.94	79.74	74.96	47.21	44.38
8 - 225	法兰闸阀安装	DN50	个	3	67.87	203.61	12.64	37.92
8 - 244	螺纹闸阀安装	DN32	个	12	11.84	142.08	3.87	46.77
8 - 242	螺纹闸阀安装	DN20	个	4	6.78	27.12	2.58	10.32
8 - 241	螺纹闸阀安装	DN15	个	4	6.31	25.24	2.58	10.32
8 - 439	水嘴安装	DN20	10 个	0.8	10.18	8.14	7.22	5.78
8 - 438	水嘴安装	DN15	10 个	4	10.18	40.72	7.22	28.88
8 - 78	铸铁排水管安装	DN25	10 m	1.92	85.46	164.08	48.25	92.64
8 - 140	铸铁排水管安装	DN100	10 m	7.54	354.52	2 673.08	89.27	673.10
8 - 139	铸铁排水管安装	DN75	10 m	1.48	234.47	347.02	69.14	102.33
8 - 138	铸铁排水管安装	DN50	10 m	1.60	149.34	238.94	57.79	92.46
8 - 443	排水栓安装	DN50	10 组	2.40	140.09	337.66	49.02	117.65
8 - 447	地漏安装	DN50	10 个	2.00	70.39	140.78	41.28	82.56
8 - 453	扫除口安装	DN100	10 个	0.80	34.39	27.51	25.03	20.02
8 - 454	扫除口安装	DN125	10 个	0.40	42.29	16.92	30.96	12.38
8 - 456	小便槽冲洗管	DN15	10 m	0.80	318.30	254.64	167.44	133.95
8 - 407	蹲式大便器安装	瓷高水箱	10 组	2.40	1 043.46	2 504.30	249.23	598.15
8 - 103	焊接钢管安装	DN50	10 m	1.84	130.93	240.91	69.14	127.22
11 - 202	管道刷沥青漆（第一遍）		10 m^2	1.12	13.62	15.25	9.29	10.40
11 - 203	管道刷沥青漆（第二遍）		10 m^2	1.12	13.11	14.68	9.03	10.11

续表 2-9

定额编号	项目名称	规格型号及计算公式	单位	数量	金额(元)		其中:工资(元)	
					单价	复价	单价	复价
11-198	管道刷防锈漆(第一遍)		10 m^2	3.35	12.09	40.50	8.51	28.51
11-200	管道刷银粉漆(第一遍)		10 m^2	3.35	16.24	54.40	8.77	29.38
11-201	管道刷银粉漆(第二遍)		10 m^2	3.35	15.33	51.36	8.51	28.51
8-230	管道清洗	*DN*50 以内	100 m	1.09	22.52	24.55	13.42	14.63
8-231	管道清洗	*DN*100 以内	100 m	0.10	30.91	3.09	17.54	1.75
1-16	挖填土方		100 m^3	0.19	675.28	128.30	675.28	128.30
	1.基价合计					8 965.05		3 130.87
	2.主材费					8 757.91		其中刷油工资106.91
	3.给水排水脚手架搭拆费	人工费×5%				151.20		
	其中人工费					37.80		
	4.刷油脚手架费	人工费×8%				8.55		
	其中人工费					2.14		
	5.合计	1+2+3+4				17 882.71		
	人工费合计					3 170.81		
	费用计算							
	一、直接费					17 882.71		
	其中人工费					3 170.81		
	二、间接费					967.73		
	1.企业管理费、财务费用、其他费用	人工费×23.37%				741.02		
	2.劳动保险费	人工费×7.15%				226.71		
	三、直接费+间接费	一+二				18 850.44		
	四、计划利润	三×4%				754.02		
	五、税金	(三+四)×3.41%				668.51		
	六、造价	三+四+五				20 272.97		

五、套定额,计算定额直接费

套定额即查出各分项工程项目相应的工程预算定额基价,并按定额规定计算出定额直接费和定额人工费。详见表2-9。

套定额存在选定额的问题，即执行什么定额的问题。一般来说，定额应根据工程所在地和工程性质选取。一般的民用建筑和工业建筑应执行当地的定额，工程专业性特强的执行特定的专业定额。本例套用的是湖北省的现行定额，即《全国统一安装工程预算定额湖北省工程单位估价表》第八册“给排水、采暖、煤气工程”(2000 年 9 月颁发)。

六、计算主材费

主材费计算公式为：

主材费 = 主材定额耗量 × 工程量 × 单价

(一)镀锌钢管

(1) *DN*70：　10.20 × 1.03 × 30 = 315.18(元)

(2) *DN*50：　10.20 × 1.85 × 21.26 = 401.18(元)

(3) *DN*40：　10.20 × 0.99 × 16.74 = 169.04(元)

(4) *DN*32：　10.20 × 2.38 × 13.66 = 331.61(元)

(5) *DN*25：　10.20 × 2.51 × 10.83 = 277.27(元)

(6) *DN*20：　10.20 × 2.06 × 7.29 = 153.18(元)

(7) *DN*15：　10.20 × 0.94 × 5.65 = 54.17(元)

(二)阀门安装

(1)焊接法兰阀(Z45T - 10, *DN*50)：　1 × 3 × 97.59 = 292.77(元)

(2)螺纹闸阀(Z15T - 10, *DN*32)：　1.01 × 12 × 22.97 = 278.40(元)

(3)螺纹闸阀(Z15T - 10, *DN*20)：　1.01 × 4 × 12.89 = 52.08(元)

(4)螺纹闸阀(Z15T - 10, *DN*15)：　1.01 × 4 × 10.24 = 41.37(元)

(5)水嘴(*DN*20)：　10.10 × 0.8 × 7.5 = 60.60(元)

(6)水嘴(*DN*15)：　10.10 × 4 × 5 = 202.00(元)

(三)铸铁排水管

(1) *DN*125：　9.60 × 1.92 × 50.24 = 926.03(元)

(2) *DN*100：　8.90 × 7.54 × 27.46 = 1 842.73(元)

(3) *DN*75：　9.30 × 1.48 × 15.64 = 215.27(元)

(4) *DN*50：　8.80 × 1.60 × 12.61 = 177.55(元)

(四)排水栓(*DN*50)

10 × 2.40 × 7.78 = 186.72(元)

(五)地漏(*DN*50)

10 × 2 × 6.3 = 126(元)

(六)扫除口

(1) *DN*100：　10 × 0.8 × 8.62 = 68.96(元)

(2) *DN*125：　10 × 0.4 × 22.26 = 89.04(元)

(七)小便槽冲洗管(*DN*15 × 2 000)

10.20 × 0.8 × 5.65 = 46.10(元)

(八)大便器

$$10.10\times2.4\times45.55=1\ 104.13(元)$$

(九)瓷高水箱大便器(带全部铜活节)

$$10.10\times2.4\times55.55=1\ 346.53(元)$$

(十)主材费用汇总

主材费用合计为 8 757.91 元,详见表 2-10。

表 2-10　主材费用汇总

序号	材料名称和规格	单位	数量	单价(元)	金额(元)	说明
1	镀锌钢管 *DN*70	m	10.51	30	315.18	
2	镀锌钢管 *DN*50	m	18.87	21.26	401.18	
3	镀锌钢管 *DN*40	m	10.10	16.74	169.04	
4	镀锌钢管 *DN*32	m	24.28	13.66	331.61	
5	镀锌钢管 *DN*25	m	25.60	10.83	277.27	
6	镀锌钢管 *DN*20	m	21.01	7.29	153.18	
7	镀锌钢管 *DN*15	m	9.60	5.65	54.17	
8	焊接法兰阀 *DN*50	个	3	97.59	292.77	
9	螺纹闸阀 *DN*32	个	12.12	22.97	278.40	
10	螺纹闸阀 *DN*20	个	4.04	12.89	52.08	
11	螺纹闸阀 *DN*15	个	4.04	10.24	41.37	
12	水嘴 *DN*20	个	8.08	7.50	60.60	包括全部铜活节
13	水嘴 *DN*15	个	40.40	5.00	202.00	
14	铸铁排水管 *DN*125	m	18.43	50.24	926.03	
15	铸铁排水管 *DN*100	m	67.11	27.46	1 842.73	
16	铸铁排水管 *DN*75	m	13.76	15.64	215.27	
17	铸铁排水管 *DN*50	m	14.08	12.61	177.55	
18	排水栓 *DN*50	个	24	7.78	186.72	
19	地漏 *DN*50	个	20	6.30	126.00	
20	扫除口 *DN*100	个	8	8.62	68.96	
21	扫除口 *DN*125	个	4	22.26	89.04	
22	小便槽冲洗管 *DN*15	m	8.16	5.65	46.10	
23	大便器	个	24.24	45.55	1 104.13	
24	瓷高水箱大便器	套	24.24	55.55	1 346.53	
	合计				8 757.91	

七、计算脚手架费用

(一)给水排水工程脚手架搭拆费

给水排水工程脚手架搭拆费 = 人工费 ×5% =(基价人工费合计 - 刷油工程人工费)×5%

$$=(3\ 130.87-106.91)\times5\%=151.20(元)$$

其中　　人工费 = 151.20 ×25% = 37.80(元)

（二）刷油工程脚手架搭拆费

刷油工程脚手架搭拆费 = 人工费 ×8% = 106.91 ×8% = 8.55（元）

其中　　人工费 = 8.55 ×25% = 2.14（元）

八、计算直接费

直接费 = 基价合计 + 主材费 + 脚手架搭拆费

= 8 965.05 + 8 757.91 + 151.20 + 8.55 = 17 882.71（元）

其中　　人工费 = (3 130.87 + 37.80 + 8.55) = 3 177.22（元）

九、计算间接费

（一）企业管理费、财务费用、其他费用

企业管理费、财务费用、其他费用 = 人工费 ×23.37% = 3 170.81 ×23.37%

= 741.02（元）

（二）劳动保险费

劳动保险费 = 人工费 ×7.15% = 3 170.81 ×7.15% = 226.71（元）

间接费 =（一）+（二）= 741.02 + 226.71 = 967.73（元）

十、计算直接费和间接费之和

直接费 + 间接费 = 17 882.71 + 967.73 = 18 850.44（元）

十一、计算计划利润

计划利润 =（直接费 + 间接费）×4% = 18 850.44 ×4% = 754.02（元）

十二、计算税金

税金 =（直接费 + 间接费 + 计划利润）× 税率

=（18 850.44 + 754.02）×3.41% = 668.51（元）

十三、工程造价计算

工程造价 = 直接费 + 间接费 + 计划利润 + 税金

= 18 850.44 + 754.02 + 668.51 = 20 272.97（元）

上述计算结果汇总见表 2-9。

十四、进行工料机分析

工料机分析见表 2-11 ~ 表 2-14。将其汇总可知：

（1）共需综合人工为 120.32 工日。

（2）所需设备材料品种、数量见表 2-15。

（3）共需机械台班：电焊机 0.39 台班，钢管切断机 0.28 台班，钢管套螺纹机 0.42 台班。

表 2-11 工料分析(一)

工程名称:给水系统　　　　　　　　　　年　月　日

序号	定额编号	分项工程名称	单位	工程量	人工		镀锌钢管(对应径)		对应径管件		锯条		砂轮片
					定额标准	用量	定额标准	用量	定额标准	用量	定额标准	用量	定额标准
					工日		m		个		根		片
1	8-93	镀锌钢管的安装 *DN*70	10 m	1.03	2.74	2.82	10.20	10.51	4.25	4.38			0.22
2	8-92	镀锌钢管的安装 *DN*50	10 m	1.85	2.68	4.96	10.20	18.87	6.51	12.04	1.33	2.46	0.15
3	8-91	镀锌钢管的安装 *DN*40	10 m	0.99	2.62	2.59	10.20	10.10	7.16	7.09	2.67	2.64	0.05
4	8-90	镀锌钢管的安装 *DN*32	10 m	2.38	2.20	5.24	10.20	24.28	8.03	19.11	2.41	5.74	0.05
5	8-89	镀锌钢管的安装 *DN*25	10 m	2.51	2.20	5.52	10.20	25.60	9.78	24.55	2.55	6.40	0.05
6	8-88	镀锌钢管的安装 *DN*20	10 m	2.06	1.83	3.77	10.20	21.01	11.52	23.73	3.41	7.02	
7	8-87	镀锌钢管的安装 *DN*15	10 m	0.94	1.83	1.72	10.20	9.59	16.37	15.39	3.79	3.56	
8	8-456	小便槽冲洗管的制作与安装 *DN*15	10 m	0.80	6.49	5.19	10.20	8.16	15.00	12.00	0.5	0.40	
9	8-439	水嘴的安装 *DN*20	10 个	0.80	0.28	0.22							
10	8-438	水嘴的安装 *DN*15	10 个	4.00	0.28	1.12							
11	8-258	焊接法兰阀 *DN*50	个	3.00	0.49	1.47							
12	8-244	螺纹闸阀 *DN*32	个	12.00	0.12	1.44			1.01	12.12			
13	8-242	螺纹闸阀 *DN*20	个	4.00	0.10	0.40			1.01	4.04			
14	8-241	螺纹闸阀 *DN*15	个	4.00	0.10	0.40			1.01	4.04			
	合计					36.86		128.12		138.49		28.22	

续表 2-11

序号	定额编号	分项工程名称	单位	工程量	砂轮片	机油		铅油		对应管子托钩		对应管卡	
					用量	定额标准	用量	定额标准	用量	定额标准	用量	定额标准	用量
					片	kg		kg		个		个	
1	8-93	镀锌钢管的安装 *DN*70	10 m	1.03	0.23	0.13	0.13	0.13	0.13				
2	8-92	镀锌钢管的安装 *DN*50	10 m	1.85	0.28	0.20	0.37	0.20	0.37				
3	8-91	镀锌钢管的安装 *DN*40	10 m	0.99	0.05	0.17	0.17	0.17	0.17				
4	8-90	镀锌钢管的安装 *DN*32	10 m	2.38	0.12	0.16	0.38	0.16	0.38	1.16	2.76	2.06	4.90
5	8-89	镀锌钢管的安装 *DN*25	10 m	2.51	0.13	0.17	0.43	0.17	0.43	1.16	2.91	2.06	5.17
6	8-88	镀锌钢管的安装 *DN*20	10 m	2.06		0.17	0.35	0.17	0.35	1.44	2.97	1.29	2.66
7	8-87	镀锌钢管的安装 *DN*15	10 m	0.94		0.23	0.22	0.23	0.22	1.46	1.37	1.64	1.54
8	8-456	小便槽冲洗管的制作与安装 *DN*15	10 m	0.80				0.06	0.05			6.00	4.80
9	8-439	水嘴的安装 *DN*20	10 个	0.80									
10	8-438	水嘴的安装 *DN*15	10 个	4.00									
11	8-258	焊接法兰阀 *DN*50	个	3.00									
12	8-244	螺纹闸阀 *DN*32	个	12.00									
13	8-242	螺纹闸阀 *DN*20	个	4.00									
14	8-241	螺纹闸阀 *DN*15	个	4.00									
	合计				0.81		2.05		2.10		10.01		19.07

续表 2-11

序号	定额编号	分项工程名称	单位	工程量	水嘴		对应阀门		石棉橡胶板		电焊条		螺栓带帽
					定额标准	用量	定额标准	用量	定额标准	用量	定额标准	用量	定额标准
					个		个		kg		kg		套
1	8－93	镀锌钢管的安装 *DN*70	10 m	1.03									
2	8－92	镀锌钢管的安装 *DN*50	10 m	1.85									
3	8－91	镀锌钢管的安装 *DN*40	10 m	0.99									
4	8－90	镀锌钢管的安装 *DN*32	10 m	2.38									
5	8－89	镀锌钢管的安装 *DN*25	10 m	2.51									
6	8－88	镀锌钢管的安装 *DN*20	10 m	2.06									
7	8－87	镀锌钢管的安装 *DN*15	10 m	0.94									
8	8－456	小便槽冲洗管的制作与安装 *DN*15	10 m	0.80									
9	8－439	水嘴的安装 *DN*20	10 个	0.80	10.10	8.08							
10	8－438	水嘴的安装 *DN*15	10 个	4.00	10.10	40.40							
11	8－258	焊接法兰阀 *DN*50	个	3.00			1.00	3.00	0.14	0.42	0.21	0.63	8.24
12	8－244	螺纹闸阀 *DN*32	个	12.00			1.01	12.12					
13	8－242	螺纹闸阀 *DN*20	个	4.00			1.01	4.04					
14	8－241	螺纹闸阀 *DN*15	个	4.00			1.01	4.04					
	合计					48.48		23.20		0.42		0.63	

续表 2-11

序号	定额编号	分项工程名称	单位	工程量	螺栓带帽	平焊法兰		管子切断机		电动套螺绞机		电焊机	
					用量	定额标准	用量	定额标准	用量	定额标准	用量	定额标准	用量
					套	副		台班		台班		台班	
1	8-93	镀锌钢管的安装 *DN*70	10 m	1.03				0.05	0.05	0.09	0.09		
2	8-92	镀锌钢管的安装 *DN*50	10 m	1.85				0.06	0.11	0.08	0.15		
3	8-91	镀锌钢管的安装 *DN*40	10 m	0.99				0.02	0.02	0.03	0.03		
4	8-90	镀锌钢管的安装 *DN*32	10 m	2.38				0.02	0.05	0.03	0.07		
5	8-89	镀锌钢管的安装 *DN*25	10 m	2.51				0.02	0.05	0.03	0.08		
6	8-88	镀锌钢管的安装 *DN*20	10 m	2.06									
7	8-87	镀锌钢管的安装 *DN*15	10 m	0.94									
8	8-456	小便槽冲洗管的制作与安装 *DN*15	10 m	0.80									
9	8-439	水嘴的安装 *DN*20	10 个	0.80									
10	8-438	水嘴的安装 *DN*15	10 个	4.00									
11	8-258	焊接法兰阀 *DN*50	个	3.00	24.72	1.00	3.00					0.13	0.39
12	8-244	螺纹闸阀 *DN*32	个	12.00									
13	8-242	螺纹闸阀 *DN*20	个	4.00									
14	8-241	螺纹闸阀 *DN*15	个	4.00									
	合计				24.72		3.00		0.28		0.42		0.39

表 2-12　工料分析(二)

工程名称:管道刷油及冲洗　　　　年　月　日

序号	定额编号	分项工程名称	单位	工程量	人工		红丹防锈漆		银粉		酚醛清漆		汽油	
					定额标准	用量	定额标准	用量	定额标准	用量	定额标准	用量	定额标准	用量
					工日		kg		kg		kg		kg	
1	11-51	管道刷红丹漆一道	10 m^2	3.35	0.27	0.90	1.47	4.92						
2	11-56	管道刷银粉漆一道	10 m^2	3.35	0.28	0.94			0.09	0.30	0.36	1.21	0.72	2.41
3	11-57	管道刷银粉漆两道	10 m^2	3.35	0.27	0.90			0.08	0.27	0.33	1.11	0.67	2.24
4	11-66	管道刷沥青漆一道	10 m^2	1.12	0.28	0.31								
5	11-67	管道刷沥青漆两道	10 m^2	1.12	0.27	0.30								
6	8-230	管道冲洗,*DN*50 以内	100 m	1.09	0.52	0.57								
7	8-231	管道冲洗,*DN*100 以内	100 m	0.10	0.68	0.07								
	合计					3.99		4.92		0.57		2.32		4.65

序号	定额编号	分项工程名称	单位	工程量	沥青漆		动力苯		漂白粉		自来水	
					定额标准	用量	定额标准	用量	定额标准	用量	定额标准	用量
					kg		kg		kg		t	
1	11-51	管道刷红丹漆一道	10 m^2	3.35								
2	11-56	管道刷银粉漆一道	10 m^2	3.35								
3	11-57	管道刷银粉漆两道	10 m^2	3.35								
4	11-66	管道刷沥青漆一道	10 m^2	1.12	2.88	3.23	0.46	0.52				
5	11-67	管道刷沥青漆两道	10 m^2	1.12	2.47	2.77	0.41	0.46				
6	8-230	管道冲洗,*DN*50 内部	100 m	1.09					0.09	0.10	5.00	5.45
7	8-231	管道冲洗,*DN*100 内部	100 m	0.10					0.14	0.01	8.00	0.8
	合计					6.00		0.98		0.11		6.25

表 2-13　工料分析(三)

工程名称:卫生器具　　　　年　月　日

序号	定额编号	分项工程名称	单位	工程量	人工		瓷大便器		高水箱(带铜活)		焊接钢管 *DN*25		角型阀 *DN*15	
					定额标准	用量	定额标准	用量	定额标准	用量	定额标准	用量	定额标准	用量
					工日		个		套		m		个	
1	8－407	蹲式大便器的安装	10 组	2.40	9.66	23.18	10.10	24.24	10.10	24.24	25.00	60.00	10.10	24.24
	合计					23.18		24.24		24.24		60.00		24.24

序号	定额编号	分项工程名称	单位	工程量	红砖		存水弯		镀锌钢管 *DN*15		管子接头	
					定额标准	用量	定额标准	用量	定额标准	用量	定额标准	用量
					千块		个		m		个	
1	8－407	蹲式大便器的安装	10 组	2.40	0.16	0.38	10.05	24.12	3.00	7.2	20.20	48.96
	合计					0.38		24.12		7.2		48.96

续表 2-13

序号	定额编号	分项工程名称	单位	工程量	管卡子		大便器橡胶碗		橡胶板 δ_{1-3}		铅油		机油
					定额标准	用量	定额标准	用量	定额标准	用量	定额标准	用量	定额标准
					个		个		kg		kg		kg
1	8-407	蹲式大便器的安装	10组	2.40	10.50	25.20	11.00	26.40	0.20	0.48	0.32	0.77	0.15
	合计					25.20		26.40		0.48		0.77	

序号	定额编号	分项工程名称	单位	工程量	机油	油灰		铅板 1		铜丝		木材	
					用量	定额标准	用量	定额标准	用量	定额标准	用量	定额标准	用量
					kg	kg		kg		kg		m^3	
1	8-407	蹲式大便器的安装	10组	2.40	0.36	5.00	12.00	0.30	0.72	0.80	1.92	0.008	0.01
	合计				0.36		12.00		0.72		1.92		0.01

表 2-14　工料分析(四)

工程名称:排水系统　　　　年　月　日

序号	定额编号	分项工程名称	单位	工程量	人工		对应铸铁管		对应铸铁零件		水泥(强度等级 52.5)		石棉绒	
					定额标准	用量	定额标准	用量	定额标准	用量	定额标准	用量	定额标准	用量
					工日		m		个		kg		kg	
1	8－141	铸铁排水管 *DN*125	10 m	1.92	3.67	7.05	9.60	18.43	5.07	9.73	8.34	16.01	2.24	4.30
2	8－140	铸铁排水管 *DN*100	10 m	7.54	3.46	26.09	8.90	67.11	10.55	79.55	8.34	62.88	2.24	16.89
3	8－139	铸铁排水管 *DN*75	10 m	1.48	2.68	3.97	9.30	13.76	9.04	13.38	5.04	7.46	1.35	2.00
4	8－138	铸铁排水管 *DN*50	10 m	1.60	2.24	3.58	8.80	14.08	6.57	10.51	2.46	3.94	0.62	0.99
5	8－443	排水栓 *DN*50	10 组	2.40	1.90	4.56								
6	8－447	地漏的安装 *DN*50	10 个	2.00	1.60	3.20					6.00	12.00		
7	8－453	扫除口的安装 *DN*100	10 个	0.80	0.97	0.78					5.00	4.00		
8	8－454	扫除口的安装 *DN*125	10 个	0.40	1.20	0.48					5.50	2.20		
	土建	挖填土方	100 m^3	0.19	34.63	6.58								
	合计					56.29		113.38		113.17		108.49		24.18

序号	定额编号	分项工程名称	单位	工程量	油麻		角钢立管卡		透气帽		排水栓 *DN*50	
					定额标准	用量	定额标准	用量	定额标准	用量	定额标准	用量
					kg		个		个		个	
1	8－141	铸铁排水管 *DN*125	10 m	1.92	3.01	5.78	1.30	2.50	0.20	0.38		
2	8－140	铸铁排水管 *DN*100	10 m	7.54	3.04	22.92	3.00	22.62	0.20	1.51		
3	8－139	铸铁排水管 *DN*75	10 m	1.48	2.29	3.39	2.50	3.70	0.08	0.12		
4	8－138	铸铁排水管 *DN*50	10 m	1.60	1.33	2.13	2.50	4.00	0.01	0.02		
5	8－443	排水栓 *DN*50	10 组	2.40							10	24
6	8－447	地漏的安装 *DN*50	10 个	2.00								
7	8－453	扫除口的安装 *DN*100	10 个	0.80								
8	8－454	扫除口的安装 *DN*125	10 个	0.40								
	土建	挖填土方	100 m^3	0.19								
	合计					34.22		32.82		2.03		24

续表 2-14

序号	定额编号	分项工程名称	单位	工程量	地漏 $DN50$		扫除 $DN125$、$DN100$		橡胶 $\delta_{1\sim3}$		油灰		存水弯 S 形	
					定额标准	用量	定额标准	用量	定额标准	用量	定额标准	用量	定额标准	用量
					个		个		kg		kg		个	
1	8－141	铸铁排水管 $DN125$	10 m	1.92										
2	8－140	铸铁排水管 $DN100$	10 m	7.54										
3	8－139	铸铁排水管 $DN75$	10 m	1.48										
4	8－138	铸铁排水管 $DN50$	10 m	1.60										
5	8－443	排水栓 $DN50$	10 组	2.40					0.40	0.96	0.80	1.92	10.05	24.12
6	8－447	地漏 $DN50$	10 个	2.00	10.00	20.00								
7	8－453	扫除口 $DN100$	10 个	0.80			10.00	8.00						
8	8－454	扫除口 $DN125$	10 个	0.40			10.00	4.00						
	合计					20.00		12.00		0.96		1.92		24.12

序号	定额编号	分项工程名称	单位	工程量	焊接钢管							
					定额标准	用量	定额标准	用量	定额标准	用量	定额标准	用量
					m							
1	8－141	铸铁排水管 $DN125$	10 m	1.92								
2	8－140	铸铁排水管 $DN100$	10 m	7.54								
3	8－139	铸铁排水管 $DN75$	10 m	1.48								
4	8－138	铸铁排水管 $DN50$	10 m	1.60								
5	8－443	排水栓 $DN50$	10 组	2.40								
6	8－447	地漏 $DN50$	10 个	2.00	1.00	2.00						
7	8－453	扫除口 $DN100$	10 个	0.80								
8	8－454	扫除口 $DN125$	10 个	0.40								
	合计					2.00						

表 2-15　设备材料

序号	材料名称	规格型号	单位	数量	说明
1	瓷大便器	高水箱(蹲式)	个	24	
2	水箱	瓷质	个	24	带附件
3	法兰闸阀	Z45T－10,*DN*50	个	3	
4	螺纹闸阀	Z15T－10,*DN*32	个	12	
5	螺纹闸阀	Z15T－10,*DN*20	个	4	
6	螺纹闸阀	Z15T－10,*DN*15	个	29	含角型阀
7	水嘴	*DN*20	个	8	
8	水嘴	*DN*15	个	40	
9	地漏	*DN*50	个	20	
10	排水栓	*DN*50	个	24	
11	扫除口	*DN*100	个	8	
12	扫除口	*DN*125	个	4	
13	铸铁排水管	*DN*125	m	18.43	
14	铸铁排水管	*DN*100	m	67.11	
15	铸铁排水管	*DN*75	m	13.76	
16	铸铁排水管	*DN*50	m	14.08	
17	镀锌钢管	*DN*70	m	10.51	
18	镀锌钢管	*DN*50	m	18.87	
19	镀锌钢管	*DN*40	m	10.10	
20	镀锌钢管	*DN*32	m	24.28	
21	镀锌钢管	*DN*25	m	25.60	
22	镀锌钢管	*DN*20	m	21.01	
23	镀锌钢管	*DN*15	m	24.95	
24	钢管	*DN*50	m	2.00	
25	镀锌管管件		个	186.29	
26	铸铁管管件		个	137.00	
27	给水管卡、托钩		个	56	
28	排水角钢立管卡		个	32	
29	大便器皮碗		个	26	
30	钢丝		kg	2	
31	铅板		kg	1	
32	木材		m^3	0.01	
33	锯条		根	28	
34	砂轮片		片	1	
35	电焊条		kg	1	
36	平焊法兰		副	3	

续表 2-15

序号	材料名称	规格型号	单位	数量	说明
37	油麻		kg	34	
38	石棉绒		kg	24	
39	水泥		kg	108	
40	红机砖		块	380	
41	油灰		kg	14	
42	机油		kg	3	
43	铅油		kg	1.5	
44	石棉橡胶板	δ_{1-3}	kg	2	
45	螺栓带帽		套	25	
46	红丹防锈漆		kg	5	
47	酚醛青漆		kg	2.5	
48	沥青漆		kg	9	
49	银粉		kg	0.55	
50	汽油		kg	5	
51	动力苯		kg	1.5	
52	漂白粉		kg	0.15	

十五、编写编制说明

编制说明样例如表 2-16 所示。

表 2-16　编制说明样例

一、本预算编制依据
1. 施工图和说明书 2. 施工组织设计 3. 湖北省 2000 年安装工程单位估价表 4. 湖北省 2000 年建筑安装工程费用定额 5. 湖北省材料预算价格
二、本工程属三类工程
三、承建单位为国营三级企业，承包方式为包工包料
四、其他 该工程为一栋 4 层宿舍楼的给水排水工程，地处武汉市

十六、工程预算书封面

工程预算书封面样例详见表 2-17。

表 2-17 工程预算书封面样例

建设单位：××工厂职工宿舍楼

工程编号：96－88

工程名称：职工宿舍楼给水排水工程

工程造价：贰万零玖佰玖拾伍元壹角整

编制人：×××

任务三 清单编制与计价

《建设工程工程量清单计价规范》(GB 50500—2008)附录 C.8 为“给排水、采暖、燃气工程”。本书仅介绍给水排水部分，特予说明。

一、概述

(一)概况

《建设工程工程量清单计价规范》(GB 50500—2008)附录 C.8 给排水工程是指生活用给水排水工程的管道、管道支架制作安装、管道附件、卫生器具制作安装等 59 个项目。其适用于采用工程量清单计价的新建、扩建和整体更新改造项目中的生活用给水排水工程。

(二)有关问题的说明

1. 本节分项工程项目

工程内容凡涉及管沟及井类的土石方开挖、垫层、基础、砌筑、抹灰、地井盖板预制安装、回填、运输，路面开挖及修复、管道支墩等，应按附录 A、附录 D 相关项目编码列项。

2. 管道界限的划分

(1)给水管道室内外界限划分以建筑物外墙皮 1.5 m 为界，入口处设阀门时以阀门为界。与市政给水管道的界限应以水表井为界；无水表井的，应以与市政给水管道碰头点为界。

(2)排水管道室内外界限划分应以出户第一个排水检查井为界点。室外排水管道与市政排水界限应以与市政管道碰头井为界。

(三)附录 C.8 需要说明的问题

1. 项目特征

项目特征是工程量清单计价的关键依据之一，由于项目特征的不同，其计价的结果也相应发生差异，因此招标人在编制工程量清单时，应在可能的情况下明确描述该工程量清单项目的特征。投标人按招标人提出的特征要求计价。

2. 工程量计算规则

工程量计算规则是确定工程数量的根本方法，因此在工程量计算中，必须遵守以下几点：

(1)“分部分项工程量清单设置及其消耗量定额”表中的工程内容是完成该分项工程项目必然发生或可能发生的工程内容。由于清单项目的设置或划分一般以形成工程实体为原则,项目名称一般以工程实体命名,而对附属部分或次要部分虽不设置清单项目,但必须在综合单价中予以考虑,因此对各清单项目可能发生的附属工程或辅助工程项目均在“工程内容”栏内作了提示,投标人在清单报价时,除根据工程量清单项目名称的描述外,还应根据设计文件、相关施工及验收规范的要求,对清单项目所发生的附属工程或辅助工程内容,以及投标人认为应当计入综合单价的其他费用通盘考虑,确定该清单项目的全部工程内容,据以计算综合单价。

(2)工程量清单的工程量必须依据工程量计算规则的要求编制,工程量只列实物量即形成工程实体的工程数量,不包括各种材料、器具等的运输、仓储及施工损耗数量。投标人在清单报价时可以根据拟建工程实际,结合自己企业技术水平、管理水平和工程施工方案等具体情况,将发生的上述消耗量计入综合单价。

(3)有的工程项目,由于其自身特点不能形成工程实体,也不便综合在某一个实物量中,但它是某些安装工程中不可或缺的一个重要内容,只能作为工程量清单项目单列,采暖工程系统调整项目就属此种情况。清单编制人员应按相应项目编码列项。

3. 工程内容

工程量清单的工程内容是完成该项目工程量清单可能发生的综合工程项目。工程量清单计价时,按图纸、规程、规范等要求选择编列所需项目。

(四)根据工程实际情况可计入综合单价的费用

(1)安装操作超高施工增加费。

(2)设置在管道间、管廊内、已封闭地沟内管道施工增加费。

(3)洞库、暗室施工增加费。

(4)高层建筑施工增加费。

(5)安装与生产同时进行增加费。

(6)在有害身体健康环境中施工增加费。

二、给水排水管道(编码:030801)

(一)清单项目设置

给水排水管道安装应按安装部位(室内、室外)、输送介质(给水、排水、雨水)、管道材质、规格型号、连接方式、接口材料、套管(形式、材质、规格)、除锈、刷油、防腐、绝热及保护层设计要求等不同特征设置清单项目。编制工程量清单时,应明确描述各项特征,以便计(报)价。具体地讲,应明确描述的特征有以下各项。

(1)安装部位应按室内、室外不同部位编制清单项目,必要时还应注明室内是明设还是暗敷,室外是架空还是埋地或是地沟内敷设。

(2)输送介质应按管道用途种类,如给水、排水、雨水等编制清单项目。

(3)材质应按钢管(镀锌、不镀锌)、铸铁管(承插铸铁管、柔性抗震铸铁管)、铜管、不锈钢管、塑料管(UPVC、PVC、PP-C、PP-R、PE管等)、橡胶连接管、复合管(塑料复合管、钢骨架塑料复合管)、水泥管、陶土管、缸瓦管等不同特征分别编制清单项目。

(4)连接方式应按管道不同的接口形式,如螺纹连接、焊接(电弧焊、氧乙炔焊)、承插、卡接、热熔、黏接等不同特征分别列项。

(5)接口材料是指承插连接管道的接口材料,如铅、胶圈、膨胀水泥、石棉水泥等。

(6)套管形式是指铁皮套管、防水套管、一般钢套管等。

(7)规格是指各种管道的公称直径或外径、壁厚等,应按国家相关标准及设计规范规定的标注方法予以标注。

(二)工程量计算规则

按设计图示管道中心线长度以"延长米"计算,不扣除阀门、管件(包括减压器、水表等组成安装)及各种井类所占的长度。

当招标人或投标人采用建设行政主管部门颁布的有关规定为工料消耗计价依据时,应注意以下事项:

(1)《全国统一安装工程预算定额》第八册"给排水、采暖、燃气工程"管道安装定额中,$\phi32$ 以下的螺纹连接钢管安装均包括了管卡及托钩的制作安装,该管道若需安装支架,应做相应调整。

(2)《全国统一安装工程预算定额》第八册中凡用法兰连接的阀门、卫生器具均已包括法兰、螺栓的安装,法兰安装不再单独编列清单项目。

(3)室内铸铁排水管、铸铁雨水管、承插塑料排水管定额均已包括管道支架的制作安装内容,不再单独编列支架制作安装清单项目。

(4)《全国统一安装工程预算定额》第八册的所有管道安装定额除给水承插铸铁管外,均包括管件的制作安装(焊接连接的为制作管件,螺纹连接和承插连接的为成品管件)工作内容,给水承插铸铁管已包括管件安装,管件本身的材料价值按图纸需用量另计。除不锈钢管、铜管应列管件安装项目外,其他所有管件安装均不编制工程量清单。

(5)管道若安装钢过墙(楼板)套管,按钢套管长度参照室外钢管焊接管道安装定额计价。

(6)给水排水管道安装分部工程所用不锈钢管、铜管及其管件安装,可参照《全国统一安装工程预算定额》第六册"工业管道工程"的相应项目计价。

三、管道支架制作安装(编码:030802)

管道支架制作安装工程量清单项目设置及工程量计算规则,应按《建设工程工程量清单计价规范》(GB 50500—2008)附录 C. 8. 2 的规定执行(见表 2-18)。

表 2-18 管道支架制作安装

项目编码	项目名称	项目特征	计量单位	工程量计算规则	工程内容
030802001	管道支架制作安装	1. 形式 2. 除锈、刷油设计要求	kg	按设计图示质量计算	1. 制作、安装 2. 除锈、刷油

四、管道附件安装(编码:030803)

《建设工程工程量清单计价规范》(GB 50500—2008)附录 C. 8. 3 管道附件包括阀门、

减压器、法兰、水表、塑料排水管消声器、水位标尺、抽水缸等，按类型、材质、型号、规格、连接方式、用途等不同特征设置清单项目。编制工程量清单时，必须明确描述各种特征，以便计价。

各类阀门的安装工程量均按设计图示数量以“个”计算，法兰以“副”计算，水表以“组”计算，水位标尺以“套”计算。

五、卫生器具制作安装（编码：030804）

（一）卫生器具

卫生器具包括各种浴盆、净身盆、洗脸盆、洗手盆、洗涤盆（洗菜盆）、化验盆、淋浴器、淋浴间、桑拿浴房、按摩浴缸、烘手机、大便器、小便器、水箱、排水栓、水龙头、地漏、地面扫除口、小便槽冲洗管、热水器、开水炉、容积式换热器、蒸汽－水加热器、冷热水混合器、电消毒器、消毒锅、饮水器等。

（二）清单项目设置

按各类卫生器具项目名称的特征编制清单项目。

编制清单项目时，下述特征必须在工程清单中明确描述，以便计价。即：卫生器具中浴盆的材质（搪瓷、铸铁、玻璃钢、塑料）、组装形式（冷水、冷热水、冷热水带喷头），洗脸盆的类型（立式、台式、普通）、组装形式（冷水、冷热水）、开关种类（肘式、脚踏式），淋浴器的组装形式（钢管组成、铜管成品），大便器类型（蹲式、坐式）、组装方式（低水箱、高水箱）、开关及冲洗形式（普通冲洗阀冲洗、手压阀、脚踏阀、自闭式冲洗），小便器类型（挂斗式、立式）等。当表中项目名称所列共性特征对某一拟建工程的分项项目不必要时，则可略去，不用描述，如洗脸盆、洗涤盆、化验盆等分项项目中的“开关”，若不是肘式或脚踏开关，则没必要进行描述。

（三）工程量计算规则

各种类型卫生器具均应区分不同类别、规格、型号、安装方式、工程内容分别按设计图示数量以“组”、“套”、“个”、“台”或“m”为单位进行计算。

六、案例

某住宅楼给水系统（局部）如图 2-7 所示。

该工程为一住宅楼给水系统（排水系统略），系统为下分式，每一单元设一进户管，楼层左右户形对称布置，共四个单元。按设计图纸计算相关工程量如下：

室外管道：	镀锌钢管，*DN*65	50 m	（直埋）
	镀锌钢管，*DN*40	6 m	（直埋）
室内管道：	镀锌钢管，*DN*40	8 m	（直埋）
	镀锌钢管，*DN*40	22 m	（地下室内）
	镀锌钢管，*DN*32	24 m	（地下室内）
	镀锌钢管，*DN*32	32 m	
	镀锌钢管，*DN*25	72 m	
	聚丙烯管（PP－R） *De*25×2.3	120 m	（墙内暗敷）

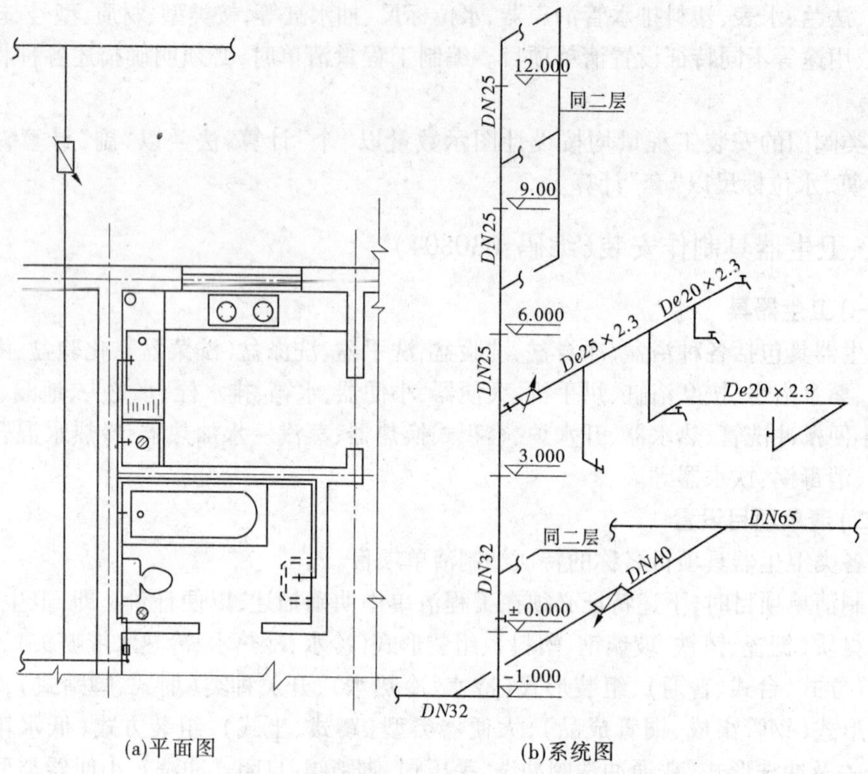

图2-7 某住宅楼给水系统(局部)示意图

聚丙烯管(PP-R) $De20\times2.3$ 400 m(墙内暗敷)

管道附件:水表 LXS-40 4组

水表 LXS-20 40组

截止阀 J11W-10T *DN*32 8个

卫生器具:浴盆 铸铁搪瓷 1650 40组

洗脸盆(冷水) 40组

洗涤盆(回转龙头) 40组

坐便器(带水箱) 40套

水龙头 铜镀铬 *DN*15 40个

地漏 PVC *DN*75 80个

相关设计要求如下:

镀锌钢管采用螺纹连接,室外埋地部分做环氧煤沥青普通防腐,地下室内管道铝箔玻璃棉管壳保温 $\delta=40$ mm。

PP-R管采用S5系列(PN1.0 MPa)、热熔连接。

进户管穿地下室外墙设Ⅱ型刚性防水套管,给水干管、立管穿墙及楼板处设钢套管。

管道支架设置由现场确定。

(一)分部分项工程量清单编制

根据上述及施工图,按《安装工程工程量清单计价办法》编制分部分项工程量清单,如表2-19所示。

表2-19 分部分项工程量清单

工程名称:某住宅楼给水系统

序号	项目编码	项目名称	计量单位	工程数量
1	030801001001	镀锌钢管 1. 安装部位:室外(直埋) 2. 输送介质:给水 3. 规格:*DN*65 4. 连接方式:丝接	m	50
2	030801001002	镀锌钢管 1. 安装部位:室外(直埋) 2. 输送介质:给水 3. 规格:*DN*40 4. 连接方式:丝接	m	6
3	030801001003	镀锌钢管 1. 安装部位:室内(直埋) 2. 输送介质:给水 3. 规格:*DN*40 4. 连接方式:丝接	m	8
4	030801001004	镀锌钢管 1. 安装部位:室内(地下室) 2. 输送介质:给水 3. 规格:*DN*40 4. 连接方式:丝接	m	22
5	030801001005	镀锌钢管 1. 安装部位:室内(地下室) 2. 输送介质:给水 3. 规格:*DN*32 4. 连接方式:丝接	m	24
6	030801001006	镀锌钢管 1. 安装部位:室内 2. 输送介质:给水 3. 规格:*DN*32 4. 连接方式:丝接	m	32
7	030801001007	镀锌钢管 1. 安装部位:室内 2. 输送介质:给水 3. 规格:*DN*25 4. 连接方式:丝接	m	72

续表 2-19

序号	项目编码	项目名称	计量单位	工程数量
8	030801005001	塑料管 1. 安装部位:室内(墙内暗敷) 2. 输送介质:给水 3. 材质:PP - R(S5 系列 PN1.0 MPa) 4. 规格:*De*25 ×2.3 5. 连接方式:热熔	m	120
9	030801005002	塑料管 1. 安装部位:室内(墙内暗敷) 2. 输送介质:给水 3. 材质:PP - R(S5 系列 PN1.0 MPa) 4. 规格:*De*20 ×2.3 5. 连接方式:热熔	m	400
10	030803010001	水表 1. 型号、规格:LXS - 40 2. 连接方式:丝接	组	4
11	030803010002	水表 1. 型号、规格:LXS - 20 2. 连接方式:丝接	组	40
12	030803001001	螺纹阀门 1. 类型:截止阀 2. 型号、规格:J11W - 10T *DN*32	个	8
13	030804001001	浴盆 1. 材质、规格:铸铁搪瓷 1650 2. 组装形式:冷水	组	40
14	030804003001	洗脸盆 1. 组装形式:冷水 2. 类型:台式 450 甲级	组	40
15	030804005001	洗涤盆 1. 组装形式:冷水 2. 开关:回转龙头 3. 规格:500 甲级	组	40
16	030804012001	坐便器 1. 类型、型号:坐式 2. 组装方式:带水箱	套	40
17	030804016001	水龙头 1. 材质:铜质镀铬 2. 规格:*DN*15	个	40

续表 2-19

序号	项目编码	项目名称	计量单位	工程数量
18	030804017001	地漏 1. 材质:PVC 2. 规格:*DN*75	个	80

注:1. 浴盆、洗脸盆、洗涤盆、坐便器全套器具及配件由招标人采购供应。

2. 室外管道的土方挖填、水表井砌筑以及嵌墙管槽水泥砂浆抹面等,本清单不再涉及。

(二)分部分项工程量清单计价表编制

根据分部分项工程量清单与相关设计文件要求,确定各清单项目发生的工程内容及其工程数量,分别计算其综合单价(本案以山东省安装工程消耗量定额2003价目表为计价依据)。以030801001001室外给水镀锌钢管*DN*65为例,说明计价表的编制。

该项目发生的工程内容为:管道安装、环氧煤沥青漆防腐(计算工程量为0.237 2 m^2/m)。

(1)根据“5.8.1 给排水、采暖、燃气管道”选用定额,确定人、材、机消耗量。

管道安装:8-155(定额计量单位:10 m)。

管道防腐(环氧煤沥青漆普通级)11-298(定额计量单位:10 m^2)。

(2)计算清单项目每计量单位(m)所含工程内容的人、材、机价款:

管道安装:人工费 = 19.82 × 0.1 = 1.98(元)

材料费 = 19.70 × 0.1 = 1.97(元)

主材费 = 41.00 × 1.015 = 41.62(元)

机械费 = 1.51 × 0.1 = 0.15(元)

管道防腐:人工费 = 44.66 × 0.023 72 = 1.06(元)

材料费 = 198.06 × 0.023 72 = 4.70(元)

机械费 = 32.28 × 0.023 72 = 0.77(元)

本清单项目每计量单位(m)人、材、机价款合计:

人工费 = 1.98 + 1.06 = 3.04(元)

材料费 = 1.97 + 41.62 + 4.70 = 48.29(元)

机械费 = 0.15 + 0.77 = 0.92(元)

合计 = 3.04 + 48.29 + 0.92 = 52.25(元)

(3)计算综合单价及合价。投标人根据企业情况确定管理费率、利润率分别为人工费的90%、70%。

综合单价:52.25 + 3.04 × (0.9 + 0.7) = 57.11(元)

合计:57.11 × 50 = 2 855.50(元)

(4)将上述计算结果及相关内容填入“分部分项工程量清单计价表”,如表2-20所示。

表 2-20　分部分项工程量清单计价表

工程名称:某住宅楼给水系统

序号	项目编码	项目名称	计量单位	工程数量	金额(元)	
					综合单价	合价
1	030801001001	镀锌钢管 1. 安装部位:室外(直埋) 2. 输送介质:给水 3. 规格:*DN*65 4. 连接方式:丝接	m	50	57.11	2 855.50

(5)参照上述计算方法,其他清单项目综合单价计算见表 2-21。

表 2-21　分部分项工程量清单综合单价计算

工程名称:某住宅楼给水系统

清单项目名称	工程内容	定额编号	计量单位	工程数量	费用组成(元)					
					人工费	材料费	机械费	管理费	利润	小计
镀锌钢管 1. 安装部位:室外(直埋) 2. 输送介质:给水 3. 规格:*DN*40 4. 连接方式:丝接	镀锌钢管安装	8-153	10 m	0.1	1.59	0.84	0.11			
	镀锌钢管 *DN*40	主材	m	1.015		24.36				
	环氧煤沥青漆防腐普通级	11-298	10 m^2	0.015	0.67	2.97	0.48			
	合计				2.26	28.17	0.59	2.03	1.58	34.63
镀锌钢管 1. 安装部位:室内(直埋) 2. 输送介质:给水 3. 规格:*DN*40 4. 连接方式:丝接	镀锌钢管安装	8-291	10 m	0.1	6.31	4.29	1.16			
	镀锌钢管 *DN*40	主材	m	1.02		24.48				
	环氧煤沥青漆防腐普通级	11-298	10 m^2	0.015	0.67	2.97	0.48			
	合计				6.98	31.74	1.64	6.28	4.89	51.53
镀锌钢管 1. 安装部位:室内(地下室) 2. 输送介质:给水 3. 规格:*DN*40 4. 连接方式:丝接	镀锌钢管安装	8-291	10 m	0.1	6.31	4.29	1.16			
	镀锌钢管 *DN*40	主材	m	1.02		24.48				
	铝箔玻璃棉管壳保温	11-1021	m^3	0.012	1.45	1.99				
	铝箔玻璃棉管壳 $\delta=40$	主材	m^3	0.012		7.44				
	刚性防水套管 *DN*40	6-2993	个	0.182	5.28	10.19	1.99			
	合计				13.04	48.39	2.15	11.74	9.13	85.45
镀锌钢管 1. 安装部位:室内(地下室) 2. 输送介质:给水 3. 规格:*DN*32 4. 连接方式:丝接	镀锌钢管安装	8-290	10 m	0.1	4.71	3.04	0.15			
	镀锌钢管 *DN*32	主材	m	1.02		19.38				
	铝箔玻璃棉管壳保温	11-1021	m^3	0.011	1.33	1.83				
	铝箔玻璃棉管壳 $\delta=40$	主材	m^3	0.011		6.82				
	一般钢套管 *DN*32	6-3011	个	0.333	1.03	3.83	0.25			
	合计				7.07	34.90	0.40	0.36	4.95	53.68

续表 2-21

清单项目名称	工程内容	定额编号	计量单位	工程数量	费用组成　其中:					
					人工费	材料费	机械费	管理费	利润	小计
镀锌钢管 1. 安装部位:室内 2. 输送介质:给水 3. 规格:DN32 4. 连接方式:丝接	镀锌钢管安装	8 - 290	10 m	0.1	4.71	3.04	0.15			
	镀锌钢管 DN32	主材	m	1.02		19.38				
	一般钢套管 DN32	6 - 3011	个	0.5	1.55	5.74	0.38			
	合计				6.26	28.16	0.53	5.63	4.38	44.96
镀锌钢管 1. 安装部位:室内 2. 输送介质:给水 3. 规格:DN25 4. 连接方式:丝接	镀锌钢管安装	8 - 289	10 m	0.1	4.71	2.47	0.15			
	镀锌钢管 DN25	主材	m	1.02		15.30				
	一般钢套管 DN25	6 - 3011	个	0.333	1.03	3.83	0.25			
	合计				5.74	21.60	0.40	5.17	4.02	36.93
塑料管 1. 安装部位:室内(墙内暗敷) 2. 输送介质:给水 3. 材质:PP - R 4. 规格:De 25 ×2.3 5. 连接方式:热熔	塑料管(热熔)暗敷	调 8 - 353	10 m	0.1	2.26	5.51	0.16			
	管材 PP - R De25 ×2.3	主材	m	1.02		8.16				
	调整管件用量	材料	个	-0.15		-0.60				
	合计				2.26	13.07	0.16	2.03	1.58	19.10
塑料管 1. 安装部位:室内(墙内暗敷) 2. 输送介质:给水 3. 材质:PP - R 4. 规格:De20 ×2.3 5. 连接方式:热熔	塑料管(热熔)暗敷	调 8 - 352	10 m	0.1	2.13	4.89	0.16			
	管材 PP - R　De20 ×2.3	主材	m	1.02		5.10				
	调整扣座用量	材料	个	-0.3		-0.12				
	合计				2.13	9.87	0.16	1.92	1.49	15.57
水表 1. 型号、规格:LXS - 40 2. 连接方式:丝接	螺纹水表安装	8 - 700	组	1	14.96	40.28				
	水表 LXS - 40	主材	个	1		100.00				
	合计				14.96	140.28		13.46	10.47	179.17
水表 1. 型号、规格:LXS - 20 2. 连接方式:丝接	螺纹水表安装	8 - 697	组	1	8.80	16.22				
	水表 LXS - 20	主材	个	1		36.00				
	合计				8.80	52.22		7.92	6.16	75.10
螺纹阀门 1. 类型:截止阀 2. 型号、规格:J11W - 10T　DN32	螺纹阀门安装	8 - 529	个	1	3.30	4.63				
	截止阀 J11W - 10T DN32	主材	个	1.01		60.60				
	合计				3.30	65.23		2.97	2.31	73.81
浴盆 1. 材质、规格:铸铁搪瓷 1650 2. 组装形式:冷水	搪瓷浴盆安装	8 - 438	10 组	0.1	18.03	12.96				
	合计				18.03	12.96		16.23	12.62	59.84
洗脸盆 1. 组装形式:冷水 2. 类型:台式 450 甲级	洗脸盆安装	8 - 449	10 组	0.1	12.33	21.97				
	调减塑料存水弯 DN32	材料	个	-1.005		-5.04				
	合计				12.33	16.93		11.10	8.63	48.99

续表 2-21

清单项目名称	工程内容	定额编号	计量单位	工程数量	费用组成 其中:人工费	材料费	机械费	管理费	利润	小计
洗涤盆 1. 组装形式:冷水 2. 开关:回转龙头 3. 规格:500 甲级	洗涤盆安装	8-462	10组	0.1	12.61	44.59				
	调减:排水栓 *DN*50	材料	套	-1.01		-16.73				
	塑料存水弯 *DN*50	材料	个	-1.005		-5.46				
	合计				12.61	22.40		11.35	8.83	55.19
坐便器 1. 类型、型号:坐式: 2. 组装方式:带水箱	坐式大便器安装	8-482	10套	0.1	15.00	6.74				
	合计				15.00	6.74		13.50	10.50	45.74
水龙头 1. 材质、铜质镀铬 2. 规格:*DN*15	水龙头安装	8-505	10个	0.1	0.62	0.09				
	水嘴 铜镀铬 15	主材	个	1.01		18.18				
	合计				0.62	18.27		0.56	0.43	19.88
地漏 1. 材质:PVC 2. 规格:*DN*75	地漏安装	8-515	10个	0.1	8.32	3.18				
	地漏 PVC *DN*75	主材	个	1		10.00				
	合计				8.32	13.18		7.49	5.82	34.81

注:浴盆、洗脸盆、洗涤盆、坐便器全套器具及配件均由招标人供应,未计入综合单价。

(6)将上述计算结果及相关内容填入“分部分项工程量清单计价表”,如表 2-22 所示。

表 2-22 分部分项工程量清单计价表

工程名称:某住宅楼给水系统

序号	项目编码	项目名称	计量单位	工程数量	金额(元) 综合单价	合价
1	030801001001	镀锌钢管 1. 安装部位:室外(直埋) 2. 输送介质:给水 3. 规格:*DN*65 4. 连接方式:丝接	m	50	57.11	2 855.50
2	030801001002	镀锌钢管 1. 安装部位:室外(直埋) 2. 输送介质:给水 3. 规格:*DN*40 4. 连接方式:丝接	m	6	34.63	207.78

续表 2-22

<table>
<tr><th rowspan="2">序号</th><th rowspan="2">项目编码</th><th rowspan="2">项目名称</th><th rowspan="2">计量单位</th><th rowspan="2">工程数量</th><th colspan="2">金额(元)</th></tr>
<tr><th>综合单价</th><th>合价</th></tr>
<tr><td>3</td><td>030801001003</td><td>镀锌钢管
1. 安装部位:室内(直埋)
2. 输送介质:给水
3. 规格:DN40
4. 连接方式:丝接</td><td>m</td><td>8</td><td>51.53</td><td>412.24</td></tr>
<tr><td>4</td><td>030801001004</td><td>镀锌钢管
1. 安装部位:室内(地下室)
2. 输送介质:给水
3. 规格:DN40
4. 连接方式:丝接</td><td>m</td><td>22</td><td>85.45</td><td>1 879.90</td></tr>
<tr><td>5</td><td>030801001005</td><td>镀锌钢管
1. 安装部位:室内(地下室)
2. 输送介质:给水
3. 规格:DN32
4. 连接方式:丝接</td><td>m</td><td>24</td><td>53.68</td><td>1 288.32</td></tr>
<tr><td>6</td><td>030801001006</td><td>镀锌钢管
1. 安装部位:室内
2. 输送介质:给水
3. 规格:DN32
4. 连接方式:丝接</td><td>m</td><td>32</td><td>44.96</td><td>1 438.72</td></tr>
<tr><td>7</td><td>030801001007</td><td>镀锌钢管
1. 安装部位:室内
2. 输送介质:给水
3. 规格:DN25
4. 连接方式:丝接</td><td>m</td><td>72</td><td>36.93</td><td>2 658.96</td></tr>
<tr><td>8</td><td>030801005001</td><td>塑料管
1. 安装部位:室内(墙内暗敷)
2. 输送介质:给水
3. 材质:PP-R(S5 系列 PN1.0 MPa)
4. 规格:De25×2.3
5. 连接方式:热熔</td><td>m</td><td>120</td><td>19.10</td><td>2 292.00</td></tr>
<tr><td>9</td><td>030801005002</td><td>塑料管
1. 安装部位:室内(墙内暗敷)
2. 输送介质:给水
3. 材质:PP-R(S5 系列 PN1.0 MPa)
4. 规格:De25×2.3
5. 连接方式:热熔</td><td>m</td><td>400</td><td>15.57</td><td>6 228.00</td></tr>
</table>

续表 2-22

序号	项目编码	项目名称	计量单位	工程数量	金额(元)	
					综合单价	合价
10	030803010001	水表 1. 型号、规格:LXS-40 2. 连接方式:丝接	组	4	179.17	716.68
11	030803010002	水表 1. 型号、规格:LXS-20 2. 连接方式:丝接	组	40	75.10	3 004.00
12	030803001001	螺纹阀门 1. 类型:截止阀 2. 型号、规格:J11W-10T *DN*32	个	8	73.81	590.48
13	030804001004	浴盆 1. 材质、规格:铸铁搪瓷 1650 2. 组装形式:冷水	组	40	59.84	2 393.60
14	030804003001	洗脸盆 1. 组装形式:冷水 2. 类型:台式 450 甲级	组	40	48.99	1 959.60
15	030804005001	洗涤盆 1. 组装形式:冷水 2. 开关:回转龙头 3. 规格:500 甲级	组	40	55.19	2 207.60
16	030804012001	坐便器 1. 类型、型号:坐式 2. 组装方式:带水箱	套	40	45.74	1 829.60
17	030804016001	水龙头 1. 材质:铜质镀铬 2. 规格:*DN*15	个	40	19.88	795.20
18	030804017001	地漏 1. 材质:PVC 2. 规格:*DN*75	个	80	34.81	2 784.80

思考题

1. 分别简述给水、排水管道系统的组成和工程量计算规则。
2. 简述给水水表组的组成和工程量如何计算。
3. 简述卫生器具的组成和工程量如何计算。
4. 在管道工程中,定额对支架工程量计算有哪些规定?
5. 在管道工程中,定额对穿墙、穿楼板等套管工程量计算有哪些规定?
6. 试述高层建筑增加费、超高增加消耗量、脚手架搭拆费如何计算。

项目三　消防工程计量与计价

任务一　基础知识

建筑消防系统根据灭火剂的种类和灭火方式的不同可以分为水灭火消防系统和非水灭火剂消防系统两大类。水灭火消防系统主要有消火栓灭火系统、自动喷水灭火系统两大类；非水灭火剂消防系统是指使用泡沫、二氧化碳、卤代烷、干粉等作为灭火剂的消防系统，主要有泡沫灭火系统、二氧化碳灭火系统、卤代烷灭火系统、干粉灭火系统等。

一、消火栓灭火系统

消火栓灭火系统是把室外给水网提供的水量，经过加压（外网压力不足时）输送到建筑物内扑灭火灾的固定灭火系统，是建筑物内使用最广泛、最基本的灭火设施。

消火栓灭火系统通常由消防水源（市政给水网、天然水源、消防水池）、消防供水设备（消防水箱、消防水泵、水泵接合器）、消防管网（进水管、消防竖管、水平干管等）、室内消火栓（水枪、水带、消火栓）等组成，如图 3-1 所示。

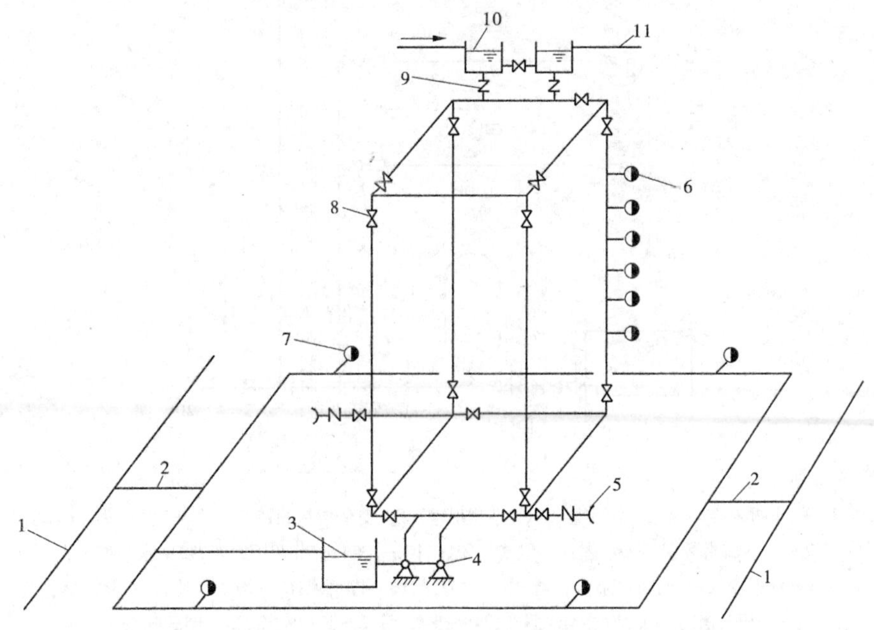

1—市政给水网；2—进水管；3—消防水池；4—消防水泵；5—水泵接合器；6—室内消火栓；
7—室外消火栓；8—阀门；9—止回阀；10—消防水箱；11—接生活给水管网

图 3-1　消火栓系统组成示意图

二、自动喷水灭火系统

自动喷水灭火系统是一种能自动探测火灾、自动启动喷头灭火,并能同时发出火警信号的固定消防灭火系统。其具有控火灭火成功率高、安全可靠、结构简单、使用期长、便于管理和分区控制等优点,广泛用于建筑物中允许用水灭火的场所。

自动喷水灭火系统通常根据所使用喷头开闭形式的不同,分为闭式自动喷水灭火系统和开式自动喷水灭火系统两大类。闭式自动喷水灭火系统又根据系统管网充水与否分为湿式自动喷水灭火系统、干式自动喷水灭火系统、干式-湿式自动喷水灭火系统、预作用自动喷水灭火系统等,闭式自动喷水灭火系统中约有70%是湿式自动喷水灭火系统。开式自动喷水灭火系统又可分为雨淋喷水灭火系统、水幕灭火系统、水喷雾灭火系统等。

(一)闭式自动喷水灭火系统

1. 湿式自动喷水灭火系统

湿式自动喷水灭火系统由闭式喷头、管道系统、湿式报警阀、报警装置和供水设备等组成,如图3-2所示。这种系统在湿式报警阀的前后管道内充满有压力水,故称湿式自动喷水灭火系统。

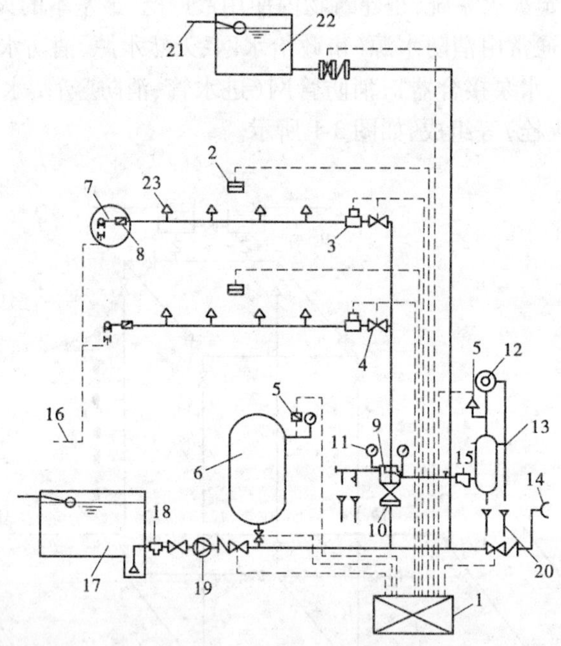

1—火灾报警控制箱;2—探测器;3—水流指示器;4—安全指示阀;5—压力开关;6—压力罐;
7—末端试水装置;8—水表;9—湿式报警阀;10—控制阀;11—压力表;12—水力警铃;
13—延迟器;14—消防水泵接合器;15—过滤器;16—排水管;17—消防水池;18—除污器;
19—消防水泵;20—排水漏斗;21—进水管;22—高位水箱;23—闭式喷头

图3-2 湿式自动喷水系统示意图

该系统的工作原理是:火灾发生时,火场温度使闭式喷头的感温元件动作,喷头开启,喷水灭火。水在管路中流动后,打开湿式报警阀瓣,屋顶水箱中的水进入管网。同时,火灾探测器向火灾控制中心输出信号报警。水经过延时器后通向水力警铃的通道,水流使水力警铃发出声响报警信号,与此同时,水力警铃前的压力开关信号及装在配水管始端上的水流指示器信号传送至报警控制器控制室,经判断确认火警后启动消防水泵从消防水池向管网加压供水,达到持续自动喷水灭火的目的。

湿式喷水灭火系统具有结构简单、施工和管理维护方便、使用可靠、灭火速度快、控火效率高等优点。但由于其管路在喷头中始终充满水,所以应用时受环境温度的限制,适合安装在室内温度不低于 4 ℃,且不高于 70 ℃能用水灭火的建(构)筑物内。

2. 干式自动喷水灭火系统

干式自动喷水灭火系统是为了满足寒冷和高温场所安装自动灭火系统的需要,在湿式系统的基础上发展起来的。该系统是由闭式喷头、管道系统、干式报警阀、报警装置、充气设备、排气设备和供水设备等组成,如图 3-3 所示,其管路和喷头内平时没有水,只处于充气状态,故称为干式自动喷水灭火系统或干管自动喷水灭火系统。

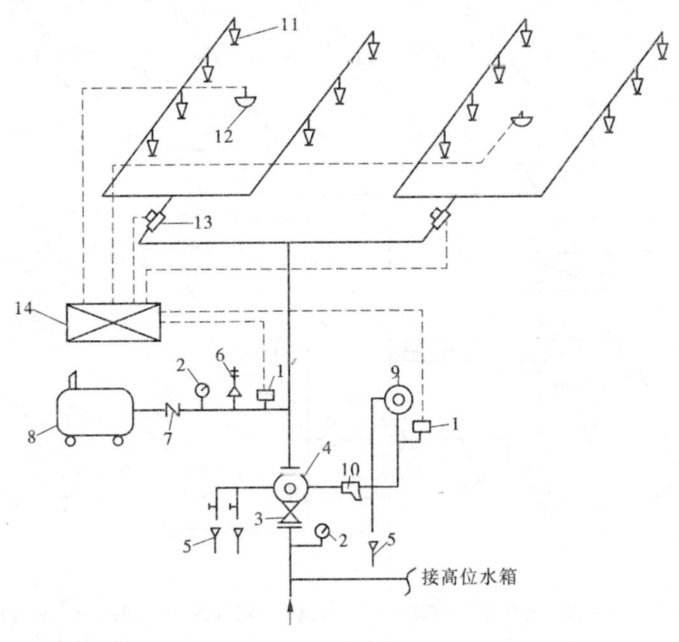

1—压力开关;2—压力表;3—总控制阀;4—干式报警阀;5—排水漏斗;6—安全阀;7—止回阀;8—空压机;9—水力警铃;10—过滤器;11—闭式喷头;12—火灾探测器;13—水流指示器;14—火灾报警控制箱

图 3-3 干式自动喷水灭火系统示意图

该系统工作原理是:启动前,干式报警阀前(与水源相连一侧)的管道内充以压力水,干式报警阀后的管道内充以压缩空气,报警阀处于关闭状态。发生火灾时,闭式喷头热敏感元件动作,喷头开启,管道中的压缩空气从喷头喷出,使干式阀出口侧压力下降,造成报警阀前部水压力大于后部气压力,干式报警阀被自动打开,压力水进入供水管道,将剩余的压缩空气从已打开的喷头处推出,然后喷水灭火。在干式报警阀被打开的同时,通向水力警铃和压力开关的通道也被打开,水流冲击水力警铃和压力开关,并启动水泵加压供水。

干式自动喷水灭火系统的主要特点是在报警阀后管路内无水，不怕冻结，不怕环境温度高。因此，该系统适用于环境温度低于4 ℃和高于70 ℃的建筑物。干式自动喷水灭火系统与湿式自动喷水灭火系统相比，因增加一套充气设备，且要求管网内的气压经常保持在一定范围内，因此管理比较复杂，投资较大。在喷水灭火速度上不如湿式系统来得快。

3. 预作用自动喷水灭火系统

预作用自动喷水灭火系统是将火灾自动探测报警技术和自动喷水灭火系统有机地结合起来，对保护对象起了双重保护作用。预作用自动喷水灭火系统由闭式喷头、管道系统、预作用阀（或雨淋阀）、火灾探测器、报警控制装置、充气设备、控制组件和供水设施部件组成，如图3-4所示。这种系统平时呈干式，在火灾发生时能实现对火灾的初期报警，并立刻使管网充水将系统转变为湿式。系统的这种转变过程包含着预备动作的功能，故称为预作用自动喷水灭火系统。

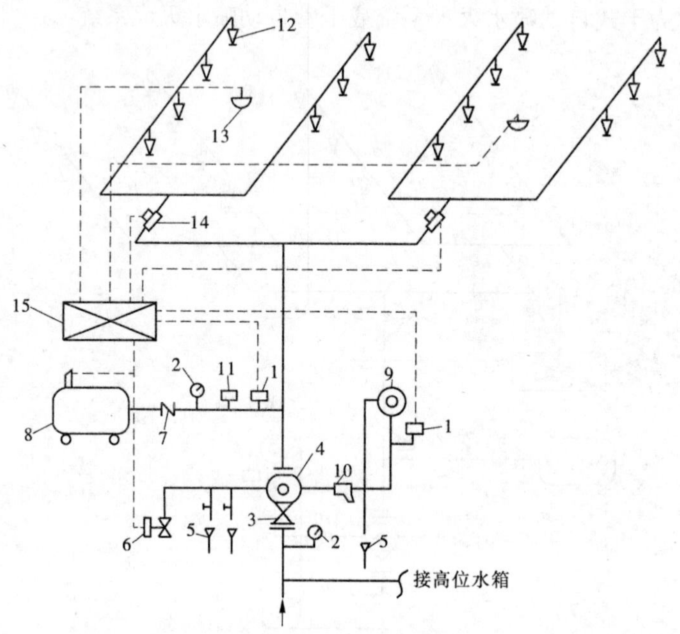

1—压力开关；2—压力表；3—总控制阀；4—预作用阀组；5—排水漏斗；6—电磁阀；
7—止回阀；8—空压机；9—水力警铃；10—过滤器；11—低气压报警压力开关；
12—闭式喷头；13—火灾探测器；14—水流指示器；15—火灾报警控制箱

图3-4 预作用自动喷水灭水系统示意图

该系统的预作用阀是由雨淋阀和湿式报警阀上下串接而成的，雨淋阀位于供水侧，湿式报警阀位于系统侧。系统中雨淋阀之后的管道内平时充满低压气体，发生火灾时，安装在保护区的感温、感烟火灾探测器首先发出火警信号，报警控制器在接到报警信号后作声光显示的同时开启雨淋阀，使水进入管路，并在很短时间内完成充水过程，使系统迅速自动转变成湿式系统，完成了预作用过程，以后的动作与湿式系统相同。

预作用系统的主要特点是：具有干式自动喷水灭火系统的优点，平时管网是干的，可用于冬季结冰不能采暖的建筑物；具有湿式自动喷水灭火系统的优点，水可立即从动作的喷头中喷出，不延迟灭火时间；可有效避免因系统喷头破损而造成的水渍损失；能在喷头动作之前进行早期报警，以便及早组织扑救；可实现故障自动监测，从而提高了系统的安全可靠性；系统构造复杂，维护管理要求很高，造价也高。该系统适用于图书馆、高级宾馆、重要办公楼、大型商场等不允许因误喷而造成水渍损失的建筑物内，还可代替干式自动喷水灭火系统安装在高温及严寒冰冻等地区。

（二）开式自动喷水灭火系统

1. 雨淋喷水灭火系统

雨淋喷水灭火系统由开式喷头、管道系统、雨淋阀、火灾探测器、报警控制组件和供水设施等组成，如图 3-5 所示。雨淋阀是通过电动、机械或其他方法进行开启，使水能够自动单方向流入喷水系统同时进行报警的一种单向阀。系统工作时所有喷头同时喷水，好似倾盆大雨，故称为雨淋喷水灭水系统。

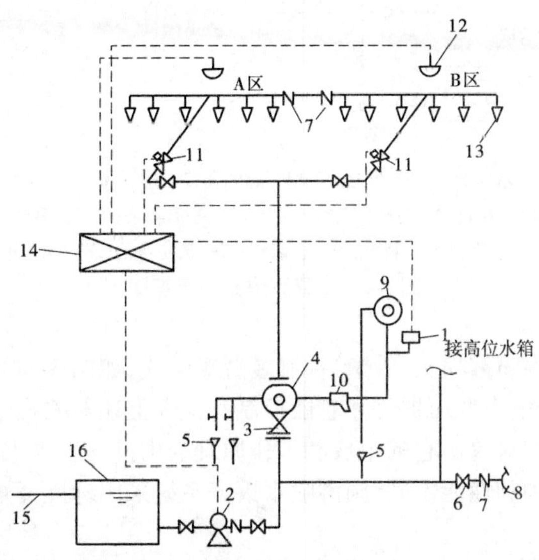

1—压力开关；2—消防水泵；3—总控制阀；4—湿式报警阀；5—排水漏斗；6—截止阀；
7—止回阀；8—水泵接合器；9—水力警铃；10—过滤器；11—雨淋阀（电动启动）；
12—火灾探测器；13—开式喷头；14—火灾报警控制箱；15—进水管；16—消防水池

图 3-5 雨淋喷水灭火系统示意图

发生火灾时，火灾探测器将信号送至火灾报警控制器，控制器输出信号打开雨淋阀，使整个保护区内的开式喷头喷水灭火。同时，启动水泵保证供水，压力开关、水力警铃一起报警。

该系统灭火及时、出水量大，适用于火灾蔓延快、危险性大的建筑物，如剧院舞台及火灾危险性较大的工业厂房、仓库等。

2. 水幕灭火系统

水幕灭火系统是由水幕喷头、管道系统、控制阀等组成，如图 3-6 所示。水幕灭火系统的工作原理与雨淋喷水灭火系统基本相同，所不同的是，水幕灭火系统喷出的水为水帘状，而雨淋喷水灭火系统喷出的水为开花射流。由于水幕喷出的水为水帘状，因此它不是直接用来扑灭火灾的，而是起防火隔断作用，防止火势扩大和蔓延。该系统常用于需防火隔离的开口部位，如舞台和观众席之间的隔离水帘、防火卷帘门处等。

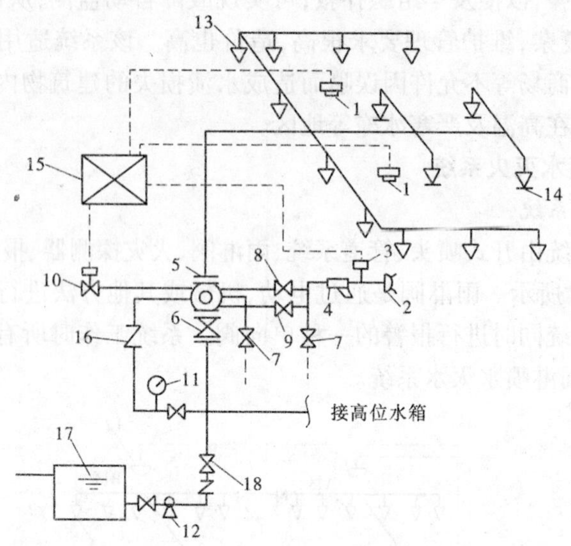

1—火灾探测器;2—水力警铃;3—压力开关;4—过滤器;5—雨淋阀;6—总控制阀;7—放水阀;
8—警铃管阀;9—试警铃阀;10—电磁阀;11—压力表;12—消防泵;13—水幕喷头;14—闭式喷头;
15—火灾报警控制箱;16—止回阀;17—消防水池;18—截止阀

图3-6　水幕灭火系统示意图

3. 水喷雾灭火系统

水喷雾灭火系统由喷雾喷头、管道、控制装置等组成,如图3-7所示,常用来保护可燃液体、气体贮罐及油浸电力变压器等。它能控制和扑灭上述对象发生的火灾,也能阻止邻近的火灾蔓延危及保护对象。它的组成和工作原理与雨淋喷水灭火系统基本一致。其区别主要在于喷头的结构和性能不同,雨淋喷水灭火系统采用标准开式喷头,而它则采用中速或高速喷雾喷头。

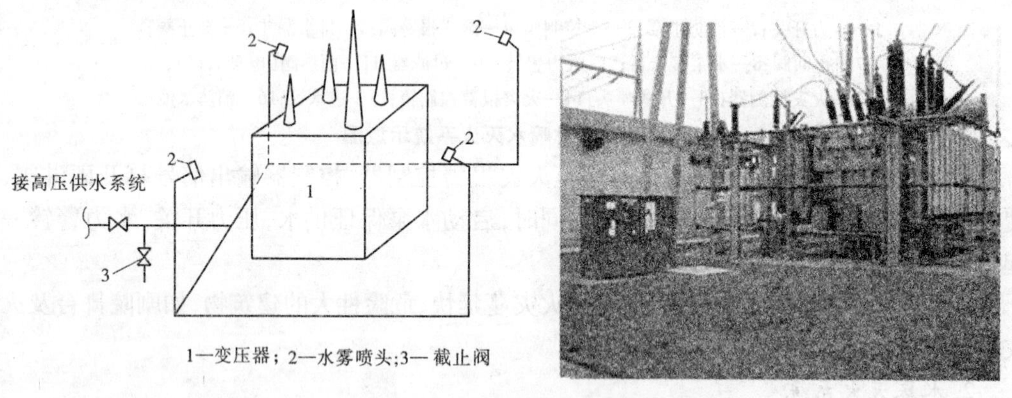

1—变压器; 2—水雾喷头;3— 截止阀

图3-7　水喷雾灭火系统示意图

三、非水灭火剂消防系统

(一)泡沫灭火系统

泡沫灭火系统是采用高效合成泡沫灭火剂通过气压式喷雾达到灭火的目的,该灭火系统由消防水泵、比例混合器、各类控制阀、泡沫发生器、泡沫液贮罐、自动探测控制系统和管网等组成,如图3-8所示。

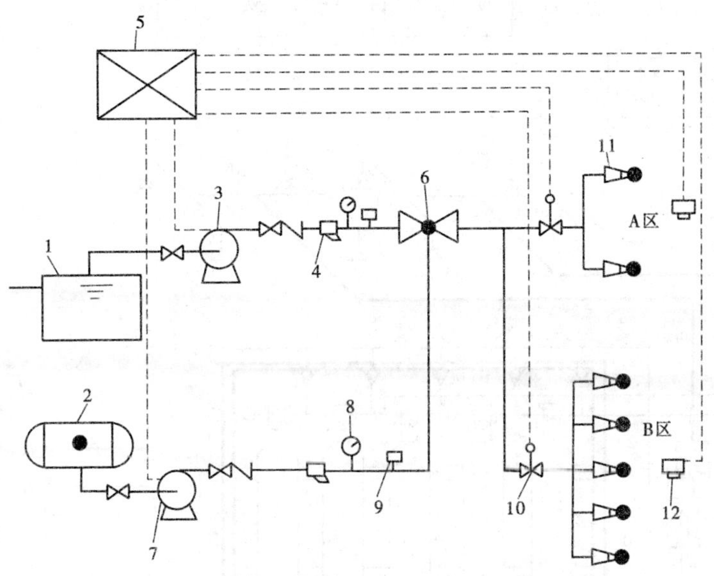

1—水池;2—泡沫液贮罐;3—消防水泵;4—过滤器;5—报警控制器;
6—比例混合器;7—泡沫液泵;8—压力表;9—压力开关;10—电磁阀;
11—泡沫发生器;12—火灾探测器

图3-8 泡沫灭火系统示意图

泡沫灭火系统主要用于扑救石油和石油产品等油类火灾。其灭火原理是:泡沫将燃烧液面完全覆盖起来,使燃烧物不能接触燃烧所必需的空气;泡沫中包裹的水还能冷却油的表面。

(二)二氧化碳灭火系统

二氧化碳一般以高压压入高压容器内,以液态贮存,火灾时从容器内放出并在燃烧物周围汽化。二氧化碳气体使空气中氧的浓度下降,窒息灭火,所吸收的汽化热也起冷却灭火作用。该系统通常由二氧化碳容器(钢瓶)、容器阀、管道、喷嘴、操作系统及附属装置等组成,如图3-9所示。

由于这种系统灭火迅速,不腐蚀金属,绝缘性能好,灭火后不留痕迹,因此适用于书库、地下车库、变压器间、通信机房等封闭房间。这种系统按设置方式分固定式和移动式两种。

(三)卤代烷灭火系统

卤代烷灭火剂主要有1211灭火系统和1301灭火系统,其灭火原理主要是对燃烧反应起化学抑制作用,属于低毒高效灭火剂。这种系统除具有二氧化碳灭火系统所具有的稳定理化性能外,还有可以低压贮存及灭火效率高的优点。卤代烷灭火系统的设置方式、启动方式均与二氧化碳灭火系统大致相同,适用的防火对象也完全相同。

卤代烷灭火系统的组成主要有灭火剂贮存容器、管道、喷嘴、各类控制阀门、信号元件及自动探测控制系统等。

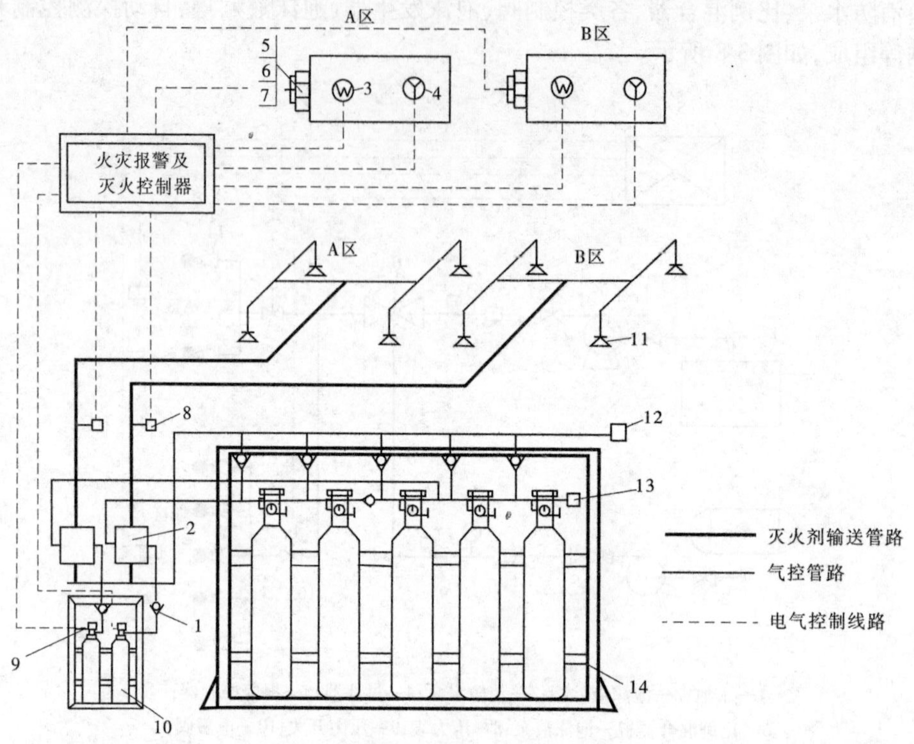

1—气控单向阀;2—选择阀;3—感温探测器;4—感烟探测器;5—紧急启停按钮;6—气体释放门灯;7—声光报警器;8—压力继电器;9—电磁阀;10—启动瓶组;11—喷嘴;12—集流管安全阀;13—低压泄压阀;14—贮存瓶组

图3-9 二氧化碳灭火系统示意图

(四)干粉灭火系统

干粉灭火系统是以干粉作为灭火剂的灭火系统。除扑救金属火灾的专用干粉灭火剂外,干粉灭火剂一般分为BC干粉灭火剂和ABC干粉灭火剂两大类。

干粉灭火剂主要通过在加压气体作用下喷出的粉末与火焰接触、混合时形成新的化学物质以窒息作用灭火。同时,干粉在分解过程中要大量吸热使火区温度迅速下降,可使液体燃料和液化气体的气化速度下降,从而控制住火灾。因此,干粉灭火剂特别适用于扑救液体燃料和液化燃气造成的火灾。干粉灭火系统的启动方式有与火警探测器相联自动启动和手动启动两种。与二氧化碳灭火系统相比,干粉灭火系统的缺点是:设备费用较高,灭火后的善后工作量较大。

四、火灾自动报警系统

火灾自动报警系统是人们为了早期发现和通报火灾,并及时采取有效措施控制和扑灭火灾,而设置在建筑物中或其他场所的一种自动消防设施,是现代消防不可缺少的安全技术设施之一。

火灾自动报警系统由火灾探测器、火灾报警控制器以及联动控制装置等组成。它能够在火灾初期,将燃烧产生的烟雾、热量和光辐射等物理量,通过感温、感烟和感光等火灾探测器变成电信号,传输到火灾报警控制器,并同时显示出火灾发生的部位,记录火灾发生的时间。一般火灾自动报警系统和自动喷水灭火系统、室内消火栓系统、防排烟系统、通风系统、空调系统、防火门、防火卷帘、挡烟垂壁等相关设备联动,自动或手动发出指令,启动相应的防火灭火装置。

图 3-10 为火灾自动报警系统原理,图 3-11 为火灾自动报警系统示意图。

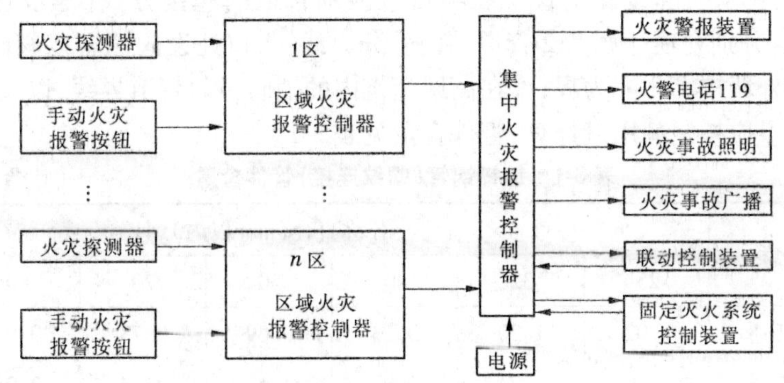

图 3-10　火灾自动报警系统原理

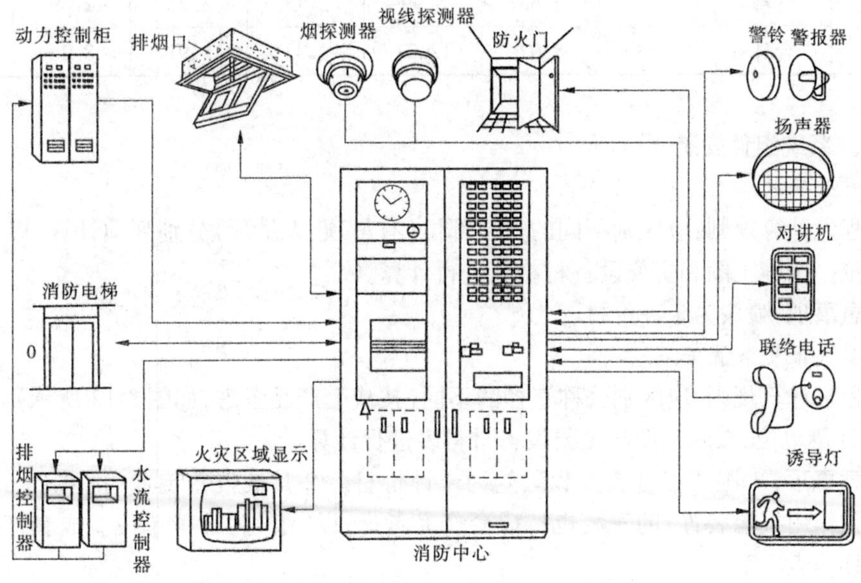

图 3-11　火灾自动报警系统示意图

任务二　工程量计算

对于消防工程工程量的计算,本节将依据《河南省建设工程工程量清单综合单价(2008)》(C.7 消防工程)对水灭火系统、气体灭火系统、泡沫灭火系统、管道支吊架制作安装、火灾自动报警系统、消防系统调试等内容逐一作介绍。

一、水灭火系统(030701)

(一)管道安装(水喷淋镀锌钢管)

工程量计算规则:按设计管道中心线长度,不扣除阀门、管件及各种组件所占长度,以"m"为计量单位。

注意事项:①水喷淋镀锌钢管安装项目应区别管道的连接方式(螺纹连接、法兰连接)、公称直径,分别列项计算。②管道室内外分界线:入口处设阀门者以阀门为界,无阀门者以建筑物外墙皮 1.5 m 为界;设在高层建筑内的消防泵间管道界线,以泵间外墙皮为界。③主材数量应按定额用量计算,管件含量见表 3-1。

表 3-1 镀锌钢管(螺纹连接)管件含量 (计量单位:10 m)

项目	名称	公称直径(mm 以内)						
		25	32	40	50	70	80	100
管件含量	四通	0.02	1.20	0.53	0.69	0.73	0.95	0.47
	三通	2.29	3.24	4.02	4.13	3.04	2.95	2.12
	弯头	4.92	0.98	1.69	1.78	1.87	1.47	1.16
	管箍	—	2.65	5.99	2.73	3.27	2.89	1.44
	合计	7.23	8.07	12.23	9.33	8.91	8.26	5.19

(二)系统组件安装

1. 喷头安装

工程量计算规则:应区别不同的安装部位(有吊顶、无吊顶)分别列项计算,以"个"为计量单位。按施工图和主要设备材料表进行计算。

注意事项:喷头为未计价材。

2. 湿式报警装置安装

工程量计算规则:应区别公称直径的不同(按成套产品考虑,如图 3-12 所示),分别以"组"为计量单位,按施工图和主要设备材料表进行计算。

注意事项:①湿式报警装置和法兰为未计价材。②其他报警装置(雨淋、干式、干湿两用及预作用报警装置)的安装也按成套产品考虑,以"组"为计量单位。成套产品包括的内容详见表 3-2。

表 3-2 成套产品包括的内容

序号	项目名称	型号	包括内容
1	湿式报警装置	ZSS	湿式阀、蝶阀、装配管、供水压力表、装置压力表、试验阀、泄放试验阀、泄放试验管、试验管流量计、过滤器、延时器、水力警铃、报警截止阀、漏斗、压力开关等

续表 3-2

序号	项目名称	型号	包括内容
2	干湿两用报警装置	ZSL	两用阀、蝶阀、装置截止阀、装配管、加速器、加速器压力表、供水压力表、试验阀、泄放试验阀(湿式)、泄放试验阀(干式)、挠性接头、泄放试验管、试验管流量计、排气阀、截止阀、漏斗、过滤器、延时器、水力警铃、压力开关等
3	电动雨淋报警装置	ZSY1	雨淋阀、蝶阀(2 个)、装配管、压力表、泄放试验阀、流量表、截止阀、注水阀、止回阀、电磁阀、排水阀、手动应急球阀、报警试验阀、漏斗、压力开关、过滤器、水力警铃等
4	预作用报警装置	ZSU	干式报警阀、控制蝶阀(2 个)、压力表(2 块)、流量表、截止阀、排放阀、注水阀、止回阀、泄放阀、报警试验阀、液压切断阀、装配管、供水检验管、气压开关(2 个)、试压电磁阀、应急手动试压器、漏斗、压力开关、过滤器、水力警铃等
5	室内消火栓	SN	消火栓箱、消火栓、水枪、水龙带、立龙带接扣、挂架、消防按钮
6	室外消火栓	地上式 SS 地下式 SX	地上式消火栓、法兰接管、弯管底座 地下式消火栓、法兰接管、弯管底座或消火栓三通
7	消防水泵接合器	地上式 SQ 地下式 SQX 墙壁式 SQB	消防接口本体、止回阀、安全阀、闸阀、弯管底座、放水阀 消防接口本体、止回阀、安全阀、闸阀、弯管底座、放水阀 消防接口本体、止回阀、安全阀、闸阀、弯管底座、放水阀、标牌
8	室内消火栓组合卷盘	SN	消火栓箱、消火栓、水枪、水龙带、水龙带接扣、挂架、消防按钮、消防软管卷盘

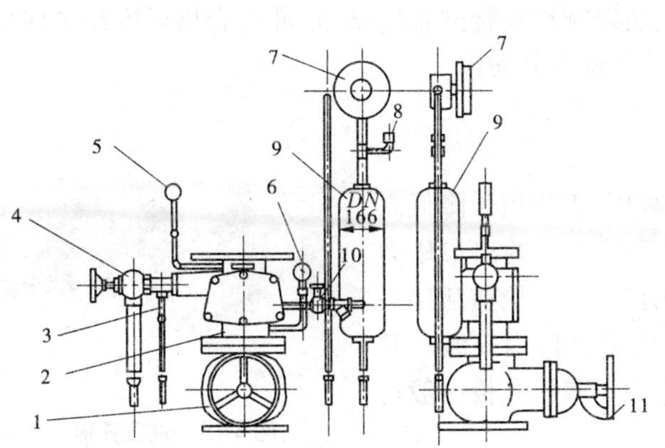

1—控制阀;2—报警阀;3—试警铃阀;4—放水阀;5、6—压力表;
7—水力警铃;8—压力开关;9—延迟器;10—警铃管阀门;11—软锁

(a)

(b)

图 3-12 湿式报警阀

3. 温感式水幕装置安装

工程量计算规则：按不同型号和规格以“组”为计量单位，按施工图和主要设备材料表进行计算。图3-13为温感式水幕装置示意图。

注意事项：定额子目中未计价材包括输出控制器、球阀、雨淋阀、管道、喷头等。

4. 水流指示器安装

工程量计算规则：应区别不同的连接方式、公称直径，分别以“个”为计量单位。图3-14为螺纹式、法兰式水流指示器示意图。

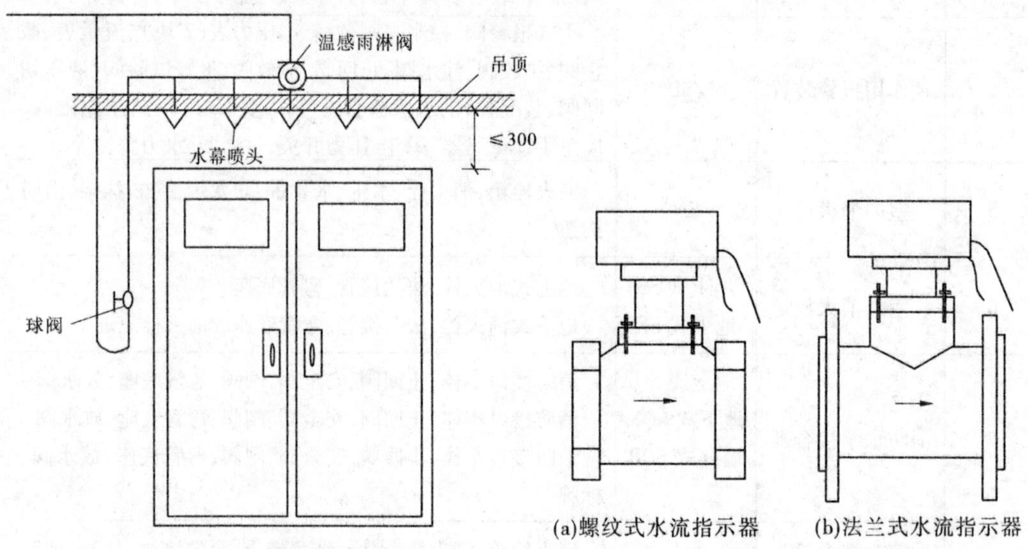

图3-13　温感式水幕装置示意图

图3-14　水流指示器示意图

注意事项：水流指示器为未计价材。

喷头、报警装置及水流指示器安装定额均按管网系统试压、冲洗合格后安装考虑的，定额中已包括丝堵、临时短管的安装、拆除及其摊销。

(三)其他组件安装

1. 减压孔板安装

减压孔板的作用是对流体动力减压，主要用于降低高层建筑物底层的自动喷水灭火设备和消火栓的出口压力及出口流量。减压孔板的安装方式有三种，即栓前活接头内安装、栓前法兰连接安装和栓后固定接口内安装。其中，栓后固定接口内安装方式较为常用。减压孔板一般选用不锈钢或铜质板材，如图3-15所示。

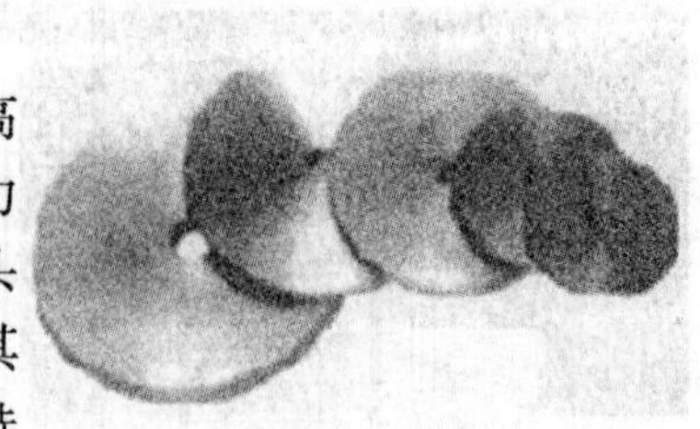

图3-15　减压孔板

工程量计算规则：按不同规格以“个”为计量单位。

注意事项：平焊法兰、减压孔板为未计价材。

2. 末端试水装置安装

工程量计算规则：按不同规格，以“组”为计量单位。图3-16为末端试水装置示意图。

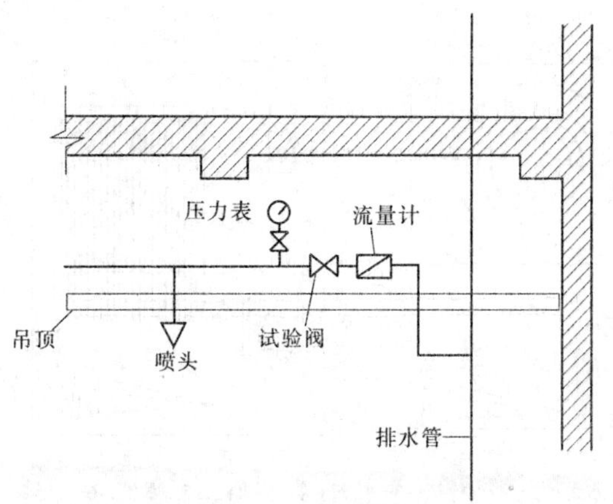

图 3-16　末端试水装置示意图

注意事项:压力表及连接管已包含在定额材料费中,阀门为未计价材。流量计的安装需另计算。

3. 集热板制作安装

当高架仓库分层板上方有孔洞、缝隙时,应在喷头上方设置集热板。设置集热板是针对喷头上方有孔洞、缝隙或喷头距顶板过高(距顶板超过 300 mm)等情况,防止喷头因热气流不停留而不能启动,延误喷头响应时间。

工程量计算规则:均以"个"为计量单位。集热罩如图 3-17 所示。

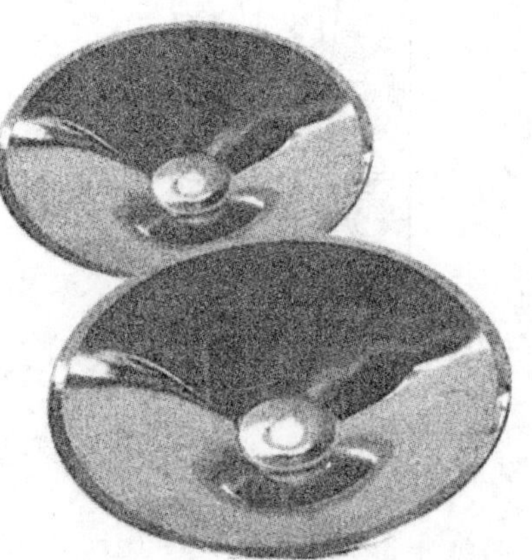

图 3-17　集热罩

(四)消火栓安装

1. 室内消火栓安装

工程量计算规则:区分单栓和双栓以"套"为计量单位。成套产品包括的内容详见表 3-2。图 3-18 为室内消火栓示意图。

注意事项:消火栓为未计价材,所带消防按钮的安装另行计算。

2. 室内消火栓组合卷盘安装

工程量计算规则:区分单栓和双栓以"套"为计量单位。成套产品包括的内容详见表 3-2。图 3-19 为室内消火栓组合卷盘示意图,图 3-20 为室内消火栓箱明装、暗装示意图。

注意事项:室内消火栓及消火栓组合卷盘的安装定额均是按明装、暗装综合考虑的,消火栓组合卷盘为未计价材。

3. 室外消火栓安装

工程量计算规则:区分不同规格、安装方式、工作压力和覆土深度,以"套"为计量单位。图 3-21 为室外地下式消火栓示意图,图 3-22 为室外地上式消火栓示意图。

注意事项:消火栓为未计价材。

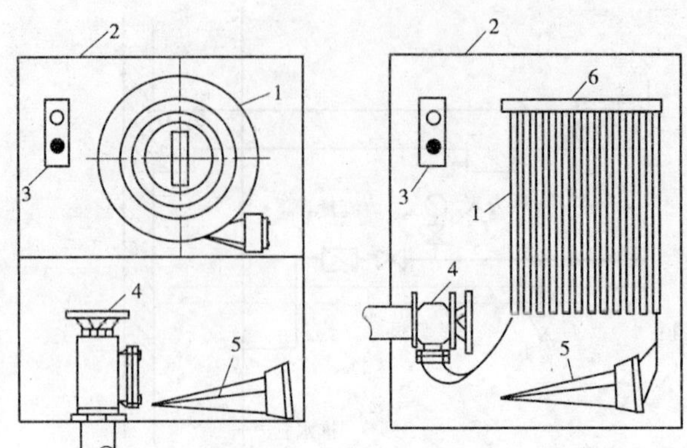

1—水带；2—消火栓箱；3—按钮；4—消火栓；5—水枪；6—挂架

(a)单栓室内消火栓示意图

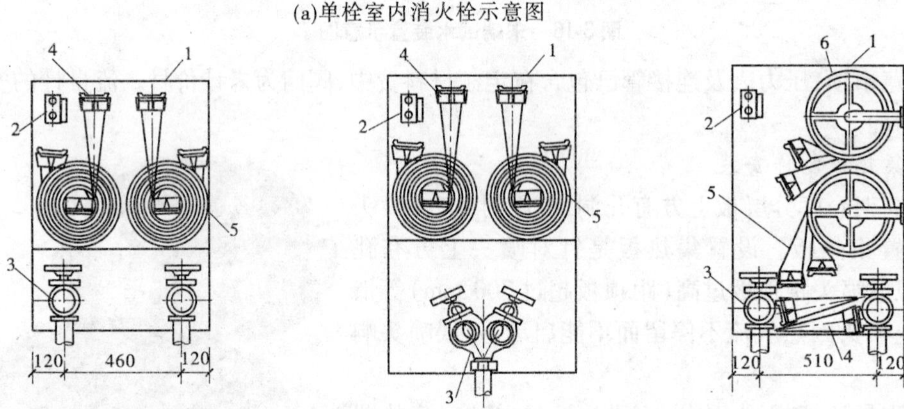

1—消火栓箱；2—按钮；3—消火栓；4—水枪；5—水带；6—自救式卷盘

(b)双栓室内消火栓示意图

图 3-18 室内消火栓示意图

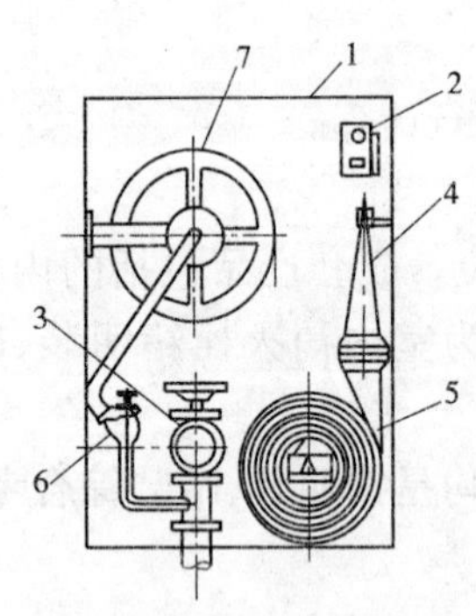

1—消火栓箱;2—按钮;3—消火栓;4—水枪;

5—水带;6—消火栓;7—消防软管卷盘

图 3-19 室内消火栓组合卷盘示意图

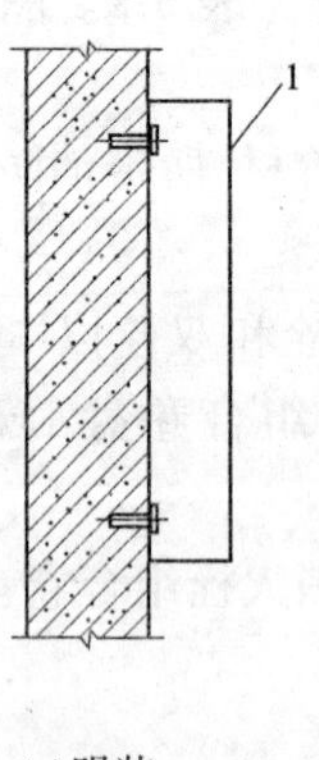

(a)明装

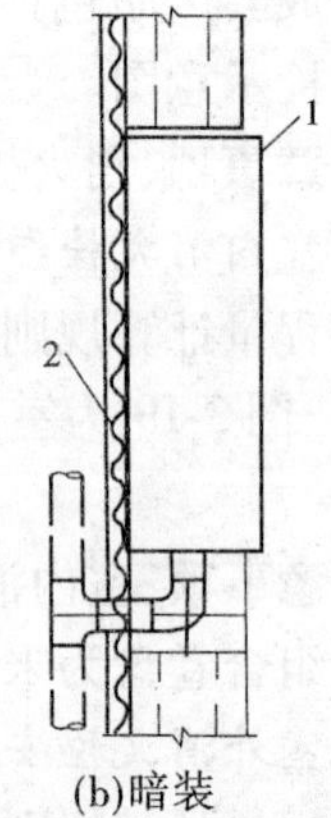

(b)暗装

1—消火栓箱;2—钢丝网

图 3-20 室内消火栓箱明装、暗装示意图

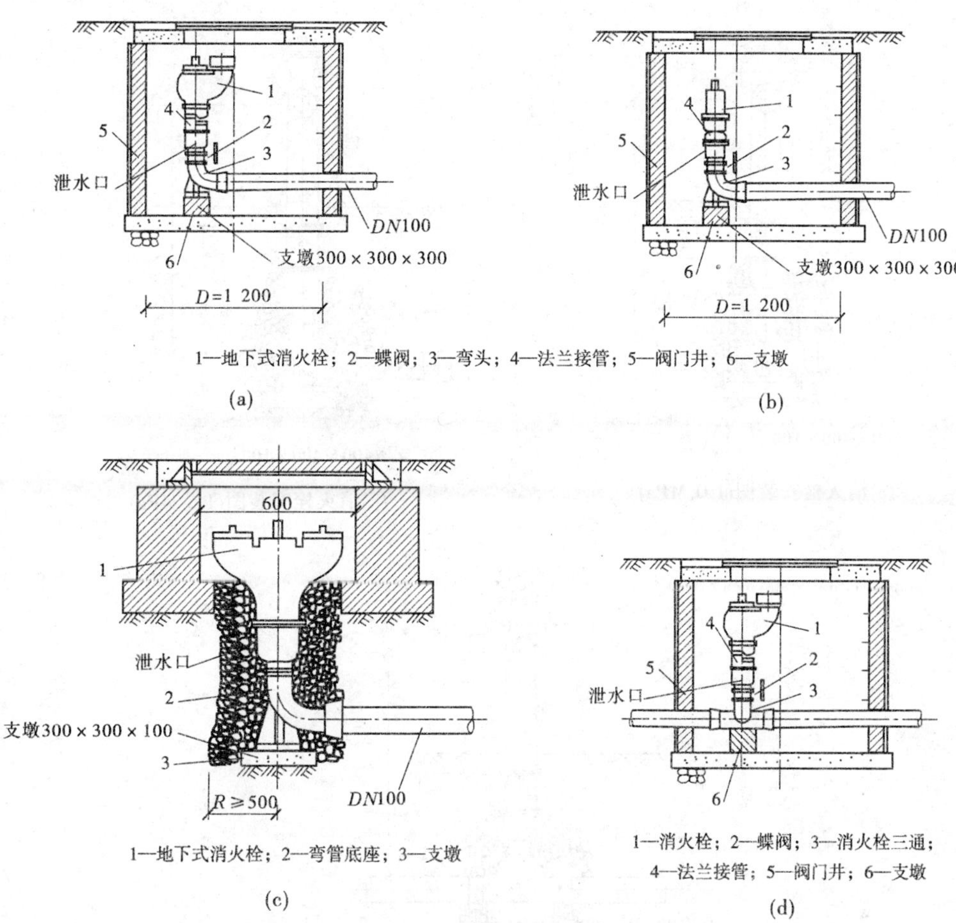

备注:成套产品包括的内容:地下式消火栓、法兰接管、弯管底座或消火栓三通。

图 3-21 室外地下式消火栓示意图

4. 消防水泵接合器安装

工程量计算规则:区分不同安装方式和规格,以“套”为计量单位。

图 3-23 为墙壁式水泵接合器示意图,图 3-24 为地下式、地上式水泵接合器示意图。

注意事项:消火水泵接合器为未计价材。成套产品包括的内容详见表 3-2。

(五)隔膜式气压水罐(气压罐)安装

工程量计算规则:区分不同规格以“台”为计量单位。图 3-25 为隔膜式气压罐示意图。

注意事项:气压罐和法兰为未计价材。

(六)自动喷水灭火系统管网水冲洗

工程量计算规则:应区别管道的不同公称直径,分别以“m”为计量单位。

二、气体灭火系统(030702)

(一)管道安装

管道安装包括无缝钢管螺纹连接、无缝钢管法兰连接、气体驱动装置管道安装及钢制

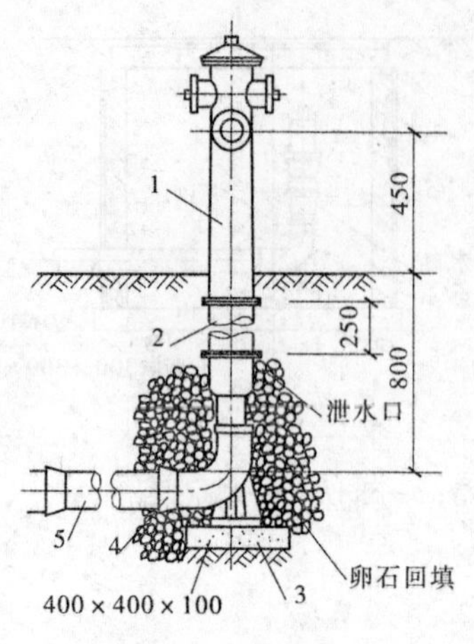

(a)消火栓安装图(1.0 MPa)

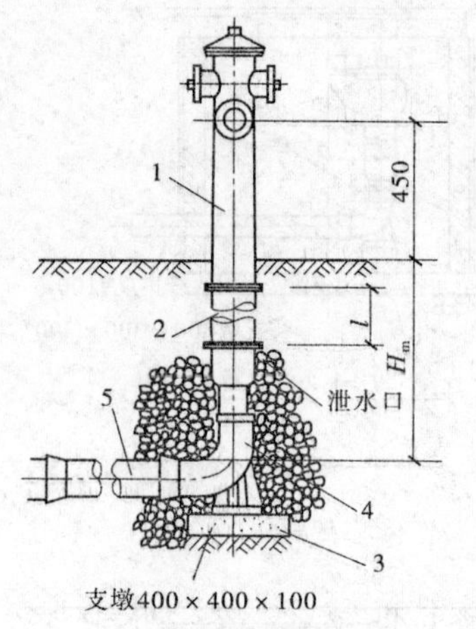

(b)消火栓安装图(1.6 MPa)

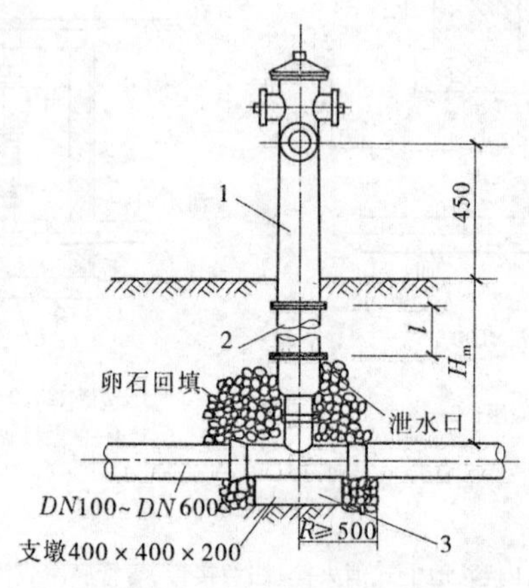

(c)消火栓安装图

1—地上式消火栓;2—法兰接管;3—支墩;4—弯管底座;5—铸铁管;6—消火栓三通

图 3-22 室外地上式消火栓示意图

管件螺纹连接。

1. 各种管道安装

工程量计算规则:按设计管道中心线长度,以"m"为计量单位。管道长度计算方法与水灭火系统管长计算方法相同,计算管长时不扣除阀门、管件及各种组件所占的长度。

注意事项:①无缝钢管安装项目应区别管道的连接方式(螺纹连接和法兰连接)、公称直径,分别列项计算。②无缝钢管为主材,其数量按定额规定计算。

2. 钢制管件螺纹连接

工程量计算规则:区别管件不同公称直径,以"个"为计量单位。

注意事项:管件为未计价材,其数量按实际规格类型计取。

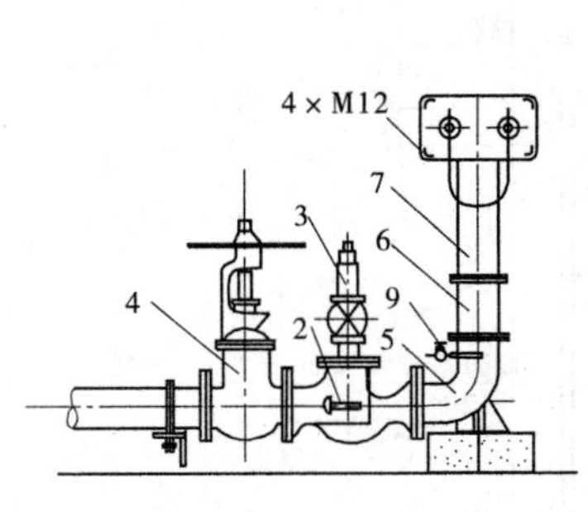

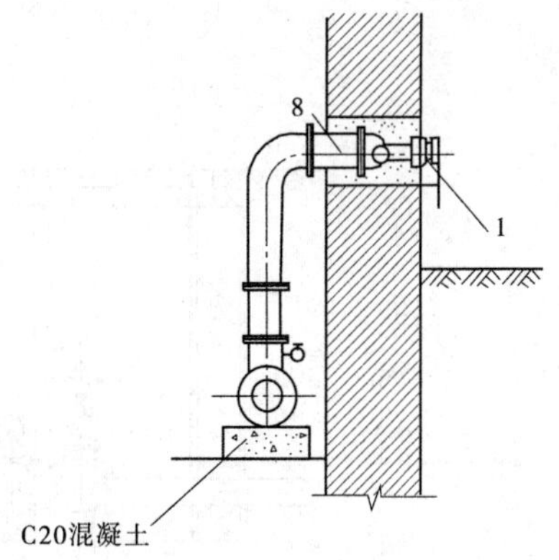

1—消防接口本体;;2—止回阀;3—安全阀;4—闸阀;5—弯头;6—法兰直管;
7—法兰弯管;8—法兰直管;9—截止阀

图 3-23　墙壁式水泵接合器示意图

(二)系统组件安装

1. 选择阀安装

工程量计算规则:按不同规格和连接方式(螺纹连接和法兰连接),区别其公称直径,分别以"个"为计量单位。

注意事项:选择阀和活接头或法兰为未计价材。

2. 气体喷头安装

工程量计算规则:按不同公称直径,分别以"个"为计量单位。

注意事项:镀锌钢管管件、钢制丝堵、喷头均为未计价材,其数量按定额规定计算。

3. 贮存装置安装

工程量计算规则:按贮存容器的规格(L)以"套"为计量单位。

注意事项:贮存装置安装中包括灭火剂贮存容器和驱动气瓶的安装固定与支架框架、系统组件(含集流管、容器阀、单向阀、高压软管)、安全阀等贮存装置和阀驱动装置的安装及氮气增压。图 3-26 为贮存(储存)装置示意图。

(三)二氧化碳称重检漏装置安装

工程量计算规则:以"套"为计量单位,按设计用量进行计算。

注意事项:二氧化碳称重检漏装置包括泄露报警开关、配重、支架等。

(四)系统组件试验

工程量计算规则:试验按水压强度试验和气压严密性试验,分别以"个"为计量单位,按设计及工艺要求进行工程量计算。

注意事项:系统组件包括选择阀、单向阀(含气、液)及高压软管。

三、泡沫灭火系统(030703)

泡沫发生器及泡沫比例混合器安装中已包括整体安装、焊法兰、单体调试及配合管道试压时隔离本体所消耗的人工和材料,不包括支架的制作安装和二次灌浆的工作内容,其

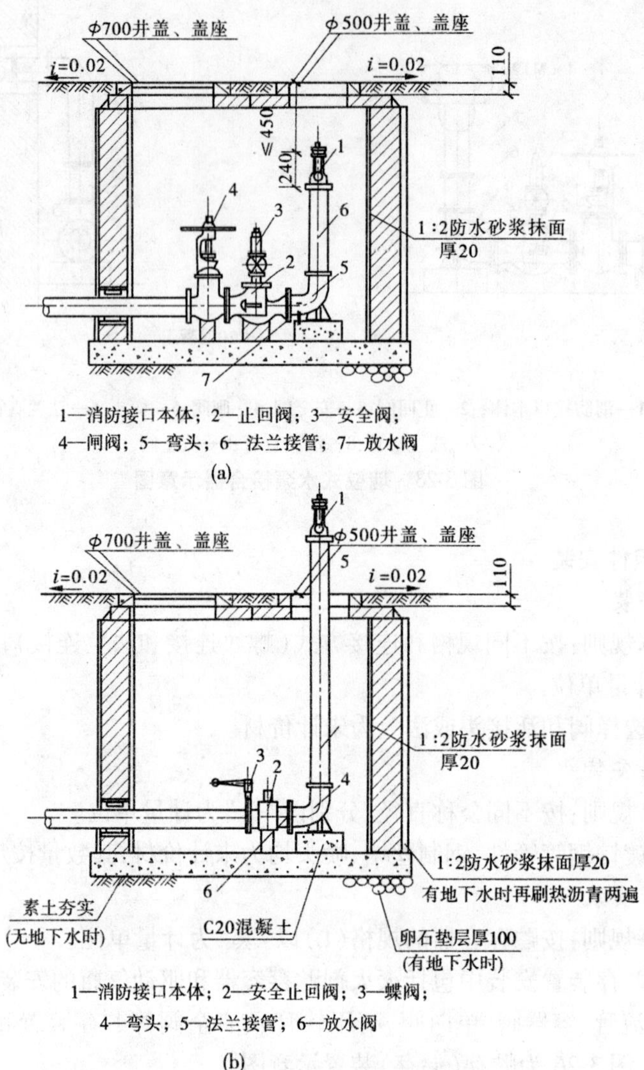

图3-24 地下式、地上式水泵接合器示意图

工程量按相应定额另行计算。地脚螺栓按设备带来考虑。

(一)泡沫发生器安装

工程量计算规则:按不同型号和规格,区别不同型号(水轮机式和电动机式),分别以"台"为计量单位。

注意事项:泡沫发生器和平焊法兰为未计价材,法兰及螺栓(除与设备连接的法兰外)按设计规定另行计算。

(二)泡沫比例混合器安装

工程量计算规则:按不同型号和规格,区别不同型号(压力储罐式、平衡压力式、环泵式负压、管线式负压),分别以"台"为计量单位。

注意事项:泡沫比例混合器和平焊法兰为未计价材,法兰及螺栓(除与设备连接的法

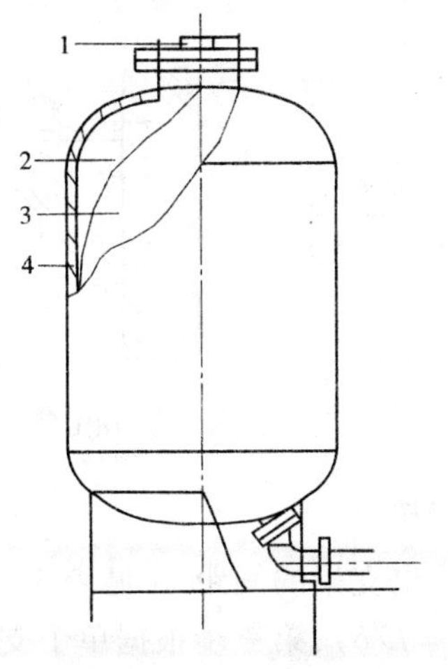

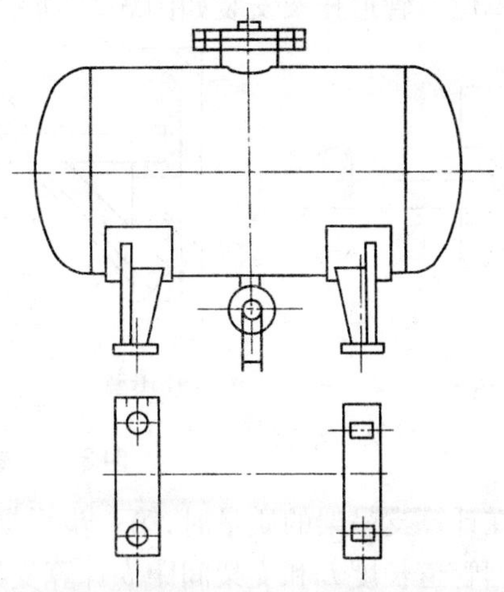

1—充气嘴；2—气室；3—水室；4—隔膜

(a)立式气压罐示意图

(b)卧式气压罐示意图

图 3-25 隔膜式气压罐示意图

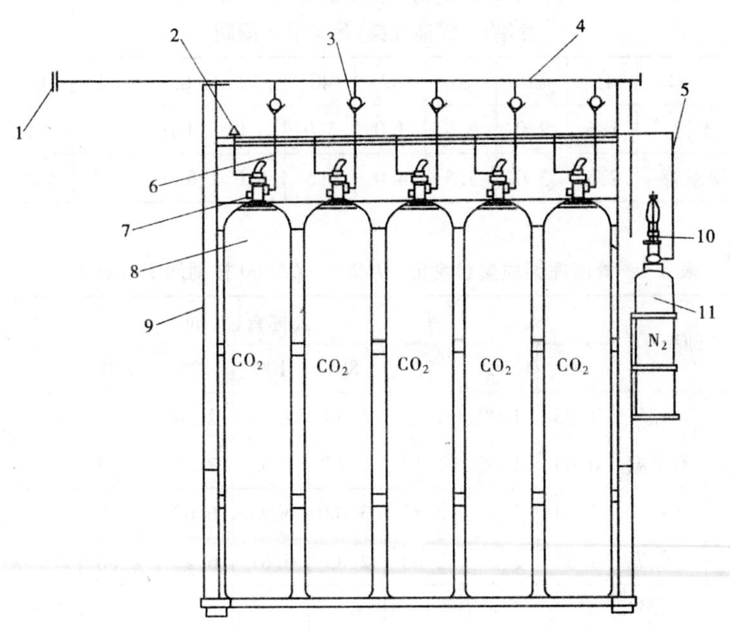

1—连接法兰；2—低压泄露阀；3—液体单向阀；4—集流管；5—控制气管；6—高压软管；7—容器阀；8—容器瓶；9—容器瓶架；10—电磁启动器；11—驱动气瓶

图 3-26 贮存装置示意图

兰外）按设计规定另行计算。

四、管道支吊架制作安装（030704）

工程量计算规则：管道支吊架已综合支架、吊架及防晃支架的制作安装，均以“kg”为计量单位。管道托架安装如图 3-27 所示。

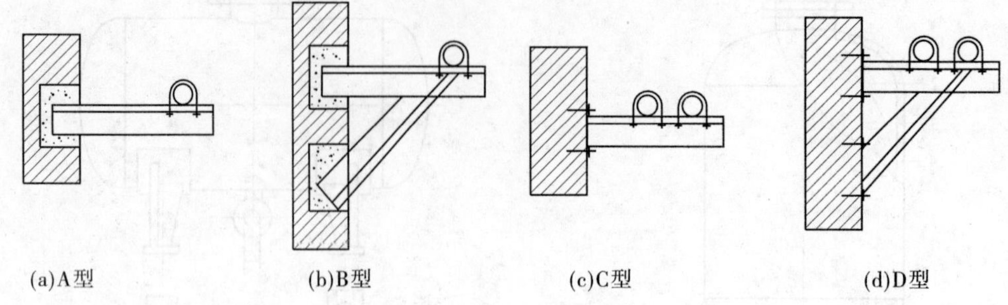

图 3-27　管道托架安装示意图

在计算支吊架的质量时,第一步根据管道的规格找出支架的间距 b(见表 3-3),第二步根据管道长度 L 和支架间距 b 计算支架的个数 $n(n=L/b)$,第三步根据单个支架的质量 m(如管道托架可根据其类型查表 3-4 得出单个质量,或者根据支架的形状、尺寸和每个形状位置上所用型钢的规格尺寸和其比重求得单个质量)计算每种管道上所采用的支架质量的合计数 $G'=m\times n$,最后求出所有支架的质量,即 $G=\sum G'=\sum(m\times n)$。

注意事项:型钢为未计价材,支架的除锈刷油需另计算。

表 3-3　管道支架、吊架最大间距

管道公称直径(mm)		15	20	25	32	40	50	65	80	100	125	150
最大间距(m)	保温管	1.5	2.0	2.5	3.0	3.0	3.0	4.0	4.0	4.5	5.0	6.5
	不保温管	2.5	3.0	3.5	4.0	4.5	5.0	6.0	6.0	6.5	7.0	8.0

表 3-4　管道托架质量参考值(DN200 ~ DN300 按间距 3 m 计算)　(单位:kg/个)

托架形式	管道种类		公称直径(mm)									
			40	50	70	80	100	125	150	200	250	300
A 型	单管	保温	1.06	1.09	1.23	1.30	2.06	2.34	4.74			
		不保温	0.99	1.02	1.13	1.25	1.95	2.27	3.57			
	双管	保温	1.63	2.54	2.87	3.02	5.95	6.63	12.28			
		不保温	1.38	2.27	2.60	2.83	5.61	6.29	8.60			
B 型	单管	保温								6.39	10.47	11.21
		不保温								6.12	10.06	10.93
	双管	保温								19.94	31.27	46.00
		不保温								14.55	21.64	31.09
C 型	单管	保温	0.85	0.89	1.02	1.09	1.20	2.02	3.34			
		不保温	0.78	0.81	0.95	1.04	1.13	1.95	2.09			
	双管	保温	1.43	2.22	2.55	2.70	4.56	5.24	9.98			
		不保温	1.23	1.95	2.28	2.51	4.10	4.90	6.81			

续表 3-4

托架形式	管道种类		公称直径(mm)									
			40	50	70	80	100	125	150	200	250	300
D 型	单管	保温								4.59	7.71	8.42
		不保温								4.32	7.30	7.86
	双管	保温								17.13	28.95	41.27
		不保温								10.17	17.03	28.78

五、火灾自动报警系统(030705)

火灾自动报警系统是指人们为了及早发现和通报火灾,并及时采取有效措施控制和扑灭火灾而设置在建筑物中或其他场所的一种自动消防设施。其由触发器件、火灾报警装置、火灾警报装置以及具有其他辅助功能的装置组成。

火灾自动报警系统一般由火灾探测器、报警控制器、联动控制器、警报装置、远程控制器、火灾事故广播、消防通信、报警备用电源安装等设备组成。

(一)探测器安装

1. 点形探测器

点形探测器可根据其工作原理的不同,分为点形感温探测器、点形感烟探测器、红外线光束探测器、火焰探测器、可燃气体探测器等。其中,红外线光束探测器是指将火灾的烟雾特征物理量对光束的影响转换成输出电信号的变化并立即发出报警信号的器件,由光束发生器和接收器两个独立部分组成;可燃气体探测器是指对监视范围内泄漏的可燃气体达到一定浓度时发出报警信号的器件。

工程量计算规则:点形探测器的安装工程量应按线制(多线制和总线制)、类型(感温、感烟、红外线、火焰、可燃气体等)的不同,分别以“只”为计量单位。点形探测器中的红外线探测器是成对使用的,以“对”为计量单位,两只为一对。图 3-28 为可燃气体探测器安装示意图,图 3-29 为感温、感烟探测器安装示意图,图 3-30 为红外线光束探测器安装示意图。

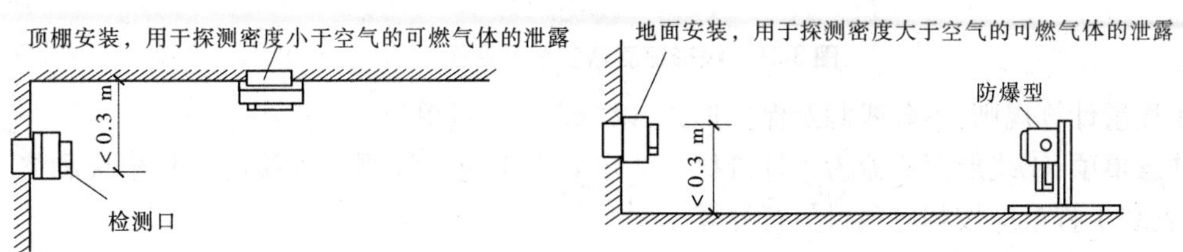

图 3-28 可燃气体探测器安装示意图

注意事项:①探测器安装工程量列项时,不考虑安装方式与位置的不同。②火灾探测器为未计价材。

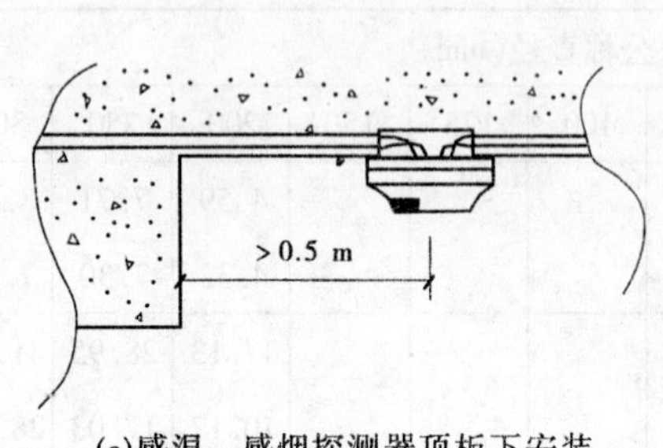

(a)感温、感烟探测器顶板下安装

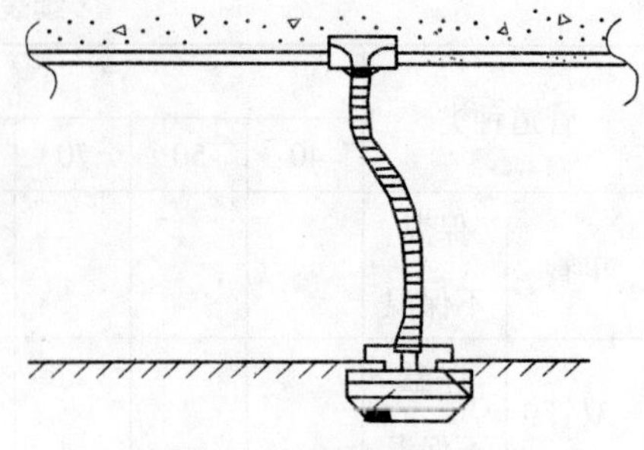
(b)感温、感烟探测器吊板下安装

图 3-29　感温、感烟探测器安装示意图

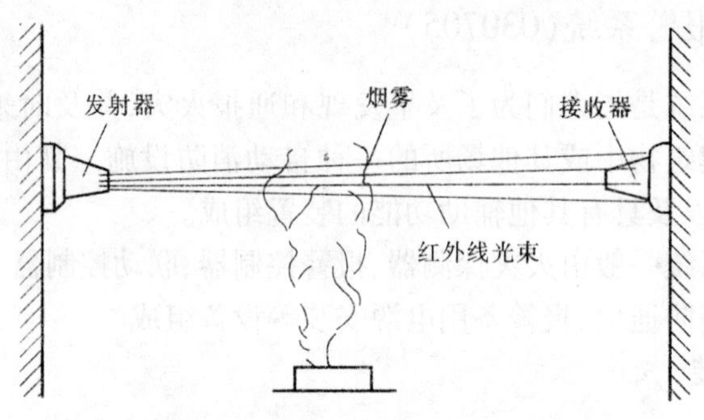

图 3-30　红外线光束探测器安装示意图

2. 线形探测器

线形探测器是指温度达到预定值时,利用两根载流导线间的热敏绝缘物熔化使两根导线接触而动作的火灾探测器。图 3-31 为线形探测器安装示意图。

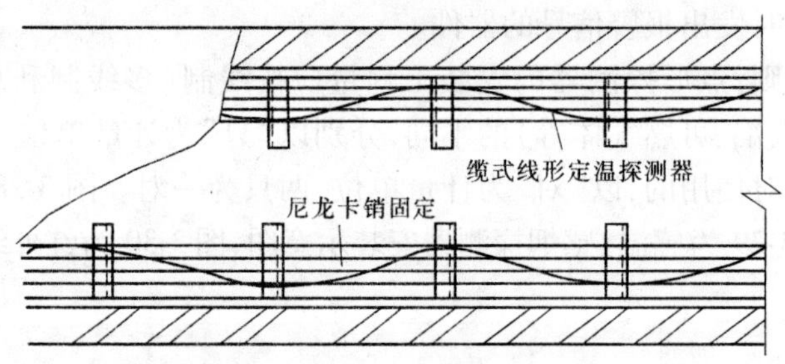

图 3-31　线形探测器安装示意图

工程量计算规则:不分线制及保护形式,以"m"为计量单位。

注意事项:①线形探测器为未计价材。②定额中未包括探测器连接的一只模块和终端,其安装工程量应按相应项目另行计算。

(二)按钮安装

按钮包括消火栓按钮、手动报警按钮、气体灭火启停按钮。图 3-32 为手动报警按钮安装示意图,图 3-33 为消火栓按钮安装示意图。

工程量计算规则:不分安装方式,均以"只"为计量单位。

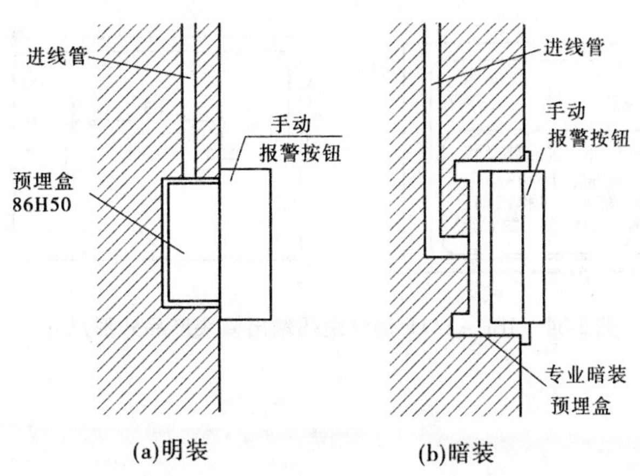

图 3-32　手动报警按钮安装示意图

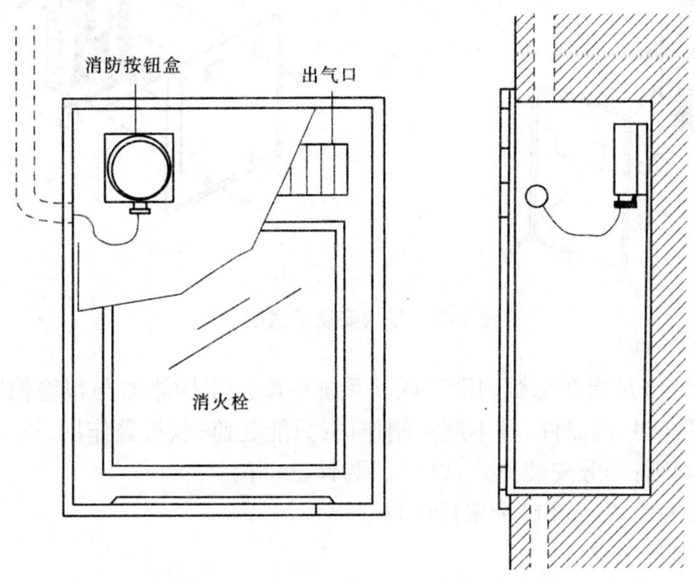

图 3-33　消火栓按钮安装示意图

注意事项:按钮为未计价材。

(三)模块(接口)安装

1. 控制模块(接口)

控制模块(接口)是指在总线制消防联动系统中用于现场消防设备与联动控制器间传递动作信号和动作命令的器件,其仅能起控制作用,亦称为中继器,依据其给出控制信号的数量,分为单输出和多输出两种形式。单输出是指可输出单个信号。多输出是指具有2个以上不同输出信号。图 3-34 为 JBF－141F 地址编码输出模块产品外形尺寸图,图 3-35为模块安装示意图。

工程量计算规则:不分安装方式,按照输出数量以“只”为计量单位。

注意事项:控制模块(接口)为未计价材。

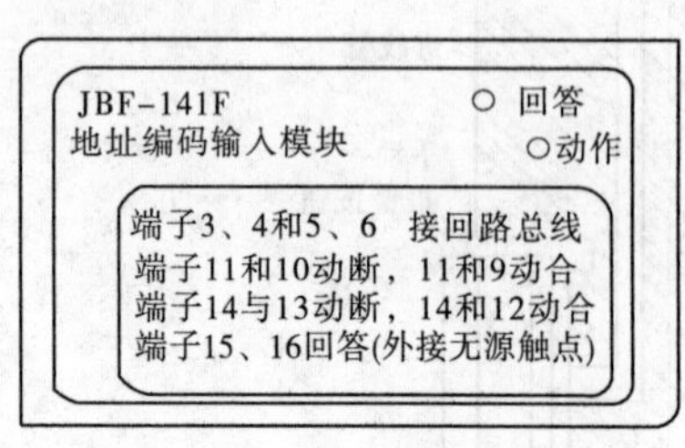

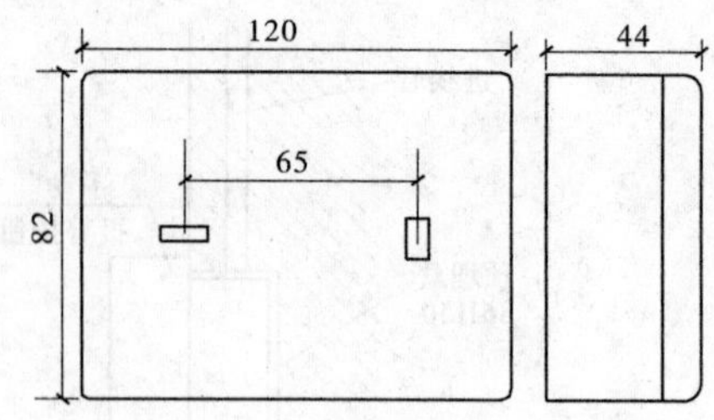

图3-34 JBF-141F地址编码输出模块产品外形尺寸

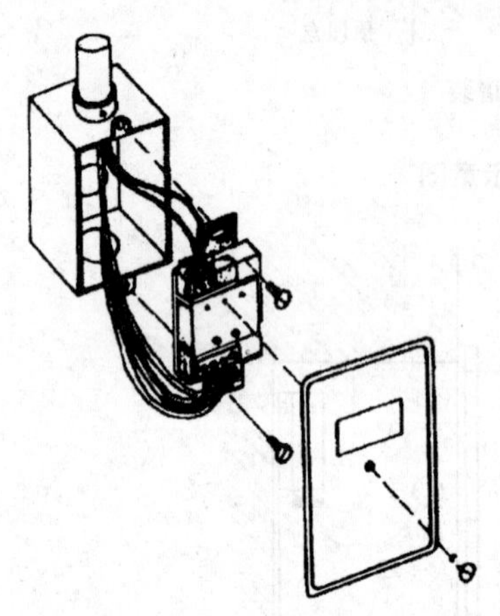
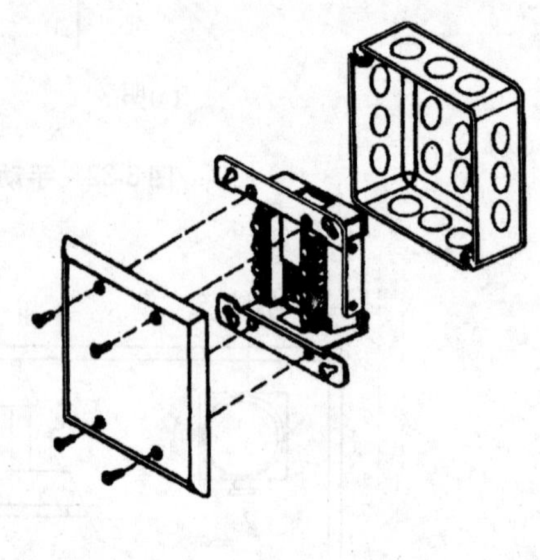

图3-35 模块安装示意图

2. 报警模块(接口)

报警模块(接口)是指在总线制消防联动系统中配接于探测器与报警控制器间,向报警控制器传递火警信号的器件,其不起控制作用,只能起监视、报警作用。

工程量计算规则:不分安装方式,以"只"为计量单位。

注意事项:报警模块(接口)为未计价材。

(四)报警控制器安装

报警控制器是指能为火灾探测器供电、接收、显示和传递火灾报警信号的报警装置。报警控制器按线制的不同分为多线制与总线制两种,每一种又按其安装方式不同分为壁挂式和落地式。图3-36为壁挂式火灾报警控制器示意图。

其中,多线制是指每个探测器与控制器之间都有独立的信号回路,探测器之间是相对独立的,所有探测信号对于控制器是并行输入的。这种方法又称点对点连接。多线制的优点是探测器的电路比较简单,但缺点是线多,配管直径大,穿线复杂,线路故障不好查找。多线制方式只适用于小型报警系统。总线制是指采用两条至四条导线构成总线回路,所有的探测器都并接在总线上,每只探测器都有自己的独立地址码,报警控制器采用串行通信的方式按不同的地址信号访问每只探测器。总线制用线量少,设计施工方便,因此被广泛使用。

工程量计算规则:应按照不同线制、不同安装方式及控制器不同控制"点"数,分别以"台"为计量单位。

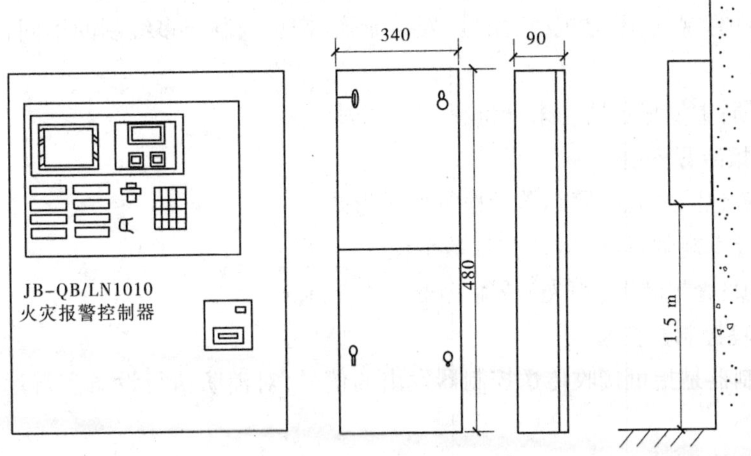

图 3-36　壁挂式火灾报警控制器示意图

注意事项:多线制“点”是指报警控制器所带报警器件(探测器、报警按钮等)的数量。总线制“点”是指报警控制器所带有地址编码的报警器件(探测器、报警按钮、模块等)的数量。如果一个模块带数个探测器,则只能记为一点。

(五)联动控制器安装

联动控制器是指能接收由报警控制器传递来的报警信号,并对自动消防等装置发出控制信号的装置。

联动控制器按线制的不同分为多线制与总线制两种,其中又按其安装方式不同分为壁挂式和落地式。

工程量计算规则:应按照不同线制、不同安装方式及控制器不同控制“点”数,分别以“台”为计量单位。

注意事项:多线制“点”是指联动控制器所带联动设备的状态控制和状态显示的数量。总线制“点”是指联动控制器所带的有控制模块(接口)的数量。

(六)报警联动一体机安装

报警联动一体机是指既能为火灾探测器供电、接收、显示和传递火灾报警信号,又能对自动消防等装置发出控制信号的装置。

报警联动一体机按线制的不同分为多线制与总线制两种,其中又按其安装方式不同分为壁挂式和落地式。

工程量计算规则:应按照不同线制、不同安装方式及控制器不同控制“台”数,分别以“台”为计量单位。

注意事项:多线制“台”是指报警联动一体机所带报警器件与联动设备的状态控制和状态显示的数量。总线制“台”是指报警联动一体机所带的有地址编码的报警器件与控制模块(接口)的数量。

(七)重复显示器(楼层显示器)安装

重复显示器是指在多区域多楼层报警控制系统中,用于某区域某楼层接收探测器发出的火灾报警信号,显示报警探测器位置,发出声光警报信号的控制器。

工程量计算规则:不分规格、型号、安装方式,按总线制与多线制的不同,分别以“台”为计量单位。

注意事项:重复显示器为未计价材。

(八)警报装置安装

警报装置包括声光报警和警铃报警两种形式。

工程量计算规则:均以“台”为计量单位。

注意事项:警报装置(声光)或警铃为未计价材。

(九)远程控制器安装

远程控制器是指可接收传送控制器发出的信号,对消防执行设备实行远距离控制的装置。

工程量计算规则:按其控制回路数,以“台”为计量单位。

注意事项:远程控制器为未计价材。

(十)火灾事故广播安装

1.功放机、录音机的安装

工程量计算规则:按柜内及台上两种方式综合考虑,其工程量分别以“台”为计量单位。

2.扬声器的安装

工程量计算规则:不分规格、型号,其工程量按照吸顶式与壁挂式,分别以“只”为计量单位。

3.消防广播控制柜安装

消防广播控制柜是指在火灾报警系统中集播放音响、功率放大器、输入混合分配器等于一体,可实现对现场扬声器控制,发出火灾报警语言信号的装置。

工程量计算规则:不分规格、型号,以“台”为计量单位。

4.广播分配器安装

广播分配器是指消防广播系统中对现场扬声器实现分区域控制的装置。广播分配器是指单独安装的消防广播用分配器(操作盘)。

工程量计算规则:其安装工程量以“台”为计量单位。

(十一)消防通信系统安装

1.电话交换机

消防通信系统中的电话交换机是指可利用送话器、受话器、通信分机进行对讲、呼叫的装置。

工程量计算规则:按“门”数不同,以“台”为计量单位。

2.通信分机、插孔安装

通信分机、插孔是指安置于现场的消防专用电话分机与电话插孔。

工程量计算规则:不分安装方式,分别以“部”、“个”为计量单位。

（十二）报警备用电源安装

消防报警备用电源是指能提供给消防报警设备用直流电源的供电装置。

工程量计算规则：不分规格、型号，以“台”为计量单位。

六、消防系统调试（030706）

消防系统调试是指一个单位工程的消防工程全系统安装完毕且连通，为检验其达到消防验收规范标准所进行的全系统的检测、调试和试验。其主要内容是：检查系统的各线路设备安装是否符合要求，对系统各单元的设备进行单独通电检验；进行线路接口试验，并对设备进行功能确认；断开消防系统，进行加烟、加温、加光及标准校验气体模拟试验；按照设计要求进行报警与联动试验，整体试验及自动灭火试验；同时，做好调试记录。

消防系统调试包括自动报警系统、水灭火系统、火灾事故广播、消防通信系统、消防电梯系统、电动防火门、防火卷帘门、正压送风阀、排烟阀、防火阀控制装置、气体灭火系统等装置的调试。

（一）自动报警系统调试

自动报警系统是由各种探测器、手动报警按钮、报警控制器组成的报警系统。

工程量计算规则：按系统控制的点数，以“系统”为计量单位。

注意事项：系统控制点数按多线制与总线制报警器的点数计算。

（二）水灭火系统控制装置调试

水灭火系统控制装置是指能对自动消防设备发出控制信号，由联动控制器、报警阀、喷头、消防灭火水和气体管网等组成的灭火系统的联动器件、设备。

工程量计算规则：按照不同点数，以“系统”为计量单位。

注意事项：其点数按多线制与总线制联动控制器的点数计算。

（三）火灾事故广播、消防通信系统调试

火灾事故广播、消防通信系统包括消防广播喇叭、音箱和消防通信的电话分机、电话插孔。

工程量计算规则：按数量，以“个”为计量单位。

（四）消防用电梯与控制中心间的控制调试

工程量计算规则：以“部”为计量单位。

（五）电动防火门、防火卷帘门调试

电动防火门、防火卷帘门是指可由消防控制中心显示与控制的电动防火门、防火卷帘门。

工程量计算规则：其调试工程量，以“处”为计量单位，每樘为一处。

（六）正压送风阀、排烟阀、防火阀调试

工程量计算规则：以“处”为计量单位，一个阀为一处。

（七）气体灭火系统装置调试

气体灭火系统装置调试包括模拟喷气试验、备用灭火器贮存容器切换操作试验。

工程量计算规则：其调试工程量按试验容器的规格（L），分别以“个”为计量单位。

注意事项：试验容器的数量包括系统调试、检测和验收所消耗的试验容器的总数，试

验介质不同时可以换算。

七、其他调整费用(030707)

其他调整费用也称为分部分项工程增加费,是指在特殊环境下为完成工程项目施工而发生的技术、生活、安全等方面的费用,包括了对人工降效、材料、机械消耗费用的补偿。如高层建筑增加费、安装与生产同时进行增加费、在有害身体健康的环境中施工增加费。

(一)高层建筑增加费

1. 基本概念

高层建筑增加费是指在高度6层或20 m以上的工业与民用建筑施工应增加的人工降效及材料垂直运输增加的人工费用。

其中,建筑物的层数和高度有一个满足条件的(如层数>6层,高度不足20 m者;或高度>20 m,层数低于6层者),则应计算高层建筑增加费。

建筑物高度是自设计室外地面算至檐口的高度,不包括屋顶水箱间、电梯间、女儿墙、屋面平台出入口的高度。单层建筑物高度超过20 m时,按平均层高3 m计算出相当于高层建筑物的层数。同一建筑物高度不同时,可分不同高度计算。

2. 计算规则

定额项目中高层建筑增加费,按分部分项工程项目的综合工日数计算,以“工日”为计量单位。

清单项目Y030707001高层建筑增加费,以“项”为计量单位。

(二)安装与生产同时进行增加费

1. 基本概念

安装与生产同时进行增加费是指改建、扩建工程在生产车间或装置内施工时,因生产操作或生产条件限制(如不准动火、空间狭小、通风不畅等)干扰了安装工作正常进行而降效所增加的费用,不包括为了安全生产和施工所采取的措施费用。

2. 计算规则

定额项目中安装与生产同时进行增加的费用,按分部分项工程项目的综合工日数计算,以“工日”为计量单位。

清单项目Y030707002安装与生产同时进行增加的费用,以“项”为计量单位。

(三)在有害身体健康的环境中施工增加费

1. 基本概念

在有害身体健康的环境中施工增加费是指在高温、多尘、噪声超过标准和有害气体等有害环境中施工而增加的降效费用。

2. 计算规则

定额项目中在有害身体健康的环境中施工增加费,按分部分项工程项目的综合工日数计算,以“工日”为计量单位。

清单项目Y030707003在有害身体健康的环境中施工增加费,以“项”为计量单位。

任务三　定额计价

一、定额分册说明介绍

（一）定额的适用范围

《河南省建设工程工程量清单综合单价（2008）》C. 7“消防工程”适用于工业与民用建筑中的新建、扩建和改建工程的消防安装工程。

（二）定额主要依据的标准、规范

（1）《火灾自动报警系统设计规范》（GB 50116—98）；

（2）《火灾自动报警系统施工及验收规范》（GB 50166—92）；

（3）《自动喷水灭火系统设计规范》（GBJ 50084—2001）；

（4）《自动喷水灭火系统施工及验收规范》（GB 50261—2005）；

（5）《全国通用给排水标准图集》86S164、87S163、88S162、89S175；

（6）《卤代烷 1211 灭火系统设计规范》（GBJ 110—87）；

（7）《卤代烷 1301 灭火系统设计规范》（GB 50163—92）；

（8）《二氧化碳灭火系统设计规范》（GB 50193—93）；

（9）《气体灭火系统施工及验收规范》（GB 50263—97）；

（10）《低倍数泡沫灭火系统设计规范》（GB 50151—92）；

（11）《高倍数、中倍数泡沫灭火系统设计规范（2002）》（GB 50196—93）；

（12）《泡沫灭火系统施工及验收规范》（GB 50281—98）；

（13）《全国统一施工机械台班费用定额（2001）》；

（14）《全国统一安装工程施工仪器仪表台班费用定额》（GFD 201—1999）；

（15）《全国统一安装工程基础定额》；

（16）《全国建筑安装统一劳动定额》；

（17）《河南省安装工程单位综合基价（2003）》；

（18）《建设工程工程量清单计价规范》（GB 50500—2008）。

定额依据《建设工程工程量清单计价规范》（GB 50500—2008）的内容和顺序设置，其章节编号和项目编码均与《建设工程工程量清单计价规范》（GB 50500—2008）一致，并在此基础上对《建设工程工程量清单计价规范》（GB 50500—2008）没有涉及的内容进行相应的扩展。

（三）执行其他册定额的有关项目

（1）电缆敷设、桥架安装、配管配线、接线盒、动力、应急照明控制设备、应急照明器具、电动机检查接线、防雷接地装置等安装，均执行《河南省建设工程工程量清单综合单价（2008）》C. 2“电气设备安装工程”相应项目。

（2）阀门、法兰安装，不锈钢管和管件、铜管和管件及泵间管道安装，管道系统强度试验、严密性试验和冲洗等，执行《河南省建设工程工程量清单综合单价（2008）》C. 6“工业管道工程”相应项目。

(3)消火栓管道、室外给水管道安装及水箱制作安装,执行《河南省建设工程工程量清单综合单价(2008)》C.8“给排水、采暖、燃气工程”相应项目。

(4)各种消防泵、稳压泵等机械设备安装及二次灌浆,执行《河南省建设工程工程量清单综合单价(2008)》C.1“机械设备安装工程”相应项目。

(5)各种仪表的安装及带电信号的阀门、水流指示器、压力开关、驱动装置及泄漏报警开关的接线、校线等,执行《河南省建设工程工程量清单综合单价(2008)》C.10“自动化控制仪表安装工程”相应项目。

(6)泡沫液贮罐、设备支架制作安装等,执行《河南省建设工程工程量清单综合单价(2008)》C.5“静置设备与工艺金属结构制作安装工程”相应项目。

(7)设备及管道除锈、刷油及绝热工程,执行《河南省建设工程工程量清单综合单价(2008)》YC.14“刷油、防腐蚀、绝热工程”相应项目。

(四)有关其他费用的规定

其他费用中的脚手架搭拆费作为施工措施项目计算,执行《河南省建设工程工程量清单综合单价(2008)》YC.15“施工措施项目”相应项目。

二、定额组成内容

第一章:C.7.1水灭火系统安装(030701)(管道、系统组件、其他组件、消火栓、消防水泵接合器等)。

第二章:C.7.2气体灭火系统(030702)(管道、系统组件、二氧化碳称重检漏装置等)。

第三章:C.7.3泡沫灭火系统(030703)(泡沫发生器安装、泡沫比例混合器安装等)。

第四章:C.7.4管道支吊架制作安装(030704)。

第五章:C.7.5火灾自动报警系统安装(030705)(探测器、按钮、模块、报警控制器、联动控制器等)。

第六章:C.7.6消防系统调试(030706)(自动报警系统、水灭火系统、气体灭火系统等)。

第七章:C.7.7其他调整费用(030707)(高层建筑增加费、安装与生产同时进行增加费等)。

三、定额的套用及应注意的问题

(一)水灭火系统(030701)

该定额适用于工业与民用建(构)筑物设置的自动喷水灭火系统的管道、各种组件、消火栓、气压水罐的安装。对于主体结构为现场浇筑、采用钢模施工的工程,内外浇筑的定额人工乘以系数1.05,内浇外砌的定额人工乘以系数1.03。

1.管道安装(水喷淋镀锌钢管)

1)镀锌钢管(螺纹连接)安装

工作内容:切管、套丝、调直、上零件、管道安装、水压试验。

定额单位:10 m。

定额套用：根据公称直径（*DN*25、*DN*32、*DN*40、*DN*50、*DN*70、*DN*80、*DN*100）分别套用定额 7－1～7－7 子目。

注意事项：镀锌无缝钢管安装无单独定额子目，可套用镀锌钢管安装定额，其对应关系如表 3-5 所示。

表 3-5　镀锌钢管与无缝钢管尺寸对应关系　（单位：mm）

公称直径	15	20	25	32	40	50	70	80	100	150	200
无缝钢管外径	20	25	32	38	45	57	76	89	108	159	219

2）镀锌钢管（法兰连接）安装

工作内容：切管、坡口、调直、对口、焊接、法兰连接、管道及管件安装、水压试验。

定额单位：10 m。

定额套用：根据公称直径（*DN*150、*DN*200）分别套用定额 7－8、7－9 子目。

注意事项：镀锌钢管法兰连接定额，管件是按成品考虑的，弯头两端是按短管焊法兰考虑的，定额中包括了直管、管件、法兰等安装全部工作内容，但管件、法兰及螺栓的主材数量应按设计规定另行计算。

设置于管道间、管廊内的管道安装项目，考虑到施工时人工降效，套用定额子目时人工需乘以系数 1.30。

2. 系统组件安装

1）喷头安装

工作内容：切管、套丝、管件安装、喷头密封性能抽查试验、安装、外观清洁。

定额单位：10 个。

定额套用：根据有无吊顶情况分别套用定额 7－10、7－11 子目。

2）湿式报警装置安装

工作内容：部件外观检查、切管、坡口、组对、焊法兰、紧螺栓、临时短管安装拆除、报警阀渗漏试验、整体组装、配管、调试。

定额单位：组。

定额套用：按管口公称直径（*DN*65、*DN*80、*DN*100、*DN*150、*DN*200）分别套用定额 7－12～7－16 子目。

注意事项：其他报警装置（雨淋、干式、干湿两用及预作用报警装置）的安装，执行湿式报警装置安装定额，其人工乘以系数 1.2，其余不变。

3）温感式水幕装置安装

工作内容：部件检查、切管、套丝、上零件、管道安装、本体组装、球阀及喷头安装、调试。

定额单位：组。

定额套用：按管口公称直径（*DN*20、*DN*25、*DN*32、*DN*40、*DN*50）分别套用定额 7－17～7－21 子目。

注意事项：温感式水幕装置安装定额中已包括给水三通至喷头、阀门间的管道、管件、阀门、喷头等全部安装内容，但管道的主材数量按设计管道中心长度另加损耗计算，喷头数量按设计数量另加损耗计算。

4）水流指示器安装

工作内容：（螺纹连接）外观检查、切管、套丝、上零件、临时短管安装拆除、主要功能检查、安装及调试。（法兰连接）外观检查、切管、坡口、对口、焊法兰、临时短管安装拆除、主要功能检查、安装及调试。

定额单位：个。

定额套用：按螺纹连接、法兰连接和管口公称直径（*DN*50、*DN*80、*DN*100、*DN*150、*DN*200）分别套用定额7－22、7－30子目。

3. 其他组件安装

1）减压孔板安装

工作内容：切管、焊法兰、制垫加垫、孔板检查、二次安装。

定额单位：个。

定额套用：按管口公称直径（*DN*50、*DN*70、*DN*80、*DN*100、*DN*150）分别套用定额7－31～7－35子目。

2）末端试水装置安装

工作内容：切管、套丝、上零件、整体组装、放水试验。

定额单位：组。

定额套用：按管口公称直径（*DN*25、*DN*32）分别套用定额7－36、7－37子目。

注意事项：流量计的安装执行第八分册定额。

3）集热板制作安装

工作内容：划线、下料、加工、支架制作及安装、整体安装固定。

定额单位：个。

定额套用：不分规格、型号，套用定额7－38子目。

4. 消火栓安装

1）室内消火栓安装

工作内容：预留洞、切管、套丝、箱体及消火栓安装、附件检查安装、水压试验。

定额单位：套。

定额套用：根据单栓和双栓在直径65 mm以下分别套用7－39、7－40子目。

注意事项：室内消火栓所带按钮的安装另行计算。

2）室内消火栓组合卷盘安装

工作内容：预留洞、切管、套丝、箱体及消火栓安装、附件检查安装、水压试验。

定额单位：套。

定额套用：室内消火栓组合卷盘的安装无单独定额子目，执行室内消火栓安装定额乘以系数1.2。

3）室外消火栓安装

工作内容：管口除沥青、制垫、加垫、紧螺栓、消火栓安装。

定额单位：套。

定额套用:根据不同规格(DN100、DN150)、安装方式(地上式、地下式)、工作压力(1.0 MPa或1.6 MPa)和覆土深度(浅型、深Ⅰ型、深Ⅱ型),分别套用7-41~7-54子目。

注意事项:①消火栓的安装形式分为支管安装和干管安装。支管安装分为浅装和深装,消火栓干管安装形式根据是否设有检修蝶阀和阀门井室分为Ⅰ型和Ⅱ型。②浅型是指消火栓安装在支管上且支管覆土深度≤1 000 mm。深型是指消火栓安装在支管上且支管覆土深度>1 000 mm。③深Ⅰ型是指消火栓安装在给水干管上,通过消火栓三通与给水干管连接。深Ⅱ型是指消火栓安装在给水干管上,设有检修蝶阀和阀门井室,通过弯头和消火栓三通与给水干管连接(室外消火栓类型图详见室外消火栓安装图集01S201)。

4)消防水泵接合器安装

工作内容:切管、焊法兰、制垫、加垫、紧螺栓、整体安装、充水试验。

定额单位:套。

定额套用:根据不同安装方式(地上式、地下式和墙壁式)和规格(DN100、DN150),分别套用7-55~7-60子目。

注意事项:设计要求用短管时,其本身价值可另行计算,其余不变。

5. 隔膜式气压水罐(气压罐)安装

工作内容:场内搬运、定位、焊法兰、制垫加垫、紧螺栓、充气定压、充水、调试。

定额单位:台。

定额套用:按公称直径(DN800、DN1000、DN1200、DN1400)分别套用7-61~7-64子目。

注意事项:定额中地脚螺栓是按设备带有考虑的,定额中包括指导二次灌浆用工,但二次灌浆费用另计。

6. 自动喷水灭火系统管网水冲洗

工作内容:准备工具和材料、制堵盲板、安装拆除临时管线、通水冲洗、检查、清理现场。

定额单位:100 m。

定额套用:按管网公称直径(DN50、DN70、DN80、DN100、DN150、DN200)分别套用7-65~7-70子目。

注意事项:定额是按水冲洗考虑的,若采用水压气动冲洗法,可按施工方案另行计算。定额只适用于自动喷水灭火系统。

本章未包括以下工作内容,需套用其他分册或其他章节相应定额(详见《河南省建设工程工程量清单综合单价(2008)》C.7中说明):

(1)阀门、法兰安装,各种套管的制作安装,泵间管道安装,管道系统强度试验、严密性试验,执行《河南省建设工程工程量清单综合单价(2008)》C.6“工业管道工程”相应项目。

(2)消火栓管道、室外给水管道安装及水箱制作安装执行《河南省建设工程工程量清单综合单价(2008)》C.8“给排水、采暖、燃气工程”相应项目。

(3)各种消防泵、稳压泵安装及设备二次灌浆执行《河南省建设工程工程量清单综合单价(2008)》C.1“机械设备安装工程”相应项目。

（4）各种仪表的安装及带电信号的阀门、水流指示器、压力开关的接线、校线及单体调试执行《河南省建设工程工程量清单综合单价（2008）》C.10“自动化控制仪表安装工程”相应项目。

（5）各种设备支架制作安装，执行《河南省建设工程工程量清单综合单价（2008）》C.5“静置设备与工艺金属结构制作安装工程”相应项目。

（6）管道、设备、法兰焊口除锈刷油，执行《河南省建设工程工程量清单综合单价（2008）》YC.14“刷油、防腐蚀、绝热工程”相应项目。

（7）系统调试执行《河南省建设工程工程量清单综合单价（2008）》中C.7.6相应项目，管道支吊架的制安执行《河南省建设工程工程量清单综合单价（2008）》中C.7.4相应项目。

（二）气体灭火系统（030702）

本章定额适用于工业与民用建筑中设置的二氧化碳灭火系统、卤代烷1211灭火系统和卤代烷1301灭火系统中的管道、管件、系统组件等的安装。

本章定额中的无缝钢管、钢制管件、选择阀安装及系统组件试验等均适用于卤代烷1211灭火系统和卤代烷1301灭火系统，二氧化碳灭火系统按卤代烷灭火系统相应定额乘以系数1.20。

1. 管道安装

1）无缝钢管安装（螺纹连接）

工作内容：切管、调直、车丝、清洗、镀锌后调直、管口连接、管道安装。

定额单位：10 m。

定额套用：根据公称直径（*DN*15、*DN*20、*DN*25、*DN*32、*DN*40、*DN*50、*DN*70、*DN*80）分别套用定额7－71～7－78子目。

注意事项：①无缝钢管螺纹连接定额中，不包括钢制管件连接内容，其工程量应按设计用量执行钢制管件连接定额子目。②螺纹连接的不锈钢管、铜管及管件安装时，按无缝钢管和钢制管件安装相应定额乘以系数1.2。

2）无缝钢管安装（法兰连接）

工作内容：切管、坡口、调直、对口、焊接、法兰连接、管道及管件预制及安装。

定额单位：10 m。

定额套用：根据公称直径（*DN*100、*DN*150）分别套用定额7－79、7－80子目。

注意事项：无缝钢管法兰连接定额中，管件与法兰是按成品考虑的，弯头两端是按短管焊法兰考虑的，定额中包括了直管、管件、法兰等安装全部工作内容，但管件、法兰及螺栓的主材数量应按设计规定另行计算。

3）钢制管件安装（螺纹连接）

工作内容：切管、调直、车丝、清洗、镀锌后调直、管件连接。

定额单位：10件。

定额套用：根据公称直径（*DN*15、*DN*20、*DN*25、*DN*32、*DN*40、*DN*50、*DN*70、*DN*80）分别套用定额7－81～7－88子目。

注意事项：无缝钢管和钢制管件内外镀锌及场外运输费用需另行计算。

4)气体驱动装置管道安装

工作内容:切管、煨弯、安装、固定、调整、卡套连接。

定额单位:10 m。

定额套用:根据管外径(DN10、DN14)分别套用定额7-89、7-90子目。

注意事项:气动驱动装置管道安装定额中,包括卡套连接件的安装,但其价值需按实际用量另行计算。

2. 系统组件安装

1)选择阀安装

工作内容:(螺纹连接)外观检查、切管、车丝、活接头及阀门安装。(法兰连接)外观检查、切管、坡口、对口、焊法兰、阀门安装。

定额单位:个。

定额套用:选择阀螺纹连接,根据公称直径(DN25、DN32、DN40、DN50、DN65、DN80)分别套用定额7-91~7-96子目。选择阀法兰连接,根据公称直径(DN100)套用定额7-97子目。

2)气体喷头安装

工作内容:切管、调直、车丝、管件及喷头安装、喷头外观清洁。

定额单位:10个。

定额套用:根据公称直径(DN15、DN20、DN25、DN32、DN40)分别套用定额7-98~7-102子目。

3)贮存装置安装

工作内容:外观检查、搬运、称重、支架框架安装、系统组件安装、阀驱动装置安装、氮气增压。

定额单位:套。

定额套用:按贮存容器规格(4 L、40 L、70 L、90 L、155 L、270 L)分别套用定额7-103~7-108子目。

注意事项:二氧化碳贮存装置安装时,若不需增压,应扣除高纯氮气,其余不变。

3. 二氧化碳称重检漏装置安装

工作内容:开箱检查、组合装配、安装、固定、试动调整。

定额单位:套。

定额套用:不分型号、规格统一套用定额7-109子目。

4. 系统组件试验

工作内容:准备工具和材料、安装拆除临时管线、灌水加压、充氮气、停压检查、放水、泄压、清理及烘干、封口。

定额单位:个。

定额套用:试验按水压强度试验和气压严密性试验分别套用定额7-110~7-111子目。

本章未包括以下工作内容,需套用其他分册或其他章节相应定额(详见《河南省建设工程工程量清单综合单价(2008)》C.7中说明):

(1)不锈钢管、铜管及管件的焊接或法兰连接,各种套管的制作安装,管道系统强度试验、严密性试验和吹扫等,执行《河南省建设工程工程量清单综合单价(2008)》C.6“工业管道工程”相应项目。

(2)管道支吊架的制作安装执行《河南省建设工程工程量清单综合单价(2008)》中C.7.4相应项目,系统调试执行《河南省建设工程工程量清单综合单价(2008)》中C.7.6相应项目。

(3)管道及支吊架的防腐、刷油等执行《河南省建设工程工程量清单综合单价(2008)》YC.14“刷油、防腐蚀、绝热工程”相应项目。

(4)电磁驱动器与泄漏报警开关的电气接线等执行《河南省建设工程工程量清单综合单价(2008)》C.10“自动化控制仪表安装工程”相应项目。

(三)泡沫灭火系统(030703)

本章定额适用于高、中、低倍数固定式或半固定式泡沫灭火系统的发生器及泡沫比例混合器安装。

1.泡沫发生器安装

工作内容:开箱检查、整体吊装、找正、找平、安装固定、切管、焊法兰、调试。

定额单位:台。

定额套用:按不同启动源和型号(水轮机式和电动机式)分别套用定额7-112~7-116子目。

2.泡沫比例混合器

1)压力贮罐式泡沫比例混合器安装

工作内容:开箱检查、整体吊装、找正、找平、安装固定、切管、焊法兰、调试。

定额单位:台。

定额套用:按不同型号(PHY32/30、PHY48/55、PHY64/76、PHY72/110)分别套用定额7-117~7-120子目。

2)平衡压力式比例混合器

工作内容:开箱检查、整体吊装、找正、找平、安装固定、切管、焊法兰、调试。

定额单位:台。

定额套用:按不同型号(PHF20、PHF40、PHF80)分别套用定额7-121~7-123子目。

3)环泵式负压比例混合器

工作内容:开箱检查、切管、坡口、焊法兰、整体安装、调试。

定额单位:台。

定额套用:按不同型号(PH32、PH48、PH64)分别套用定额7-124~7-126子目。

4)管线式负压比例混合器

工作内容:开箱检查、本体安装、找正、找平、螺栓固定、调试。

定额单位:台。

定额套用:定额按型号(PHF)套用定额7-127子目。

本章未包括以下工作内容,需套用其他分册或其他章节相应定额(详见《河南省建设工程工程量清单综合单价(2008)》C.7中说明):

(1)泡沫灭火系统的管道、管件、法兰、阀门、管道支架等的安装及管道系统水冲洗、强度试验、严密性试验等,执行《河南省建设工程工程量清单综合单价(2008)》C.6“工业管道工程”相应项目。

(2)消防泵等机械设备安装及二次灌浆执行《河南省建设工程工程量清单综合单价(2008)》C.1“机械设备安装工程”相应项目。

(3)泡沫喷淋系统的管道组件、气压水罐、管道支吊架等安装,执行《河南省建设工程工程量清单综合单价(2008)》C.7.1 和 C.7.4 相应项目及有关规定。

(4)除锈、刷油、保温等执行《河南省建设工程工程量清单综合单价(2008)》YC.14“刷油、防腐蚀、绝热工程”相应项目。

(5)泡沫液贮罐、设备支架制作安装执行第五册定额相应项目。

(6)泡沫液充装是按生产厂在施工现场充装考虑的,若由施工单位充装,可另行计算。

(7)泡沫灭火系统调试应按批准的施工方案另行计算。

(四)管道支吊架制作安装(030704)

本章管道支吊架制作安装定额中综合考虑了支吊架及防晃支架的制作安装,但不包括支架除锈刷油。

工作内容:切断、调直、煨制、钻孔、组对、焊接、安装。

定额单位:100 kg。

定额套用:不分规格、制作方式和安装方式,均套用7-128 子目。

注意事项:支架除锈刷油需另行计算,执行《河南省建设工程工程量清单综合单价(2008)》YC.14“刷油、防腐蚀、绝热工程”相应项目。

(五)火灾自动报警系统安装(030705)

本章火灾自动报警系统安装定额包括探测器、按钮、模块(接口)、报警控制器、联动控制器、报警联动一体机、重复显示器、警报装置、远程控制器、火灾事故广播、消防通信、报警备用电源安装等项目。

本章定额中箱、机是以成套装置编制的,柜式及琴台式安装均执行落地式安装相应项目,均包括了校线、接线和本体调试,不另计算。

本章定额已经包括了以下工作内容:①施工技术准备、施工机械准备、标准仪器准备、施工安全防护措施、安装位置的清理;②设备、箱、机及元件的搬运、开箱、检查、清点、杂物回收、安装就位、接地、密封箱机内的校线、接线、挂锡、编码、测试、清洗、记录整理等。

1.探测器安装

1)点形探测器

工作内容:校线、挂锡、安装底座、探头、编码、清洁、调测。

定额单位:只(红外线探测器以“对”为计量单位)。

定额套用:按线制(多线制和总线制)、类型(感温、感烟、红外线、火焰、可燃气体等)的不同,分别套用定额7-129~7-138 子目。

注意事项:①点形探测器安装定额是按照吸顶、壁挂、吊顶下安装综合考虑的。②感温、感烟探测器安装定额中包括了探头和底座的安装及本体调试(见图3-37),不另计算;

红外线探测器定额中包括了探头支架安装和探测器的调试、对中(见图 3-38),不另计算。

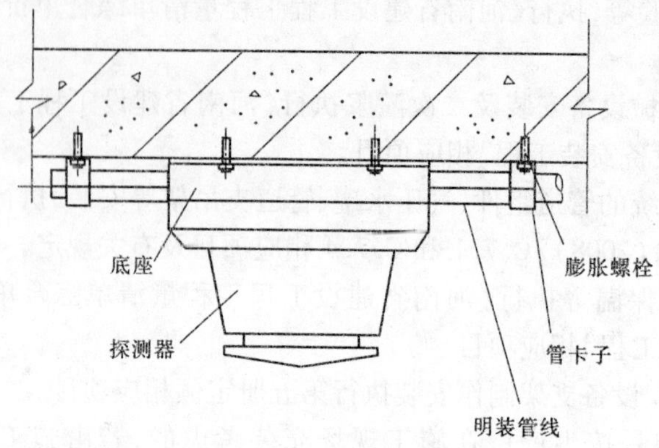

图 3-37 感温、感烟探测器顶板下明配管安装

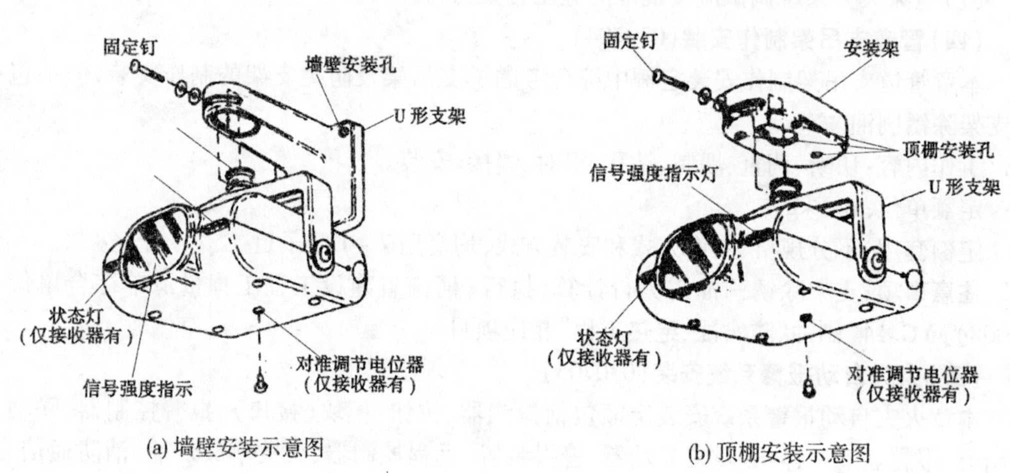

图 3-38 红外线探测器安装示意图

2)线形探测器

工作内容:拉锁固定、校线、挂锡、调测。

定额单位:10 m。

定额套用:线形探测器不分线制及保护形式均套用定额 7 - 139 子目。

注意事项:线形探测器安装定额是按环绕、正弦及直线的安装方式综合考虑的。

2. 按钮安装

工作内容:校线、挂锡、钻眼固定、安装、编码、调测。

定额单位:只。

定额套用:不分型号、安装方式均套用定额 7 - 140 子目。

3. 模块(接口)安装

1)控制模块(接口)

工作内容:安装、固定、校线、挂锡、功能检测、编码、防潮和防尘处理。

定额单位:只。

定额套用:不分型号、安装方式,按照输出数量(单输出、多输出),分别套用定额7-141、7-142子目。

2)报警模块(接口)

工作内容:安装、固定、校线、挂锡、功能检测、编码、防潮和防尘处理。

定额单位:只。

定额套用:不分型号、安装方式套用定额7-143子目。

4. 报警控制器安装

工作内容:安装、固定、校线、挂锡、功能检测、防潮和防尘处理、压线、标志、绑扎。

定额单位:台。

定额套用:根据不同线制(多线制、总线制)、不同安装方式(壁挂式、落地式)及控制器不同控制"点"数分别套用定额7-144~7-155子目。

5. 联动控制器安装

工作内容:校线、挂锡、并线、压线、标志、安装、固定、功能检测、防潮和防尘处理。

定额单位:台。

定额套用:根据不同线制(多线制、总线制)、不同安装方式(壁挂式、落地式)及控制器不同控制"点"数分别套用定额7-156~7-167子目。

6. 报警联动一体机安装

工作内容:校线、挂锡、并线、压线、标志、安装、固定、功能检测、防潮和防尘处理。

定额单位:台。

定额套用:不分线制,根据不同安装方式(壁挂式、落地式)及控制器不同控制"点"数分别套用定额7-168~7-175子目。

7. 重复显示器(楼层显示器)安装

工作内容:校线、挂锡、并线、压线、标志、编码、安装、固定、功能检测、防潮和防尘处理。

定额单位:台。

定额套用:不分规格、型号、安装方式,按总线制与多线制的不同,分别套用定额7-176、7-177子目。

8. 警报装置安装

工作内容:校线、挂锡、并线、压线、标志、编码、安装、固定、功能检测、防潮和防尘处理。

定额单位:台。

定额套用:不分安装方式,按型号不同(声光报警、警铃),分别套用定额7-178、7-179子目。

9. 远程控制器安装

工作内容:校线、挂锡、并线、压线、标志、编码、安装、固定、功能检测、防潮和防尘处理。

定额单位:台。

定额套用:不分安装方式、型号,按其控制回路数(3 路以下、5 路以下),分别套用定额7－180、7－181 子目。

10. 火灾事故广播安装

工作内容:校线、挂锡、并线、压线、标志、安装、固定、功能检测、防潮和防尘处理。

定额单位:功放机、录音机、消防广播控制柜、广播分配器等以"台"为计量单位,扬声器、音箱以"只"为计量单位。

定额套用:按照安装方式、型号分别套用定额7－182～7－188 子目。

11. 消防通信系统安装

工作内容:校线、挂锡、并线、压线、安装、固定、功能检测、防潮和防尘处理。

定额单位:电话交换机以"台"为计量单位,通信分机、插孔分别以"部"、"个"为计量单位。

定额套用:不分安装方式、型号,按电话交换机"门"数不同(20 门、40 门、60 门)分别套用定额 7－189～7－191 子目。通信分机、插孔分别套用定额7－192、7－193 子目。

12. 报警备用电源安装

工作内容:校线、挂锡、并线、压线、安装、固定、功能检测、防潮和防尘处理。

定额单位:台。

定额套用:不分规格、型号套用定额 7－194 子目。

本章未包括以下工作内容,需套用其他分册或其他章节相应定额(详见《河南省建设工程工程量清单综合单价(2008)》C. 7 中说明):

(1)设备支架、底座、基础的制作与安装,需根据其具体形式执行《河南省建设工程工程量清单综合单价(2008)》C. 5"静置设备与工艺金属结构制作安装工程"或土建定额相应项目。

(2)构件的加工、制作需另行计算。

(3)电机检查、接线及调试执行《河南省建设工程工程量清单综合单价(2008)》C. 2"电气设备安装工程"。

(4)事故照明及疏散指示控制装置、CRT 彩色显示装置安装按具体安装情况另行计算。

(六)消防系统装置调试(030706)

本章包括自动报警系统装置调试,水灭火系统控制装置调试,防火控制系统装置调试,气体灭火系统装置调试,火灾事故广播、消防通信装置调试,消防电梯系统装置调试等项目。

1. 自动报警系统装置调试

工作内容:技术和器具准备、检查接线、绝缘检查、程序装载或校对检查、功能测试、系统试验、记录整理。

定额单位:系统。

定额套用:按系统控制的点数(128 点以下、256 点以下、500 点以下、1 000 点以下、2 000点以下)分别套用定额 7－195～7－199 子目。

2. 水灭火系统控制装置调试

工作内容：技术和器具准备、检查接线、绝缘检查、程序装载或校对检查、功能测试、系统试验、记录整理。

定额单位：系统。

定额套用：按系统控制的点数（200 点以下、500 点以下、500 点以上）分别套用定额 7－200～7－202 子目。

3. 防火控制系统装置调试

防火控制系统装置调试包括电动防火门调试，防火卷帘门调试，正压送风阀、排烟阀、防火阀调试。

工作内容：技术和器具准备、检查接线、绝缘检查、程序装载或校对检查、功能测试、系统试验、记录整理。

定额单位：10 处。

定额套用：电动防火门调试，防火卷帘门调试，正压送风阀、排烟阀、防火阀调试分别套用定额 7－203～7－205 子目。

4. 气体灭火系统装置调试

工作内容：准备工具、材料、进行模拟喷气试验和对备用灭火剂贮存容器切换操作试验。

定额单位：个。

定额套用：按试验容器的规格（4 L、40 L、70 L、90 L、155 L、270 L）分别套用定额 7－206～7－211 子目。

注意事项：气体灭火系统装置调试试验时采取的安全措施应按施工组织设计另行计算。

5. 火灾事故广播、消防通信系统调试

工作内容：技术和器具准备、检查接线、绝缘检查、程序装载或校对检查、功能测试、系统试验、记录整理。

定额单位：10 个。

定额套用：广播喇叭及音箱、通信分机及插孔调试套用定额 7－212 子目。

6. 消防电梯系统装置调试

工作内容：技术和器具准备、检查接线、绝缘检查、程序装载或校对检查、功能测试、系统试验、记录整理。

定额单位：部。

定额套用：消防电梯系统装置调试套用定额 7－213 子目。

（七）其他调整费用（030707）

其他调整费用包括高层建筑增加费、安装与生产同时进行增加的费用、在有害身体健康的环境中施工增加费。

1. 高层建筑增加费

定额单位：100 工日。

定额套用："高层建筑增加费"项目，按建筑物高度或层数分别套用定额 7－214～

7－227子目(见表3-6)。

表3-6 高层建筑增加费定额项目表(部分)

定额编号	7－214	7－215	7－216	7－217	7－218
项目	9层(30 m)以下	12层(40 m)以下	15层(50 m)以下	18层(60 m)以下	21层(70 m)以下
定额编号	7－219	7－220	7－221	7－222	7－223
项目	24层(80 m)以下	27层(90 m)以下	30层(100 m)以下	33层(110 m)以下	36层(120 m)以下
定额编号	7－224	7－225	7－226	7－227	7－228
项目	39层(130 m)以下	42层(140 m)以下	45层(150 m)以下	48层(160 m)以下	

注意事项:高层建筑增加费定额项目表按层数和建筑物高度不同分别设置,选择子目时,按照层数和高度两者中的高值确定。如:建筑物15层,建筑总高度59 m,应根据高度选择套用7－217子目。

2. 安装与生产同时进行增加的费用

定额单位:100工日。

定额套用:安装与生产同时进行增加费用项目套用定额7－232子目。

3. 在有害身体健康的环境中施工增加费

定额单位:100工日。

定额套用:在有害身体健康的环境中施工增加费项目套用定额7－233子目。

任务四　清单编制与计价

一、工程量清单项目设置及工程量计算规则

(一)水灭火系统

1. 管道工程

1)清单项目

水灭火系统管道工程的清单项目为:水喷淋镀锌钢管(030701001)、水喷淋镀锌无缝钢管(030701002)、消火栓镀锌钢管(030701003)、消火栓钢管(030701004)。

2)项目特征

水灭火系统管道安装的项目特征:①安装部位(室内、室外);②材质;③型号、规格;④连接方式;⑤除锈标准、刷油、防腐设计要求;⑥水冲洗、水压试验设计要求。

3)工程量计算规则

按设计图示管道中心线长度以延长米计算,以"m"为计量单位,不扣除阀门、管件及各种组件(如水流指示器、水表等)所占长度。方形补偿器以其所占长度按管道安装工程

量计算。

4）工程内容

水灭火系统管道安装的工作内容：①管道及管件安装；②套管（包括防水套管）制作、安装；③管道除锈、刷油、防腐；④管网水冲洗；⑤无缝钢管镀锌；⑥水压试验。

5）有关说明

管道界限的划分：喷淋系统水灭火管道与定额中划分界限相同。消火栓管道：给水管道室内外界限划分应以外墙皮1.5 m为界，入口处设阀门者应以阀门为界；与市政给水管道的界限应以水表井为界，无水表井的，应以与市政给水管道碰头点为界。

2. 阀门

1）清单项目

水灭火系统阀门安装的清单项目为：螺纹阀门（030701005）、螺纹法兰阀门（030701006）、法兰阀门（030701007）、带短管甲乙的法兰阀门（030701008）。图3-39为带短管甲乙的法兰阀门示意图。

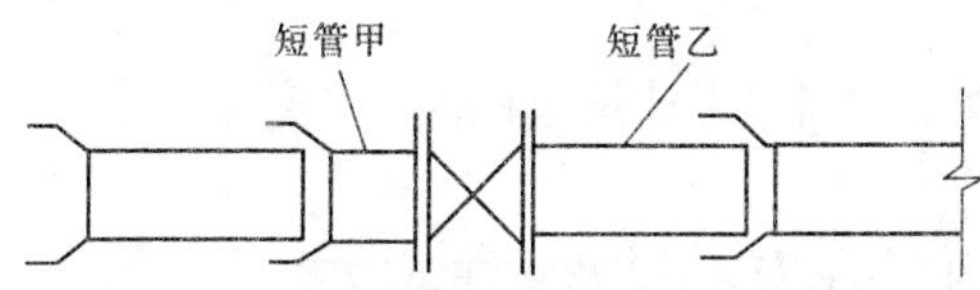

图3-39　法兰阀安装（带短管甲乙）示意图

2）项目特征

水灭火系统阀门安装的项目特征：①阀门类型、材质、型号、规格；②法兰结构、材质、规格、焊接形式。

3）工程量计算规则

按设计图示数量计算，以“个”为计量单位。

4）工程内容

水灭火系统阀门安装的工程内容：①法兰安装；②阀门安装。

3. 水表

1）清单项目

水灭火系统水表安装清单项目为：水表（030701009）。

2）项目特征

水灭火系统水表安装的项目特征：①材质；②型号、规格；③连接方式。

3）工程量计算规则

按设计图示数量计算，以“组”为计量单位。

4）工程内容

水灭火系统水表安装的工程内容：安装。

4. 消防水箱

1）清单项目

消防水箱制作安装清单项目为：消防水箱制作安装（030701010）。

2)项目特征

消防水箱制作安装的项目特征:①材质;②形状;③容量;④支架材质、型号、规格;⑤除锈标准、刷油设计要求。

3)工程量计算规则

按设计图示数量计算,以“台”为计量单位。

4)工程内容

消防水箱制作安装的工程内容:①制作;②安装;③支架制作、安装及除锈、刷油;④除锈、刷油。

5.水喷头

1)清单项目

水喷头安装清单项目为:水喷头安装(030701011)。

2)项目特征

水喷头安装的项目特征:①有吊顶、无吊顶;②材质;③型号、规格。

3)工程量计算规则

按设计图示数量计算,以“个”为计量单位。

4)工程内容

水喷头安装的工程内容:①安装;②密封性试验。

6.报警装置

1)清单项目

报警装置安装清单项目为:报警装置安装(030701012)。

2)项目特征

报警装置安装的项目特征:①名称、型号;②规格。

3)工程量计算规则

按设计图示数量计算,以“组”为计量单位。

4)工程内容

报警装置安装的工程内容:安装。

5)有关说明

报警装置包括湿式报警装置、干湿两用报警装置、电动雨淋报警装置、预作用报警装置。各报警装置成组安装的内容与定额规定相同,详见表3-2。

7.温感式水幕装置

1)清单项目

温感式水幕装置安装清单项目为:温感式水幕装置安装(030701013)。

2)项目特征

温感式水幕装置安装的项目特征:①型号、规格;②连接方式。

3)工程量计算规则

按设计图示数量计算,以“组”为计量单位。

4)工程内容

温感式水幕装置安装的工程内容:安装。

5)有关说明

温感式水幕装置的安装包括:给水三通至喷头、阀门间的管道、管件、阀门、喷头等的全部安装内容。

8. 水流指示器

1)清单项目

水流指示器安装清单项目为:水流指示器安装(030701014)。

2)项目特征

水流指示器安装的项目特征:规格、型号。

3)工程量计算规则

按设计图示数量计算,以“个”为计量单位。

4)工程内容

水流指示器安装项目的工程内容:安装。

9. 减压孔板

1)清单项目

减压孔板安装清单项目为:减压孔板安装(030701015)。

2)项目特征

减压孔板装置安装的项目特征:规格。

3)工程量计算规则

按设计图示数量计算,以“个”为计量单位。

4)工程内容

减压孔板装置安装的工程内容:安装。

10. 末端试水装置

1)清单项目

末端试水装置安装清单项目为:末端试水装置(030701016)。

2)项目特征

末端试水装置安装的项目特征:①名称、型号;②规格。

3)工程量计算规则

按设计图示数量计算,以“组”为计量单位。

4)工程内容

末端试水装置安装的工程内容:安装。

5)有关说明

末端试水装置包括:连接管、压力表、控制阀门及排水管等。

11. 集热板

1)清单项目

集热板的清单项目为:集热板制作安装(030701017)。

2)项目特征

集热板制作安装的项目特征:材质。

3）工程量计算规则

按设计图示数量计算，以“个”为计量单位。

4）工程内容

集热板制作安装的工程内容：制作、安装。

12. 消火栓

1）清单项目

消火栓安装清单项目为：消火栓安装（030701018）。

2）项目特征

消火栓安装的项目特征：①安装部位（室内、室外）；②型号、规格；③单栓、双栓。

3）工程量计算规则

按设计图示数量计算，以“套”为计量单位。

4）工程内容

消火栓安装的工程内容：安装。

5）有关说明

消火栓安装包括：室内消火栓、室外地上式消火栓、室外地下式消火栓。各消火栓成套安装的内容与定额规定相同，详见表3-2。

13. 消防水泵结合器

1）清单项目

消防水泵结合器安装清单项目为：消防水泵结合器安装（030701019）。

2）项目特征

消防水泵结合器安装的项目特征：①安装部位（地上、地下、墙壁）；②型号、规格。

3）工程量计算规则

按设计图示数量计算，以“套”为计量单位。

4）工程内容

消防水泵结合器安装的工程内容：安装。

5）有关说明

消防水泵结合器安装包括：消防接口本体、止回阀、安全阀、闸阀、弯管底座、放水阀、标牌。

14. 隔膜式气压罐

1）清单项目

隔膜式气压罐安装清单项目为：隔膜式气压罐安装（030701020）。

2）项目特征

隔膜式气压罐安装的项目特征：①型号、规格；②灌浆材料。

3）工程量计算规则

按设计图示数量计算，以“台”为计量单位。

4）工程内容

隔膜式气压罐安装的工程内容：①安装；②二次灌浆。

（二）气体灭火系统

1. 管道工程

1）清单项目

气体灭火系统管道工程的清单项目为：无缝钢管（030702001）、不锈钢管（030702002）、铜管（030702003）、气体驱动装置管道（030702004）。

2）项目特征

气体灭火系统管道安装的项目特征：①卤代烷灭火系统、二氧化碳灭火系统；②材质；③规格；④连接方式；⑤除锈标准、刷油、防腐及无缝钢管镀锌设计要求；⑥压力试验、吹扫设计要求。

3）工程量计算规则

按设计图示管道中心线长度以延长米计算，以"m"为计量单位，不扣除阀门、管件及各种组件所占长度。

4）工程内容

气体灭火系统管道安装的工作内容：①管道安装；②管件安装；③套管（包括防水套管）制作、安装；④管道除锈、刷油、防腐；⑤管道压力试验；⑥管道系统吹扫；⑦无缝钢管镀锌。

2. 选择阀

1）清单项目

选择阀安装的清单项目为：选择阀安装（030702005）。

2）项目特征

选择阀安装的项目特征：①材质；②规格；③连接方式。

3）工程量计算规则

按设计图示数量计算，以"个"为计量单位。

4）工程内容

选择阀安装的工程内容：①安装；②压力试验。

3. 气体喷头

1）清单项目

气体喷头安装的清单项目为：气体喷头安装（030702006）。

2）项目特征

气体喷头安装的项目特征：型号、规格。

3）工程量计算规则

按设计图示数量计算，以"个"为计量单位。

4）工程内容

气体喷头安装的工程内容：安装。

4. 贮存装置

1）清单项目

贮存装置安装的清单项目为：贮存装置安装（030702007）。

2）项目特征

贮存装置安装的项目特征：规格。

3）工程量计算规则

按设计图示数量计算，以“套”为计量单位。

4）工程内容

贮存装置安装的工程内容：安装。

5）有关说明

贮存装置安装包括：灭火剂存储器、驱动气瓶、支框架、集流阀、容器阀、单向阀、高压软管和安全阀等贮存装置和驱动装置。

5. 二氧化碳称重检漏装置

1）清单项目

二氧化碳称重检漏装置安装的清单项目为：二氧化碳称重检漏装置安装（030702008）。

2）项目特征

二氧化碳称重检漏装置安装的项目特征：规格。

3）工程量计算规则

按设计图示数量计算，以“套”为计量单位。

4）工程内容

二氧化碳称重检漏装置安装的工程内容：安装。

5）有关说明

二氧化碳称重检漏装置安装包括：泄露开关、配重、支架等。

（三）泡沫灭火系统

1. 管道工程

1）清单项目

泡沫灭火系统管道工程的清单项目有碳钢管（030703001）、不锈钢管（030703002）、铜管（030703003）。

2）项目特征

泡沫灭火系统管道安装的项目特征：①材质；②型号、规格；③连接方式；④除锈、刷油、防腐设计要求；⑤压力试验、吹扫设计要求。

3）工程量计算规则

按设计图示管道中心线长度以延长米计算，以“m”为计量单位，不扣除阀门、管件及各种组件所占长度。

4）工程内容

泡沫灭火系统管道安装的工作内容：①管道安装；②管件安装；③套管制作、安装；④管道除锈、刷油、防腐；⑤管道压力试验；⑥管道系统吹扫。

2. 法兰

1）清单项目

法兰安装的清单项目为：法兰安装（030703004）。

2）项目特征

法兰安装的项目特征：①材质；②型号、规格；③连接方式。

3）工程量计算规则

按设计图示数量计算，以“副”为计量单位。

4）工程内容

法兰安装的工程内容：安装。

3. 法兰阀

1）清单项目

法兰阀安装的清单项目为：法兰阀安装（030703005）。

2）项目特征

法兰阀安装的项目特征：①材质；②型号、规格；③连接方式。

3）工程量计算规则

按设计图示数量计算，以“个”为计量单位。

4）工程内容

法兰阀安装的工程内容：安装。

4. 泡沫发生器

1）清单项目

泡沫发生器安装的清单项目为：泡沫发生器安装（030703006）。

2）项目特征

泡沫发生器安装的项目特征：①水轮机式、电动机式；②型号、规格；③支架材质、规格；④除锈、刷油设计要求；⑤灌浆材料。

3）工程量计算规则

按设计图示数量计算，以“台”为计量单位。

4）工程内容

泡沫发生器安装的工程内容：①安装；②设备支架制作安装；③设备支架除锈、刷油；④二次灌浆。

5. 泡沫比例混合器

1）清单项目

泡沫比例混合器安装的清单项目为：泡沫比例混合器安装（030703007）。

2）项目特征

泡沫比例混合器安装的项目特征：①类型；②型号、规格；③支架材质、规格；④除锈、刷油设计要求；⑤灌浆材料。

3）工程量计算规则

按设计图示数量计算，以“台”为计量单位。

4）工程内容

泡沫比例混合器安装的工程内容：①安装；②设备支架制作安装；③设备支架除锈、刷油；④二次灌浆。

6. 泡沫液贮罐

1)清单项目

泡沫液贮罐安装的清单项目为:泡沫液贮罐安装(030703008)。

2)项目特征

泡沫液贮罐安装的项目特征:①质量;②灌浆材料。

3)工程量计算规则

按设计图示数量计算,以“台”为计量单位。

4)工程内容

泡沫液贮罐安装的工程内容:①安装;②二次灌浆。

(四)管道支架制作安装

1. 清单项目

管道支架制作安装的清单项目为:管道支架制作安装(030704001)。

2. 项目特征

管道支架制作安装的项目特征:①管架形式;②材质;③除锈、刷油设计要求。

3. 工程量计算规则

按设计图示质量计算,以“kg”为计量单位。

4. 工程内容

管道支架制作安装的工程内容:①制作、安装;②除锈、刷油。

(五)火灾自动报警系统

1. 点形探测器

1)清单项目

点形探测器安装的清单项目为:点形探测器安装(030705001)。

2)项目特征

点形探测器安装的项目特征:①名称;②线制(多线制、总线制);③类型。

3)工程量计算规则

按设计图示数量计算,以“只”为计量单位。

4)工程内容

点形探测器安装的工程内容:①探头安装;②底座暗转;③校接线;④探测器调试。

2. 线形探测器

1)清单项目

线形探测器安装的清单项目为:线形探测器安装(030705002)。

2)项目特征

线形探测器安装的项目特征:安装方式。

3)工程量计算规则

按设计图示数量计算,以“m”为计量单位。

4)工程内容

线形探测器安装的工程内容:①探测器安装;②控制模块安装;③报警终端安装;④校接线;⑤系统调试。

3. 按钮

1) 清单项目

按钮安装的清单项目为:按钮安装(030705003)。

2) 项目特征

按钮安装的项目特征:规格。

3) 工程量计算规则

按设计图示数量计算,以“只”为计量单位。

4) 工程内容

按钮安装的工程内容:①安装;②校接线;③调试。

4. 模块(接口)

1) 清单项目

模块(接口)安装的清单项目为:模块(接口)安装(030705004)。

2) 项目特征

模块(接口)安装的项目特征:①名称(控制模块、报警模块);②输出形式(单输出、多输出)。

3) 工程量计算规则

按设计图示数量计算,以“只”为计量单位。

4) 工程内容

模块(接口)安装的工程内容:①安装;②调试。

5. 控制器

1) 清单项目

控制器安装的清单项目为:报警控制器(030705005)、联动控制器(030705006)、报警联动一体机(030705007)。

2) 项目特征

控制器安装的项目特征:①线制(多线制、总线制);②安装方式(壁挂式、落地式);③控制点数量。

3) 工程量计算规则

按设计图示数量计算,以“台”为计量单位。

4) 工程内容

控制器安装的工程内容:①本体安装;②消防报警备用电源;③校接线;④调试。

6. 重复显示器

1) 清单项目

重复显示器安装的清单项目为:重复显示器(030705008)。

2) 项目特征

重复显示器安装的项目特征:线制(多线制、总线制)。

3) 工程量计算规则

按设计图示数量计算,以“台”为计量单位。

4)工程内容

重复显示器安装的工程内容:①安装;②调试。

7.报警装置

1)清单项目

报警装置安装的清单项目为:报警装置(030705009)。

2)项目特征

报警装置安装的项目特征:形式(声光报警、警铃)。

3)工程量计算规则

按设计图示数量计算,以"台"为计量单位。

4)工程内容

报警装置安装的工程内容:①安装;②调试。

8.远程控制器

1)清单项目

远程控制器安装的清单项目为:远程控制器(030705010)。

2)项目特征

远程控制器安装的项目特征:控制回路。

3)工程量计算规则

按设计图示数量计算,以"台"为计量单位。

4)工程内容

远程控制器安装的工程内容:①安装;②调试。

(六)消防系统调试

1.自动报警系统装置调试

1)清单项目

自动报警系统装置调试的清单项目为:自动报警系统装置调试(030706001)。

2)项目特征

自动报警系统装置调试的项目特征:点数。

3)工程量计算规则

按设计图示数量计算,以"系统"为计量单位。

4)工程内容

自动报警系统装置调试的工程内容:系统装置调试。

5)有关说明

自动报警系统装置是指由探测器、报警按钮、报警控制器组成的报警系统,点数按多线制、总线制报警器的点数计算。

2.水灭火系统控制装置调试

1)清单项目

水灭火系统控制装置调试的清单项目为:水灭火系统控制装置调试(030706002)。

2)项目特征

水灭火系统控制装置调试的项目特征:点数。

3）工程量计算规则

按设计图示数量计算，以“系统”为计量单位。

4）工程内容

水灭火系统控制装置调试的工程内容：系统装置调试。

5）有关说明

水灭火系统控制装置是指由消火栓、自动喷水、卤代烷、二氧化碳等灭火系统组成的灭火系统装置，点数按多线制、总线制联动控制器的点数计算。

3. 防火控制系统装置调试

1）清单项目

防火控制系统装置调试的清单项目为：防火控制系统装置调试（030706003）。

2）项目特征

防火控制系统装置调试的项目特征：①名称；②类型。

3）工程量计算规则

按设计图示数量计算，以“处”为计量单位。

4）工程内容

防火控制系统装置调试的工程内容：系统装置调试。

5）有关说明

防火控制系统装置包括电动防火门、防火卷帘门、正压送风阀、排烟阀、防火控制阀。

4. 气体灭火系统装置调试

1）清单项目

气体灭火系统装置调试的清单项目为：气体灭火系统装置调试（030706004）。

2）项目特征

气体灭火系统装置调试的项目特征：试验容器规格。

3）工程量计算规则

按调试、检验和验收所消耗的试验容器总数计算，以“个”为计量单位。

4）工程内容

气体灭火系统装置调试的工程内容：①模拟喷气试验；②备用灭火器贮存容器切换操作试验。

二、工程量清单编制实例

（一）消防工程工程量清单项目举例

1. 镀锌无缝钢管安装

项目名称：水喷淋镀锌无缝钢管安装

项目编码：030701002001

项目特征描述：室内 *DN*38 ×3 镀锌无缝钢管，螺纹连接，刷银粉漆两遍

计量单位：m

工程量：360

2. 消火栓

项目名称:消火栓安装

项目编码:030701018001

项目特征描述:SN 型室内消火栓,单栓口 *DN*65,带软管卷盘

计量单位:套

工程量:36

3. 水喷头

项目名称:水喷头安装

项目编码:030701011001

项目特征描述:有吊顶,ZSTX－20 型下垂式喷头

计量单位:个

工程量:48

4. 管道支架

项目名称:管道支架制作安装

项目编码:030704001001

项目特征描述:膨胀螺栓固定单管托架,等边角钢∟40×40×3,刷防锈漆一遍、银粉漆两遍

计量单位:kg

工程量:150

5. 火灾探测器

项目名称:点形探测器安装

项目编码:030705001001

项目特征描述:JTW－ZOM－GST9612 型点形感温火灾探测器,多线制

计量单位:只

工程量:35

6. 报警控制器

项目名称:报警控制器安装

项目编码:030705005001

项目特征描述:JB－QB－GST200 型火灾报警控制器,壁挂式,总线制,控制 242 点

计量单位:台

工程量:2

7. 法兰阀门

项目名称:法兰阀门安装

项目编码:030701007001

项目特征描述:Z4IH 型铸钢闸阀 *DN*100,焊接铸铁法兰

计量单位:个

工程量:10

(二)某商场消防工程工程量清单

根据某商场消防工程施工图和招标文件及《建设工程工程量清单计价规范》(GB 50500—2008)编制的消防工程分部分项工程工程量清单与计价表如表3-7所示。

表3-7 分部分项工程工程量清单与计价表

工程名称:某商场消防工程

序号	项目编码	项目名称	项目特征	计量单位	工程量	金额(元)		
						综合单价	合价	其中:暂估价
1	030701001001	水喷淋镀锌钢管	室内镀锌钢管 *DN*32,螺纹连接,刷银粉漆两遍	m	120			
2	030701019001	消防水泵接合器	SQ型地下式消防水泵接合器,*DN*100	套	6			
3	030701012001	报警装置	ZSFZ型湿式报警阀,*DN*150	组	2			
	(其他略)							
合计								

三、工程量清单计价

(一)清单计价的依据

编制消防工程工程量清单计价(报价)的依据主要有清单工程量、施工图、《建设工程工程量清单计价规范》(GB 50500—2008)、消耗量定额(或本地预算定额)、施工方案、工料机市场价格等。

(二)清单计价的步骤

(1)熟悉图纸,研究招标文件,实地考察,准备投标的相关资料,分析外部因素,确定投标策略。

(2)核实清单工程量,提出质疑。

(3)编制施工组织设计及施工方案。

(4)计算组成价格的工程量(即计价工程量,是按照所采用的定额和相对应的工程量计算规则计算的工程量),可与清单量核实同时进行。

(5)了解并掌握人工、材料、机械等生产要素的市场价格。

(6)结合施工方案,依据计价工程量,套用相应定额,计算出分部分项工程综合单价及合价。

(7)依据施工方案,计算措施项目费用。

(8)根据招标文件计算其他项目费用。

四、工程量清单计价实例

根据某商场消防工程施工图、招标文件、《建设工程工程量清单计价规范》(GB 50500—2008)、《河南省建设工程工程量清单综合单价(2008)》C.7“消防工程”编制的消防工程工程量清单及计价表、工程量清单综合单价分析表如表3-8(与表3-7对应)、表3-9所示。

表3-8 分部分项工程量清单与计价表

工程名称:某商场消防工程　　　　　　　　　　标段:

序号	项目编码	项目名称	项目特征	计量单位	工程量	金额(元)		
						综合单价	合价	其中:暂估价
1	030701001001	水喷淋镀锌钢管	室内镀锌钢管 *DN*32,螺纹连接,刷银粉漆两遍	m	120	48.80	5 856.00	
2	030701019001	消防水泵接合器	SQ型地下式消防水泵接合器,*DN*100	套	6	(略)		
3	030701012001	报警装置	ZSFZ型湿式报警阀,*DN*150	组	2	(略)		
	(其他略)							
合计								

表3-9 工程量清单综合单价分析表

工程名称:某商场消防工程　　　　　　　　　　标段:

项目编码	030701001001	项目名称	水喷淋	镀锌钢管	计量单位	m

清单综合单价组成明细

定额编号	定额名称	定额单位	数量	单价(元)				合价(元)			
				人工费	材料费	机械费	管理费和利润	人工费	材料费	机械费	管理费和利润
C.7-2	镀锌钢管(螺纹连接)安装	10 m	0.1	81.27	9.54	7.55	50.09	8.13	0.95	0.76	5.01
YC.14-82	管道刷银粉漆(第一遍)	10 m^2	0.1	11.18	3.27	—	6.89	1.12	0.33	—	0.69
YC.14-83	管道刷银粉漆(第二遍)	10 m^2	0.1	10.75	2.13	—	6.63	1.08	0.21	—	0.66
人工单价		小计						10.33	1.49	0.76	6.36
43元/工日		未计价材料费						29.86			
清单项目综合单价								48.80			

续表 3-9

	主要材料名称、规格、型号	单位	数量	单价（元）	合价（元）	暂估单价（元）	暂估合价（元）
材料费明细	镀锌钢管接头	个	0.81	4.5	3.65		
	镀锌钢管	m	1.02	19.58	19.97		
	银粉漆	kg	0.13	48	6.24		
	其他材料费			—		—	
	材料费小计			—	29.86	—	

注：水喷淋镀锌钢管计价工程量与其清单工程量相同，均为 120 m。

表 3-10 为河南省建设工程工程量清单综合单价定额表（部分），计算如下：

表 3-10　河南省建设工程工程量清单综合单价定额表（部分）

定额单位			10 m	10 m^2	10 m^2
定额编号			7－2	14－82	14－83
项目			公称直径（mm 以内）	刷银粉漆	
			32	第一遍	第二遍
综合单价（元）			148.45	21.27	19.51
其中	人工费（元）		81.27	11.18	10.75
	材料费（元）		9.54	3.20	2.13
	机械费（元）		7.55	—	—
	管理费（元）		30.24	4.16	4.00
	利润（元）		19.85	2.73	2.63
名称	单位	单价（元）	数量		
综合工日	工日	43.00	（1.89）	（0.26）	（0.25）
定额工日	工日	43.00	1.890	0.260	0.250
镀锌钢管接头	个	—	（8.07）	—	—
镀锌钢管	m	—	（10.20）	—	—
（以下略）	……				
银粉漆	kg	—		（0.67）	（0.63）
（以下略）	……				

每米管道刷油工程量 = 3.14 × 0.32 × 1 = 1.01 = 0.10（10 m^2）

每米镀锌钢管接头数量 = 8.07 ÷ 10 = 0.81（个）

每米镀锌钢管数量 = 10.20 ÷ 10 = 1.02（m）

每米镀锌钢管刷银粉漆数量 = 0.10 ×（0.67 + 0.63）= 0.13（kg）

综合单价 =（10.33 + 1.49 + 0.76 + 6.36）+ 29.86 = 48.80（元/m）

镀锌钢管 *DN*32 理论质量 3.56 kg/m，市场价 5 500 元/t；镀锌钢管接头市场价 4.5 元/个；银粉漆市场价 48 元/kg。

思考题

1. 计算如图 3-40 所示消防喷淋管网中无缝镀锌钢管($DN25\times3$、$DN45\times3$)管道安装工程量。

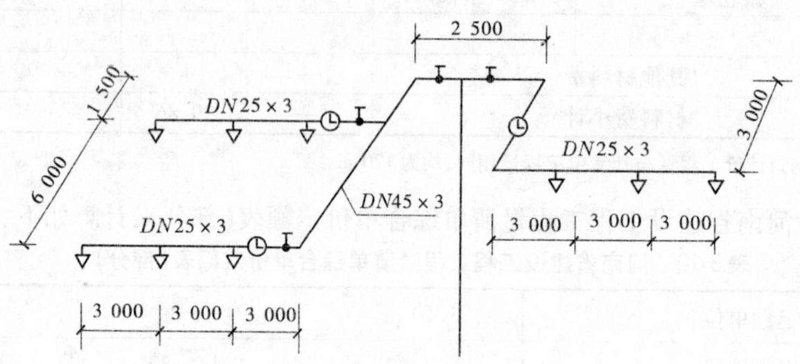

图 3-40

2. 消火栓管道和自动喷水灭火系统管道安装都使用第七分册"水灭火系统"定额吗?

3. 水灭火管道系统中的带电信号的水流指示器、压力开关、泄露报警开关等如何套用定额?

4. 根据如图 3-41 所示给定的条件,按照本地预算定额,进行列项并计算工程量、套用定额。图中:DN100 镀锌钢管焊接,DN50 镀锌钢管丝接,消火栓单栓 DN65 管道刷银粉漆

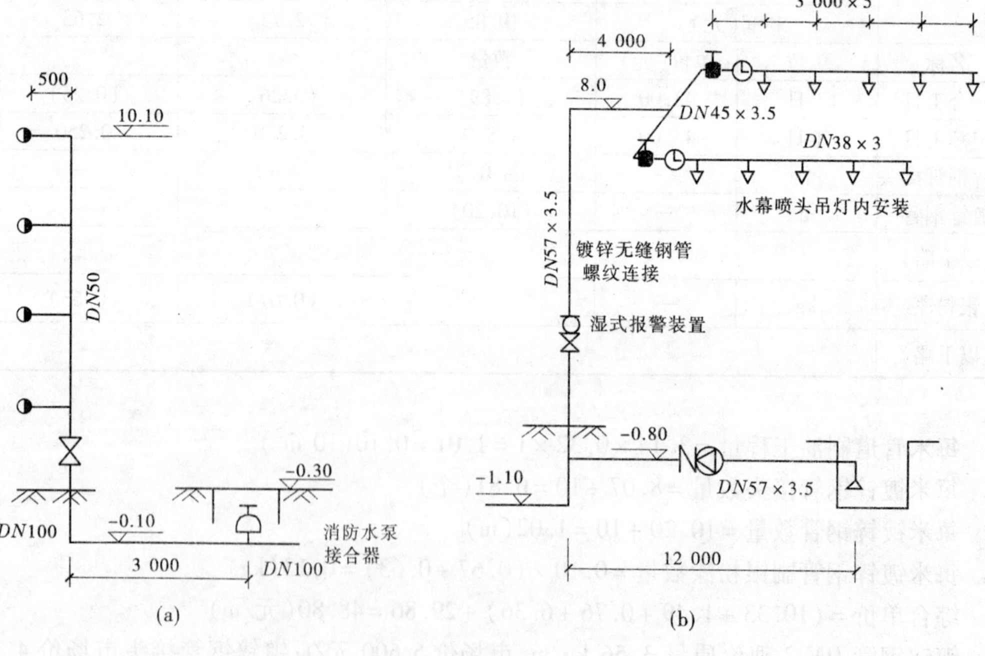

图 3-41

两遍，防锈漆两道，标志性色环刷防锈漆（消防管道立管消火栓箱处刷两道宽为100的标志色环）。

5. 水灭火系统管网的一次性水压试验能套用管网冲洗定额吗？水灭火管道安装定额包括强度试验、严密性试验吗？需要另外计算吗？

6. 计算消防水泵接合器的安装工程量时，该如何列项？

7. 火灾自动报警系统中各种设备、元件安装时，所进行的校线、接线及本体调试等工作，需要另外列项计算吗？

8. 试根据本地现行预算定额及现行材料、设备市场价格，计算消防水泵接合器和报警装置的综合单价。

项目四　采暖工程计量与计价

工程实例:某市第十人民医院办公楼采暖工程。

工程概况:

某市第十人民医院办公楼采暖工程位于市郊 10 km 处,建筑面积 740.28 m^2,砖混结构,共两层,层高 3.60 m。该地区气温不太低,采暖期短,用热水作为采暖热媒,从室外 -1.40 m供热管道沟中直接接入室内。散热器采用铸铁四柱型,楼上为有足,楼下为无足,挂于或用拉杆固定于墙上。*DN*15 钢管用热镀锌钢管丝接,刷银粉漆两遍;*DN*20 及以上钢管用焊接钢管焊接,管道除锈,刷红丹防锈漆一遍,银粉漆两遍。

招标范围:外墙皮 1.50 m 以内且施工图包括的工程内容。

工程质量要求:按《建筑给水排水及采暖工程施工质量验收规范》(GB 50242—2002)严格验收,要求达"合格"。

图纸:如图 4-1、图 4-2 所示。

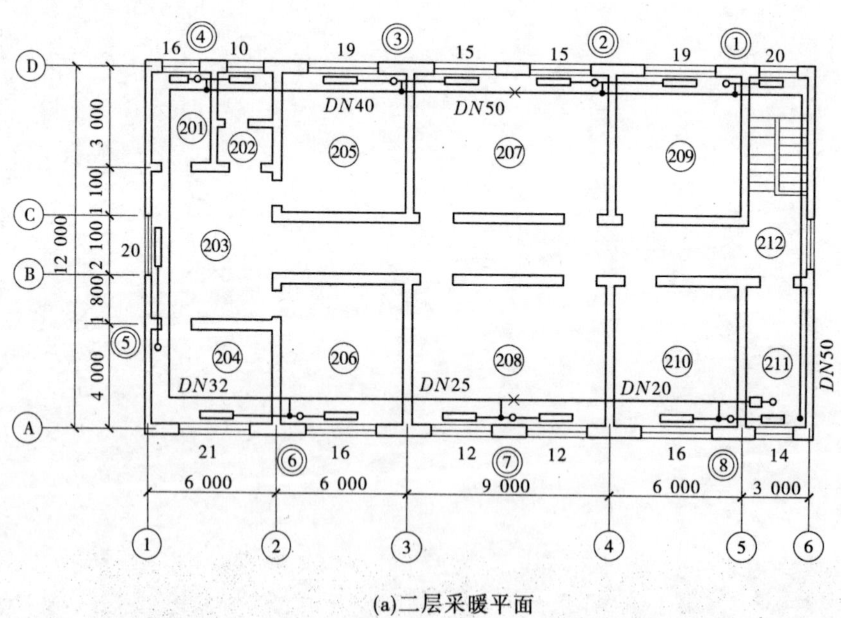

(a)二层采暖平面

图 4-1　采暖平面

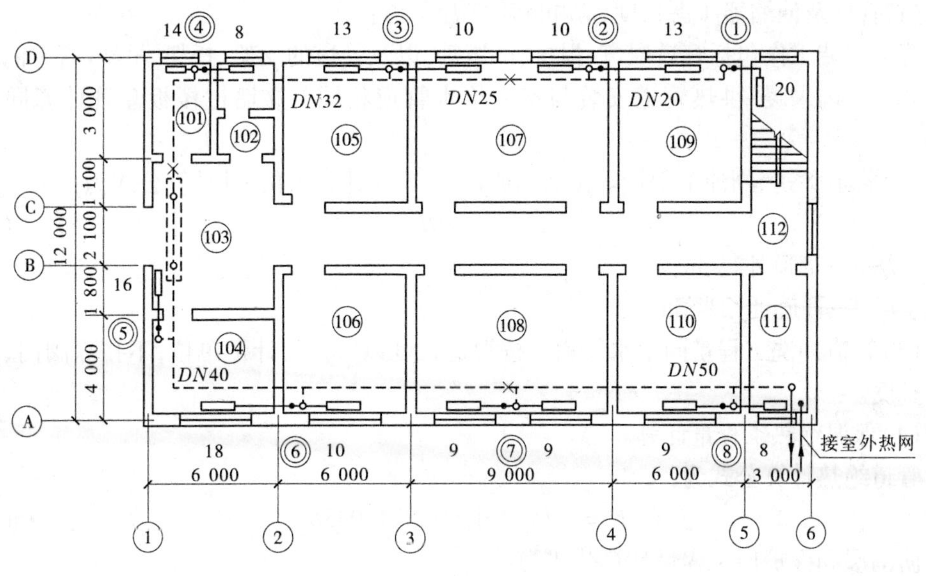

(b)一层采暖平面

续图 4-1

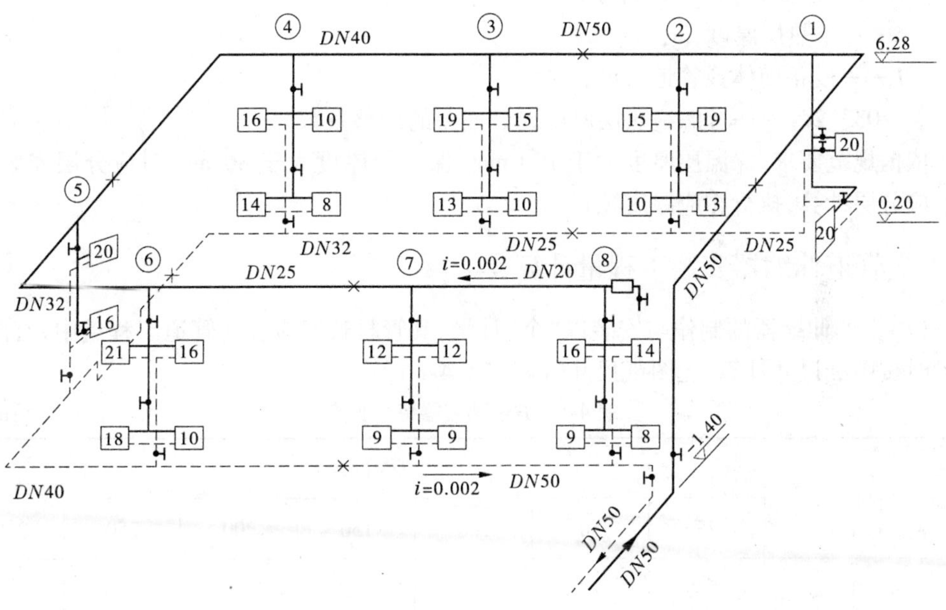

图 4-2　采暖系统

任务一　工程量计算

一、采暖热水管道工程量计算

管道工程量计算总的顺序和计算要领与室内给水管道相同。

(1)采暖热水管道安装工程量按图示管道中心线长度计算,以“m”为计量单位,不扣除阀门、管件及伸缩器所占长度,应扣除暖气片所占长度。

管道安装工作包括管道煨弯、焊接、试压等,以及管道的支架、托架、吊架、管卡的制作与安装。室内采暖、供热管道安装与室内给水管道相同。穿墙过楼板套管计算同给水管道。

(2)管道除锈、刷油工程量。按表面积以"m^2"为计量单位,其计算公式为:

$$S = \pi DL \tag{4-1}$$

式中 D——管道外径,m;

L——管道延长米,m。

(3)管道冲洗工程量同给水管道。按管道长度以"m"为计量单位,不扣除阀门、管件所占长度。

(4)保温绝热工程量计算。

管道绝热计算公式为:

$$F = \pi(D + 1.033\delta)1.033\delta L \tag{4-2}$$

防潮层和保护层工程量计算公式为:

$$S = \pi(D + 2.1\delta + 0.0082)L \tag{4-3}$$

式中 D——设备筒体或管道直径,m;

δ——绝热层厚度,m;

L——设备筒体或管道长度,m;

1.033、2.1——考虑绝热层厚度允许偏差的调整系数。

依据规范要求,保温层厚度大于 100 mm、保冷层厚度大于 80 mm 时应分层安装,工程量应分层计算,执行相应厚度项目。

二、管道伸缩器安装工程量计算

(1)方形伸缩器的制作与安装以"个"计量,其管材长度应计入管道工程量中,有图纸尺寸时按图纸尺寸计算,无图纸尺寸时可按表 4-1 计算。

表 4-1 方形伸缩器每个长度 (单位:m)

图例	DN(mm)						
	25	50	100	150	200	250	300
	0.6	1.2	2.2	3.5	5.0	6.5	8.5
	0.6	1.1	2.0	3.0	4.0	5.0	6.0

(2)螺纹法兰套筒伸缩器、焊接法兰套筒伸缩器、波型伸缩器安装均以"个"计量,用《全国统一安装工程预算定额》第八册相应定额。

三、阀门安装工程量

阀门安装工程量均以“个”为单位计量，与给水管道相同。

四、低压器具的组成与安装工程量

热水采暖工程中低压器具是指减压器和疏水器。

(1)减压器安装按连接方式(螺纹连接或焊接)和公称直径不同，分别以“组”计量。其中，公称直径以高压侧管道公称直径为准。设计与定额组成的阀门、压力表数量不同时，可以调整，其余不变。

(2)单体安装减压器、疏水器。单体安装按同管径阀门安装定额使用；安全阀按公称直径不同以“个”计量，用《全国统一安装工程预算定额》第六册“工业管道工程”定额；压力表可使用《全国统一安装工程预算定额》第十册“自动化控制仪表安装工程”定额。

(3)集气罐、自动排气阀。一般在供热管路的室内干管末端设置集气罐、排气阀，用以收集和排除系统中的空气。集气罐一般采用 *DN*100 ~ *DN*250 的钢管焊接而成，有立式和卧式两种。自动排气阀常用的规格有 *DN*15、*DN*20、*DN*25 等，与末端管道的直径相同。集气罐、自动排气阀以“个”为单位计量。

五、供暖器具安装工程量

(1)铸铁散热器(四柱、五柱、翼型、M132)。安装工程量均以“片”计量，如图 4-3 所示。

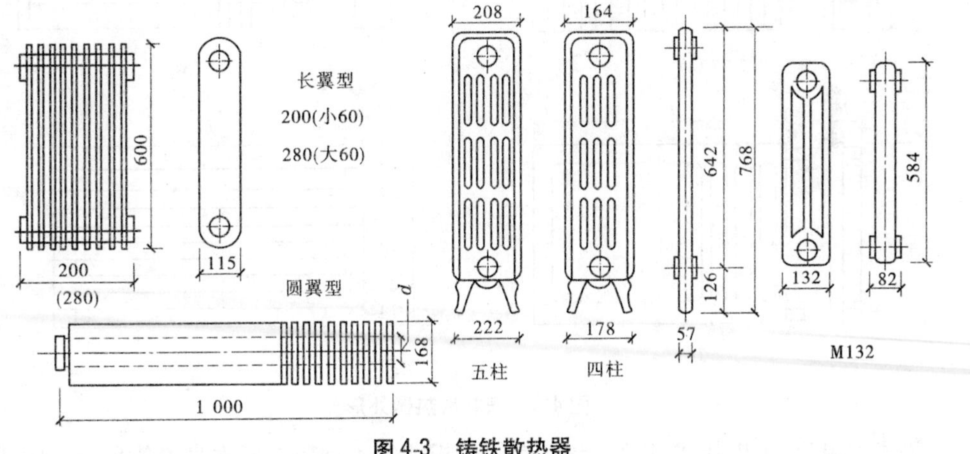

图 4-3　铸铁散热器

安装工作包括：制垫、加垫、组成、栽钩、稳固、打眼、堵眼、水压试验。

主要材料包括：散热片，托钩、挂钩制作，安装定额已包括，但是要计算其材料数量。

柱形散热器挂装时，使用 M132 定额。M132 安装拉条时，拉条制作安装另外计算。

(2)光排管散热器制作与安装工程量。按制作散热器管材的直径不同分为 A 型、B 型，分别以“m”计量。联管为次要材料，排管为主要材料，排管长$£ = n£$，n 为排管根数，如图 4-4 所示。

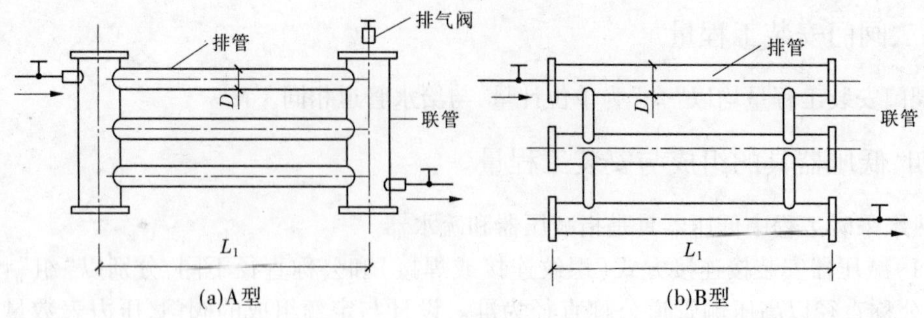

图 4-4　光排管散热器

安装工作包括:联管、堵板、托钩、管箍。

(3)钢制散热器安装工程量。如图 4-5 所示,钢制闭式散热器安装,以“片”计量;钢制板式散热器安装,以“组”计量;钢制壁式散热器安装,以“组”计量;钢制柱式散热器安装,以“组”计量。超过 12 片以上的柱式散热器,另编补充定额执行;钢、铝串片式散热器和钢制折边对流辐射式散热器,定额未列,另编补充定额执行。

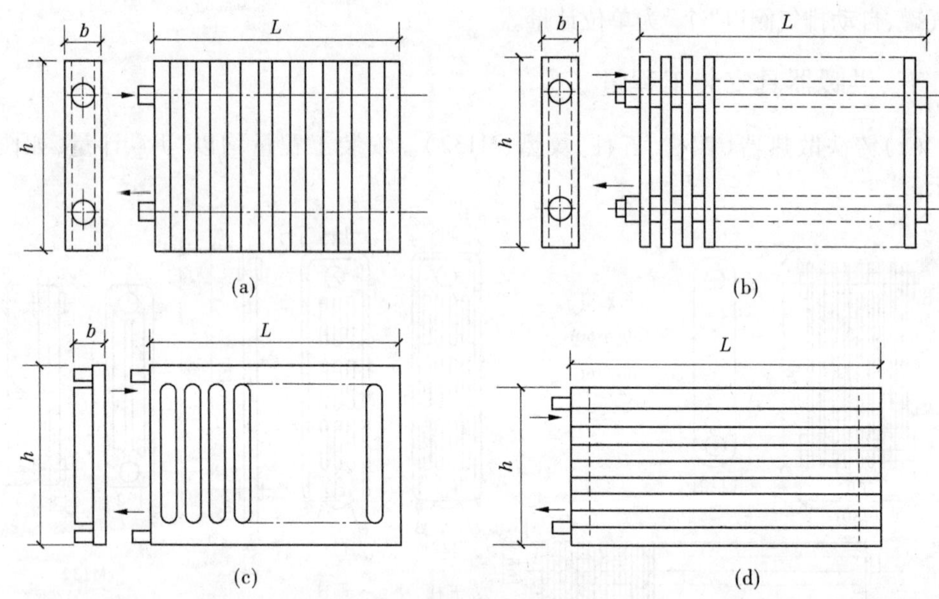

图 4-5　钢制散热器外形

闭式钢串片、钢串片式、钢制板式、扁管单板式等 4 种散热器本身价值另计。闭式、板式、壁板式定额包括托钩制作与安装,不包括托钩材料价值。

(4)暖风机和热空气幕安装。按质量不同,分别以“台”计量。暖风机和热空气幕的钢支架制作与安装,以“100 kg”计量,使用《全国统一安装工程预算定额》第八册“给排水、采暖、燃气工程”定额有关子目。与暖风机和热空气幕相连的管、阀、疏水器应另行计算。

(5)暖气片除锈、刷油工程量。按暖气片散热面积计算,如表 4-2 所示。

表 4-2　铸铁散热片面积

铸铁散热片	S(m²/片)	铸铁散热片	S(m²/片)
长翼型(大 60)	1.2	四柱 813	0.28
长翼型(小 60)	0.9	四柱 760	0.24
圆翼型 ϕ80	1.8	四柱 640	0.20
圆翼型 ϕ80	1.5	M132	0.24
二 柱	0.24		

六、采暖系统调试

采暖工程系统调试费按采暖工程人工费的 15% 计取,其中人工工资占 20%,作为计费基础。属定额综合系数。

七、计算结果

工程量计算见表 4-3。

表 4-3　工程量计算

工程名称:某市第十人民医院办公楼采暖工程

序号	项目名称	单位	数量	计算式
1	供水钢管焊接 DN50 供水钢管焊接 DN40 供水钢管焊接 DN32 供水钢管焊接 DN25 供水钢管焊接 DN20	m	39.18 20 10 10.5 10.5	1.5 + 1.4 + 6.28 + 12 + 3 + 6 + 9 6 + 6 + 3 + 1.1 + 2.1 + 1.8 4 + 6 6 + 4.5 4.5 + 6
2	回水钢管焊接 DN50 回水钢管焊接 DN40 回水钢管焊接 DN32 回水钢管焊接 DN25 回水钢管焊接 DN20	m	26.9 18 12 9 7.5	1.5 + 1.4 + 3 + 6 + 9 + 6 6 + 12 6 + 6 9 6 + 1.5
3	竖管丝接 DN15	m	69.2	(6.28 − 0.83 + 3.2) × 8 组
4	散热片横连管丝接 DN15	m	145.66	3 × 28 组 × 2 根 − 392 片 × 0.057 厚
5	四柱散热片(有足) 四柱散热片(无足)	片 片	225 167	
6	内螺纹截止阀 DN15 内螺纹截止阀 DN50	个 个	27 2	
7	过墙套管 DN80 过墙套管 DN50 过墙套管 DN40 过墙套管 DN32	个 个 个 个	6 6 8 22	 16 + 6
8	集气罐 ϕ150 Ⅱ 型	个	1	
9	散热片托钩 ϕ16	kg	19.91	0.3 × 14 × 3 × 1.58
10	管道支架∟ 50 × 5	kg	23.46	(14 + 9) × 1.02

续表 4-3

序号	项目名称	单位	数量	计算式
11	管道除锈刷漆 DN50 管道除锈刷漆 DN40 管道除锈刷漆 DN32 管道除锈刷漆 DN25 管道除锈刷漆 DN20 管道除锈刷漆 DN15	m^2	11.83 5.37 2.63 1.96 1.41 13.49	3.14×0.057×66.08 3.14×0.045×38 3.14×0.038×22 3.14×0.032×19.51 3.14×0.025×18 3.14×0.020×214.86
12	散热片除锈刷漆	m^2	109.76	(225+167)×0.28
13	采暖工程系统整费	系统	1	

工程量汇总见表 4-4。

表 4-4 工程量汇总

序号	项目名称	单位	数量	计算式
1	焊接钢管,连接方式焊接 DN50	m	66.08	39.18+26.90
2	焊接钢管,连接方式焊接 DN40	m	38	20+18
3	焊接钢管,连接方式焊接 DN32	m	22	10+12
4	焊接钢管,连接方式焊接 DN25	m	19.5	10.5+9
5	焊接钢管,连接方式焊接 DN20	m	18	10.5+7.5
6	焊接钢管,连接方式丝接 DN15	m	214.86	69.2+145.66
7	四柱散热片(有足)	片	225	
8	四柱散热片(无足)	片	167	
9	内螺纹截止阀 DN15	个	27	
10	内螺纹截止阀 DN50	个	2	
11	过墙套管 DN80	个	6	
12	过墙套管 DN50	个	6	
13	过墙套管 DN40	个	8	
14	过墙套管 DN32	个	22	
15	集气罐 φ150 Ⅱ型	个	1	
16	散热片托钩 φ16	kg	19.91	
17	管道支架∟50×5	kg	23.46	
18	管道除锈刷漆	m^2	36.69	11.83+5.37+2.63+1.96+1.41+13.49
19	散热片除锈刷漆	m^2	109.76	
20	采暖工程系统	系统	1	

任务二 定额计价

一、投标报价要求

(1)为保证工程质量,对进场材料、成品、半成品、构配件和元件,实行先验样品后采购,并经监理确认。对进场的散热片、阀门逐一做强度和严密性水压试验,按《建筑给水排水及采暖工程施工质量验收规范》(GB 50242—2002)要求,提高到 1.55 倍工作压力,试验持续时间提高到 4~5 min,做到不降压、不渗漏。采暖系统完工后做水压试验,本方案要求在顶点增加 0.15 MPa,且在 30 min 之内不渗不漏。试压后用水冲洗,对采暖系统加热试运行 24 h 并调整达到优良。

(2)按 2006 版《广东省安装工程综合定额》为基准报价,辅材费和机械费不做调整,综合人工单价按 52 元/工日调整,利润率采用 30%。

(3)工程全部材料和采暖散热片全由承包方采购。先由监理验样后采购,进场时先验收后入库。

(4)主要材料价格见表 4-5。

表 4-5 主要材料价格

工程名称:某市第十人民医院办公楼采暖工程

序号	材料编码	材料设备名称型号规格	单位	数量	单价(元)
1	(略)	焊接钢管 *DN*15	m	214.86	5.86
2		焊接钢管 *DN*20	m	18.00	7.58
3		焊接钢管 *DN*25	m	19.5	11.25
4		焊接钢管 *DN*32	m	22	14.55
5		焊接钢管 *DN*40	m	38	17.68
6		焊接钢管 *DN*50	m	66.08	22.69
7		焊接钢管 *DN*80	m	1.5	42.69
8		热轧等边角钢∟50×4	m	43.37	12.46
9		螺纹截止阀 *DN*15 J11T-16	个	27	18.30
10		螺纹截止阀 *DN*50 J11T-16	个	2	86.15
11		铜放风阀 *DN*10	个	28.00	5.95
12		铸铁散热片及附件(对丝、丝堵等) 四柱型 813(有足)	片	225.00	58.65
13		铸铁散热片及附件(对丝、丝堵等) 四柱型 813(无足)	片	167.00	57.30
14		集气罐 ϕ150 Ⅱ型	个	1	1 300.00
15		红丹防锈漆	kg	14.94	15
16		银粉漆	kg	11.98	18

二、定额套用过程中的注意事项

(1)供热管道和回水管道定额应用同给排水管道方法。

(2)安全阀安装(包括调试定压)按阀门安装相应定额项目乘以系数 2.0 计算。

(3)采暖工程暖气片安装其两端装有阀门的,定额中没有包括其两端阀门,可以按其规格另套用阀门安装定额相应项目。

(4)钢柱式散热器在出厂时是组装成组的合格产品,安装时不再考虑损耗。

(5)集气罐、分气筒制作安装执行《全国统一安装工程预算定额》第六册"工艺管道工程"第六章定额的相应项目。

(6)采暖工程按定额规定可以计算系统调整费,热水管道安装不属于采暖工程,不能系统调整费。

(7)系统调整费属于综合系数。计算基数包括高层建筑增加费系数,但不包括脚手架搭拆系数。在《全国统一安装工程预算定额》第八册定额说明中的五个系数,除脚手架搭拆系数和采暖工程系统调整费系数是综合系数外,其他均属于子目系数。

三、计算结果

计算结果见表 4-6。

表 4-6　分部分项工程费计算(定额计价)

工程名称:某市第十人民医院办公楼采暖工程

序号	定额编号	工程名称、型号、规格	单位	数量	单价(元)						总价(元)					
					消耗量	主材设备	人工费	辅材费	机械费	管理费	主材设备	人工费	辅材费	机械费	管理费	合计
1	C8－1－150	焊接钢管,连接方式焊接,*DN*50	10 m	6.61	10.2	22.69	44.6	14.12	9.98	13.51	1 529.81	294.81	93.33	65.97	89.30	2 073.21
2	C8－1－149	焊接钢管,连接方式焊接,*DN*40	10 m	3.8	10.2	17.68	43.61	7.29	8.86	13.21	685.28	165.72	27.70	33.67	50.20	962.56
3	C8－1－148	焊接钢管,连接方式焊接,*DN*32	10 m	2.2	10.2	14.55	38.19	5.91	7.74	11.57	326.50	84.02	13.00	17.03	25.45	466.00
4	C8－1－148	焊接钢管,连接方式焊接,*DN*25	10 m	1.95	10.2	11.25	38.19	5.91	7.74	11.57	223.76	74.47	11.52	15.09	22.56	347.41
5	C8－1－148	焊接钢管,连接方式焊接,*DN*20	10 m	1.8	10.2	7.58	38.19	5.91	7.74	11.57	139.17	68.74	10.64	13.93	20.83	253.31
6	C8－1－137	焊接钢管,连接方式丝接,*DN*15	10 m	21.49	10.2	5.86	45.09	9.77	0	13.66	1 284.50	968.98	209.96	0	293.55	2 757.00
7	C8－5－4	四柱散热片(有足)	10片	22.5	10.1	58.65	9.74	74.58	0	2.95	13 328.21	219.15	1 678.05	0	66.38	15 291.79
8	C8－5－4	四柱散热片(无足)	10片	16.7	10.1	57.3	9.74	74.58	0	2.95	9 664.79	162.66	1 245.49	0	49.27	11 122.20
9	C8－2－1	内螺纹截止阀 *DN*15	个	27	1.01	18.3	2.22	1.78	0	0.67	499.04	59.94	48.06	0	18.09	625.13
10	C8－2－6	内螺纹截止阀 *DN*50	个	2	1.01	86.15	5.91	7.72	0	1.79	174.02	11.82	15.44	0	3.58	204.86
11	C8－1－395	过墙套管 *DN*80	个	6	0.25	42.69	6.05	32.92	1.23	1.83	64.04	36.30	197.52	7.38	10.98	316.22
12	C8－1－394	过墙套管 *DN*50	个	6	0.25	22.69	3.33	19.63	1.23	1.01	34.04	19.98	117.78	7.38	6.06	185.24
13	C8－1－394	过墙套管 *DN*40	个	8	0.25	17.68	3.33	19.63	1.23	1.01	35.36	26.64	157.04	9.84	8.08	236.96

续表 4-6

序号	定额编号	工程名称、型号、规格	单位	数量	单价(元)						总价(元)					
					消耗量	主材设备	人工费	辅材费	机械费	管理费	主材设备	人工费	辅材费	机械费	管理费	合计
14	C8－1－394	过墙套管 *DN*32	个	22	0.25	14.55	3.33	19.63	1.23	1.01	80.03	73.26	431.86	27.06	22.22	634.43
15	C8－6－21	集气罐 ϕ150Ⅱ型	个	1	1	1 300	66.09	15.6	0	20.02	1 300.00	66.09	15.60	0	20.02	1 401.71
16	C8－1－404	散热片托钩 ϕ16	100 kg	0.199 1	106	4.8	169.83	177.81	448.82	51.45	101.30	33.81	35.40	89.36	10.24	270.12
17	C8－1－404	管道支架∟50×5	100 kg	0.234 6	106	4.8	169.83	177.81	448.82	51.45	119.36	39.84	41.71	105.29	12.07	318.28
18	C11－1－1	管道除锈	10 m^2	3.67	0	0	7.77	3.07	0	1.88	0	28.52	11.27	0	6.90	46.68
19	C11－2－1	管道刷红丹防锈漆	10 m^2	2.32	1.47	15	5.78	1.06	0	1.4	51.16	13.41	2.46	0	3.25	70.27
20	C11－2－6	管道刷银粉漆第一遍	10 m^2	3.67	0.36	18	6	4.74	0	1.45	23.78	22.02	17.40	0	5.32	68.52
21	C11－2－7	管道刷银粉漆第二遍	10 m^2	3.67	0.33	18	5.78	4.3	0	1.4	21.80	21.21	15.78	0	5.14	63.93
22	C11－1－7	散热片除锈	10 m^2	10.98	0	0	7.07	2.27	7.68	1.71	0	77.63	24.92	84.33	18.78	205.66
23	C11－2－148	散热片刷红丹防锈漆	10 m^2	10.98	1.05	15	7.07	1.17	0	1.71	172.94	77.63	12.85	0	18.78	282.19
24	C11－2－50	散热片刷银粉漆第一遍	10 m^2	10.98	0.45	18	7.28	5.26	0	1.76	88.94	79.93	57.75	0	19.32	245.95
25	C11－2－51	散热片刷银粉漆第二遍	10 m^2	10.98	0.41	18	7.07	4.65	0	1.71	81.03	77.63	51.06	0	18.78	228.49
		小计									30 028.86	2 804.21	4 543.59	476.33	825.15	38 678.14
		系统调整费										418.86				418.86
		人工费调增										2 752.36				2 752.36
		利润										1 789.08				1 789.08
		总计									30 028.86	7 764.51	4 543.59	476.33	825.15	43 638.44

编制人：　　　　　　　　　　证号：　　　　　　　　　　编制日期：　　年　　月　　日

任务三　清单编制与计价

一、管道安装部分的清单设置

管道安装工程量清单项目设置见表4-7。

表4-7　管道安装工程量清单项目设置

<table>
<tr><th>项目编码</th><th>项目名称</th><th>项目特征</th><th>计量单位</th><th>工程量计算规则</th><th>工程内容</th></tr>
<tr><td>030801001</td><td>镀锌钢管</td><td rowspan="4">1. 安装部位（室内、外）
2. 输送介质（给水、排水、热媒体、燃气、雨水）
3. 材质
4. 型号、规格
5. 连接方式
6. 套管形式、材质、规格
7. 接口材料
8. 除锈、刷油、防腐、绝热及保护层设计要求</td><td rowspan="4">m</td><td rowspan="4">按设计图示管道中心线长度以延长米计算，不扣除阀门、管件（包括减压器、疏水器、水表、伸缩器等组成安装）及各种井类所占的长度；方形补偿器以其所占长度按管道安装工程量计算</td><td rowspan="4">1. 管道、管件及弯管的制作、安装
2. 安件安装（指铜管管件、不锈钢管管件）
3. 套管（包括防水套管）制作、安装
4. 管道除锈、刷油、防腐
5. 管道绝热及保护层安装、除锈、刷油
6. 给水管道消毒、冲洗
7. 水压及渗漏试验</td></tr>
<tr><td>030801002</td><td>钢管</td></tr>
<tr><td>030801003</td><td>承插铸铁管</td></tr>
<tr><td>030801009</td><td>不锈钢管</td></tr>
</table>

编制工程量清单时，应明确描述这些特征，以便计价：

（1）安装部位应明确是室内还是室外。

（2）输送介质指冷水、热水、蒸汽。

（3）材质应指明是焊接钢管（镀锌、不镀锌）还是无缝钢管、不锈钢管（1Cr18Ni9 等）等。

（4）连接方式应说明接口形式，如螺纹连接、焊接（电弧焊、气焊等）。

（5）接口材料指承插铸铁管道连接的接口材料，如石棉水泥、膨胀水泥。

（6）除锈要求指轻锈、中锈、重锈。

（7）套管指铁皮套管、一般钢套管、防水套管等。

二、管道支架制作安装

管道支架工程量清单项目设置及工程量计算规则应按表4-8的规定执行。

表4-8　管道支架工程量清单项目设置及工程量计算规则

项目编码	项目名称	项目特征	计量单位	工程量计算规则	工程内容
030802001	管道支架制作安装	1. 形式 2. 除锈、刷油设计要求	kg	按设计图示质量计算	1. 制作、安装 2. 除锈、刷油

三、管道附件安装

管道安装工程量清单项目设置及工程量计算规则应按表4-9的规定执行。

表4-9　管道附件安装工程量清单项目设置及工程量计算规则

项目编码	项目名称	项目特征	计量单位	工程量计算规则	工程内容
030803001	螺纹阀门	1. 类型 2. 材质 3. 型号、规格	个	按设计图示数量计算（包括浮球阀、手动排气阀、液压式水位控制阀、不锈钢阀门、煤气减压阀、液相自动转换阀、过滤阀等）	安装
030803003	焊接法兰阀门				
030803005	自动排气阀				
030803006	安全阀				
030803007	减压器	1. 材质 2. 型号、规格 3. 连接方式	组	按设计图示数量计算	
030803008	疏水器				

阀门和水位标尺等列清单项目时必须注明阀门的类型、口径规格、连接形式、保温要求等，对于减压器和疏水器必须注明连接形式和规格，水表必须注明类型和规格。

阀门、减压器、水表等的安装，可组合的其他项目很少，清单项目基本上仅为本体安装项。在编制法兰阀门的工程量清单时，如果阀门是安装在铸铁管道上的，则应明确描述阀门是否带甲乙短管；在编制减压器、疏水器、水表安装的工程量清单时，如果是成组安装的，必须明确描述其组成的工程内容和相应材质。保温阀门和不保温阀门应分别设置清单项目。

四、供暖器具安装

供暖器具安装工程量清单项目设置及工程量计算规则应按表4-10的规定执行。

表4-10　供暖器具安装工程量清单项目设置及工程量计算规则

项目编码	项目名称	项目特征	计量单位	工程量计算规则	工程内容
030805001	铸铁散热器	1. 型号、规格 2. 除锈、刷油设计要求	片	按设计图示数量计算	1. 安装 2. 除锈、刷油
030805002	钢制闭式散热器				安装
030805003	钢制板式散热器		组		
030805004	光排管散热器制作	1. 型号、规格 2. 管径 3. 除锈、刷油设计要求	m		1. 安装、制作 2. 除锈、刷油
030805005	钢制壁板式散热器	1. 质量 2. 型号、规格	组		安装
030805006	钢制柱式散热器	1. 片数 2. 型号、规格组			
030805007	暖风机	1. 质量 2. 型号、规格	台		
030805008	空气幕				

供暖器具等列清单项目时，应特别注意各种采暖设备的计量单位，必须注明散热片的类

型、规格、连接形式、除锈刷油要求等，对于暖风机和空气幕，必须注明质量、型号和规格。

钢制壁板式散热器、钢制柱式散热器、暖风机、空气幕等的安装，可组合的其他项目很少，清单项目基本上仅为本体安装项目。

五、采暖工程系统调整

采暖工程系统调整工程量清单项目设置及工程量计算规则，应按表4-11的规定执行。

表4-11 采暖工程系统调整工程量清单项目设置及工程量计算规则

项目编码	项目名称	项目特征	计量单位	工程量计算规则	工程内容
030807001	采暖工程系统调整	系统	系统	按由采暖管道、管件、阀门、法兰、供暖器具组成采暖工程系统计算	系统调整

六、清单编制

分部分项工程量清单见表4-12。

表4-12 分部分项工程量清单

工程名称：某市第十人民医院办公楼采暖工程

序号	项目编码	项目名称	项目特征	单位	数量
1	030801001001	焊接钢管	连接方式焊接，*DN*50，管道除轻锈，刷红丹漆一遍、银粉漆两遍，穿墙套管6个	m	66.08
2	030801001002	焊接钢管	连接方式焊接，*DN*40，管道除轻锈，刷红丹漆一遍、银粉漆两遍，穿墙套管6个	m	38
3	030801001003	焊接钢管	连接方式焊接，*DN*32，管道除轻锈，刷红丹漆一遍、银粉漆两遍，穿墙套管8个	m	22
4	030801001004	焊接钢管	连接方式焊接，*DN*25，管道除轻锈，刷红丹漆一遍、银粉漆两遍，穿墙套管16个	m	19.5
5	030801001005	焊接钢管	连接方式焊接，*DN*20，管道除轻锈，刷红丹漆一遍、银粉漆两遍，穿墙套管6个	m	18
6	030801001006	焊接钢管	连接方式丝接，*DN*15，管道除轻锈，刷银粉漆两遍	m	214.86
7	030805001001	铸铁散热器	四柱散热片（有足），散热片除轻锈，刷红丹漆一遍、银粉漆两遍	片	225
8	030805001002	铸铁散热器	四柱散热片（无足），散热片除轻锈，刷红丹漆一遍、银粉漆两遍	片	167
9	030803001001	螺纹阀门	内螺纹截止阀*DN*15铸铁	个	27
10	030803001002	螺纹阀门	内螺纹截止阀*DN*50铸铁	个	2
11	030804014001	水箱安装	集气罐ϕ150Ⅱ型	个	1
12	030802001001	管道支架	散热片托钩ϕ16	kg	19.91
13	030802001002	管道支架	管道支架∟50×5	kg	23.46
14	030807001001	采暖工程系统调整		系统	1

七、综合单价计算表

工程量清单综合单价分析见表4-13,分部分项工程量清单计价见表4-14,措施项目清单与计价见表4-15,规费、税金项目清单与计价见表4-16,单位工程招标控制价/投标报价汇总见表4-17。

表4-13　工程量清单综合单价分析

工程名称:某市第十人民医院办公楼采暖工程　　　　标段:

<table>
<tr><td>项目编码</td><td>030801001001</td><td>项目名称</td><td colspan="6">焊接钢管,连接方式焊接,DN50,管道除轻锈,刷红丹漆一遍、银粉漆两遍,穿墙套管6个</td><td colspan="2">计量单位</td><td>m</td></tr>
<tr><td colspan="12">清单综合单价组成明细</td></tr>
<tr><td rowspan="2">定额编号</td><td rowspan="2" colspan="2">定额名称</td><td rowspan="2">定额单位</td><td rowspan="2">数量</td><td colspan="4">单价(元)</td><td colspan="3">合价(元)</td></tr>
<tr><td>人工费</td><td>材料费</td><td>机械费</td><td>管理费</td><td>人工费</td><td>材料费</td><td>机械费</td><td>管理费和利润</td></tr>
<tr><td>C8-1-150</td><td colspan="2">钢管焊接DN50</td><td>10 m</td><td>6.61</td><td>82.68</td><td>14.12</td><td>9.98</td><td>38.31</td><td>546.51</td><td>93.33</td><td>65.97</td><td>253.23</td></tr>
<tr><td>C8-1-394</td><td colspan="2">穿墙钢套管DN50</td><td>个</td><td>6</td><td>6.24</td><td>19.63</td><td>1.23</td><td>2.88</td><td>37.44</td><td>117.78</td><td>7.38</td><td>17.28</td></tr>
<tr><td>C11-1-1</td><td colspan="2">管道除轻锈</td><td>10 m²</td><td>1.183</td><td>15.6</td><td>3.07</td><td>0</td><td>6.56</td><td>18.45</td><td>3.63</td><td>0</td><td>7.76</td></tr>
<tr><td>C11-2-1</td><td colspan="2">管道刷红丹漆一遍</td><td>10 m²</td><td>1.183</td><td>11.44</td><td>1.06</td><td>0</td><td>4.83</td><td>13.53</td><td>1.25</td><td>0</td><td>5.71</td></tr>
<tr><td>C11-2-6</td><td colspan="2">管道刷银粉漆第一遍</td><td>10 m²</td><td>1.183</td><td>11.96</td><td>4.74</td><td>0</td><td>5.04</td><td>14.15</td><td>5.61</td><td>0</td><td>5.96</td></tr>
<tr><td>C11-2-7</td><td colspan="2">管道刷银粉漆第二遍</td><td>10 m²</td><td>1.183</td><td>11.44</td><td>4.3</td><td>0</td><td>4.83</td><td>13.53</td><td>5.09</td><td>0</td><td>5.71</td></tr>
<tr><td rowspan="2" colspan="3">人工单价:52元/工日</td><td colspan="6">小计</td><td>643.61</td><td>226.69</td><td>73.35</td><td>295.65</td></tr>
<tr><td colspan="6">未计价材料费</td><td colspan="4">1 634.62</td></tr>
<tr><td colspan="9">清单项目综合单价</td><td colspan="4">43.49</td></tr>
<tr><td rowspan="13">材料明细</td><td colspan="4">主要材料名称、规格、型号</td><td>单位</td><td>数量</td><td>单价(元)</td><td>合价(元)</td><td>暂估单价(元)</td><td>暂估合价(元)</td></tr>
<tr><td colspan="4">钢管焊接安装其他材料费</td><td>m</td><td>66.1</td><td>1.412</td><td>93.33</td><td></td><td></td></tr>
<tr><td colspan="4">钢管焊接DN50</td><td>m</td><td>67.422</td><td>22.69</td><td>1 529.81</td><td></td><td></td></tr>
<tr><td colspan="4">穿墙钢套管DN50辅材费</td><td>个</td><td>6</td><td>19.63</td><td>117.78</td><td></td><td></td></tr>
<tr><td colspan="4">钢管焊接DN80</td><td>m</td><td>1.5</td><td>42.69</td><td>64.04</td><td></td><td></td></tr>
<tr><td colspan="4">管道除轻锈辅材费</td><td>m²</td><td>11.83</td><td>0.106</td><td>1.25</td><td></td><td></td></tr>
<tr><td colspan="4">管道刷红丹漆一遍辅材费</td><td>m²</td><td>11.83</td><td>0.122</td><td>1.44</td><td></td><td></td></tr>
<tr><td colspan="4">红丹漆</td><td>kg</td><td>1.739 01</td><td>15</td><td>26.09</td><td></td><td></td></tr>
<tr><td colspan="4">管道刷银粉漆第一遍辅材费</td><td>m²</td><td>11.83</td><td>0.126</td><td>1.49</td><td></td><td></td></tr>
<tr><td colspan="4">管道刷银粉漆第二遍辅材费</td><td>m²</td><td>11.83</td><td>0.122</td><td>1.44</td><td></td><td></td></tr>
<tr><td colspan="4">银粉漆</td><td>kg</td><td>0.816 27</td><td>18</td><td>14.69</td><td></td><td></td></tr>
<tr><td colspan="6">其他材料费</td><td></td><td></td><td></td><td></td></tr>
<tr><td colspan="6">材料费小计</td><td></td><td>1 851.36</td><td></td><td></td></tr>
</table>

续表 4-13

<table>
<tr><td>项目编码</td><td>030805001001</td><td>项目名称</td><td colspan="5">四柱散热片(有足),散热片除轻锈,刷红丹漆一遍、银粉漆两遍</td><td colspan="3">计量单位</td><td>片</td></tr>
<tr><td colspan="12">清单综合单价组成明细</td></tr>
<tr><td rowspan="2">定额编号</td><td rowspan="2" colspan="2">定额名称</td><td rowspan="2">定额单位</td><td rowspan="2">数量</td><td colspan="4">单价(元)</td><td colspan="3">合价(元)</td></tr>
<tr><td>人工费</td><td>材料费</td><td>机械费</td><td>管理费和利润</td><td>人工费</td><td>材料费</td><td>机械费</td><td>管理费和利润</td></tr>
<tr><td>C8-5-4</td><td colspan="2">四柱散热片</td><td>10 片</td><td>22.5</td><td>18.2</td><td>74.58</td><td>0</td><td>8.41</td><td>409.50</td><td>1 678.05</td><td>0</td><td>189.23</td></tr>
<tr><td>C11-1-1</td><td colspan="2">散热片除轻锈</td><td>10 m</td><td>6.3</td><td>15.6</td><td>3.07</td><td>0</td><td>6.56</td><td>98.28</td><td>19.34</td><td>0</td><td>41.33</td></tr>
<tr><td>C11-2-148</td><td colspan="2">管道刷红丹漆一遍</td><td>10 m</td><td>6.3</td><td>14.04</td><td>1.17</td><td>0</td><td>5.92</td><td>88.45</td><td>7.37</td><td>0</td><td>37.30</td></tr>
<tr><td>C11-2-6</td><td colspan="2">管道刷银粉漆第一遍</td><td>10 m</td><td>6.3</td><td>14.56</td><td>5.26</td><td>0</td><td>6.13</td><td>91.73</td><td>33.14</td><td>0</td><td>38.62</td></tr>
<tr><td>C11-2-7</td><td colspan="2">管道刷银粉漆第二遍</td><td>10 m</td><td>6.3</td><td>14.04</td><td>4.65</td><td>0</td><td>5.92</td><td>88.45</td><td>29.30</td><td>0</td><td>37.30</td></tr>
<tr><td rowspan="2" colspan="3">人工单价:52 元/工日</td><td colspan="6">小计</td><td>776.41</td><td>1 767.20</td><td>0</td><td>343.78</td></tr>
<tr><td colspan="6">未计价材料费</td><td colspan="4">13 545.37</td></tr>
<tr><td colspan="9">清单项目综合单价</td><td colspan="4">73.03</td></tr>
<tr><td rowspan="12">材料明细</td><td colspan="4">主要材料名称、规格、型号</td><td>单位</td><td>数量</td><td colspan="2">单价(元)</td><td>合价(元)</td><td>暂估单价(元)</td><td colspan="2">暂估合价(元)</td></tr>
<tr><td colspan="4">散热片安装其他材料费</td><td>片</td><td>225</td><td colspan="2">7.458</td><td>1 678.05</td><td></td><td colspan="2"></td></tr>
<tr><td colspan="4">散热片(有足)</td><td>m</td><td>227.25</td><td colspan="2">58.65</td><td>13 328.21</td><td></td><td colspan="2"></td></tr>
<tr><td colspan="4">管道除轻锈辅材费</td><td>m</td><td>63</td><td colspan="2">0.307</td><td>19.34</td><td></td><td colspan="2"></td></tr>
<tr><td colspan="4">管道刷红丹漆一遍辅材费</td><td>m</td><td>63</td><td colspan="2">0.117</td><td>7.37</td><td></td><td colspan="2"></td></tr>
<tr><td colspan="4">红丹漆</td><td>kg</td><td>9.26</td><td colspan="2">15</td><td>138.90</td><td></td><td colspan="2"></td></tr>
<tr><td colspan="4">管道刷银粉漆第一遍辅材费</td><td>m</td><td>63</td><td colspan="2">0.526</td><td>33.14</td><td></td><td colspan="2"></td></tr>
<tr><td colspan="4">管道刷银粉漆第二遍辅材费</td><td>m</td><td>63</td><td colspan="2">0.465</td><td>29.30</td><td></td><td colspan="2"></td></tr>
<tr><td colspan="4">银粉漆</td><td>kg</td><td>4.35</td><td colspan="2">18</td><td>78.30</td><td></td><td colspan="2"></td></tr>
<tr><td colspan="8">其他材料费</td><td></td><td></td><td colspan="2"></td></tr>
<tr><td colspan="8">材料费小计</td><td>15 312.61</td><td></td><td colspan="2"></td></tr>
<tr><td colspan="8"></td><td></td><td></td><td colspan="2"></td></tr>
</table>

<table>
<tr><td>项目编码</td><td>30803001001</td><td>项目名称</td><td colspan="6">内螺纹截止阀 DN15 铸铁</td><td colspan="3">计量单位</td><td>个</td></tr>
<tr><td colspan="13">清单综合单价组成明细</td></tr>
<tr><td rowspan="2">定额编号</td><td rowspan="2" colspan="2">定额名称</td><td rowspan="2">定额单位</td><td rowspan="2">数量</td><td colspan="4">单价(元)</td><td colspan="4">合价(元)</td></tr>
<tr><td>人工费</td><td>材料费</td><td>机械费</td><td>管理费和利润</td><td>人工费</td><td>材料费</td><td>机械费</td><td>管理费和利润</td></tr>
<tr><td>C8-2-1</td><td colspan="2">内螺纹 DN15</td><td>个</td><td>27</td><td>4.16</td><td>1.78</td><td>0</td><td>1.92</td><td>112.32</td><td>48.06</td><td>0</td><td>51.84</td></tr>
<tr><td rowspan="2" colspan="3">人工单价:52 元/工日</td><td colspan="6">小计</td><td>112.32</td><td>48.06</td><td>0</td><td>51.84</td></tr>
<tr><td colspan="6">未计价材料费</td><td colspan="4">499.04</td></tr>
<tr><td colspan="9">清单项目综合单价</td><td colspan="4">26.34</td></tr>
<tr><td rowspan="5">材料明细</td><td colspan="4">主要材料名称、规格、型号</td><td>单位</td><td>数量</td><td colspan="2">单价(元)</td><td>合价(元)</td><td>暂估单价(元)</td><td colspan="2">暂估合价(元)</td></tr>
<tr><td colspan="4">螺纹阀安装辅材费</td><td>个</td><td>27</td><td colspan="2">1.78</td><td>48.06</td><td></td><td colspan="2"></td></tr>
<tr><td colspan="4">内螺纹截止阀 DN15</td><td>个</td><td>27.27</td><td colspan="2">18.3</td><td>499.04</td><td></td><td colspan="2"></td></tr>
<tr><td colspan="8">其他材料费</td><td></td><td></td><td colspan="2"></td></tr>
<tr><td colspan="8">材料费小计</td><td>547.10</td><td></td><td colspan="2"></td></tr>
</table>

续表 4-13

<table>
<tr><td>项目编码</td><td>30804014001</td><td>项目名称</td><td colspan="6">集气罐 φ150Ⅱ型</td><td colspan="2">计量单位</td><td colspan="2">个</td></tr>
<tr><td colspan="13">清单综合单价组成明细</td></tr>
<tr><td rowspan="2">定额编号</td><td rowspan="2" colspan="2">定额名称</td><td rowspan="2">定额单位</td><td rowspan="2">数量</td><td colspan="4">单价(元)</td><td colspan="4">合价(元)</td></tr>
<tr><td>人工费</td><td>材料费</td><td>机械费</td><td>管理费和利润</td><td>人工费</td><td>材料费</td><td>机械费</td><td>管理费和利润</td></tr>
<tr><td>C6-8-57</td><td colspan="2">圆形集气罐 φ150</td><td>个</td><td>1</td><td>13.00</td><td>0</td><td>0</td><td>6.13</td><td>13.00</td><td>0</td><td>0</td><td>6.13</td></tr>
<tr><td colspan="3" rowspan="2">人工单价:52 元/工日</td><td colspan="6">小计</td><td>13.00</td><td>0</td><td>0</td><td>6.13</td></tr>
<tr><td colspan="6">未计价材料费</td><td colspan="4">1 300.00</td></tr>
<tr><td colspan="9">清单项目综合单价</td><td colspan="4">1 319.13</td></tr>
<tr><td rowspan="5">材料费明细</td><td colspan="5">主要材料名称、规格、型号</td><td>单位</td><td>数量</td><td>单价(元)</td><td>合价(元)</td><td>暂估单价(元)</td><td colspan="2">暂估合价(元)</td></tr>
<tr><td colspan="5">集气罐 φ150Ⅱ型安装辅材费</td><td>个</td><td>1</td><td>0</td><td>0</td><td></td><td colspan="2"></td></tr>
<tr><td colspan="5">集气罐 φ150Ⅱ型</td><td>个</td><td>1</td><td>1 300.00</td><td>1 300.00</td><td></td><td colspan="2"></td></tr>
<tr><td colspan="7">其他材料费</td><td>—</td><td></td><td></td><td colspan="2"></td></tr>
<tr><td colspan="7">材料费小计</td><td>—</td><td>1 300.00</td><td></td><td colspan="2"></td></tr>
</table>

<table>
<tr><td>项目编码</td><td>30802001001</td><td>项目名称</td><td colspan="6">管道支架</td><td colspan="2">计量单位</td><td colspan="2">kg</td></tr>
<tr><td colspan="13">清单综合单价组成明细</td></tr>
<tr><td rowspan="2">定额编号</td><td rowspan="2" colspan="2">定额名称</td><td rowspan="2">定额单位</td><td rowspan="2">数量</td><td colspan="4">单价(元)</td><td colspan="4">合价(元)</td></tr>
<tr><td>人工费</td><td>材料费</td><td>机械费</td><td>管理费和利润</td><td>人工费</td><td>材料费</td><td>机械费</td><td>管理费和利润</td></tr>
<tr><td>C8-1-404</td><td colspan="2">管道支架</td><td>100 kg</td><td>0.2</td><td>315.64</td><td>177.81</td><td>448.82</td><td>146.14</td><td>63.13</td><td>35.56</td><td>89.76</td><td>29.23</td></tr>
<tr><td colspan="3" rowspan="2">人工单价:52 元/工日</td><td colspan="6">小计</td><td>63.13</td><td>35.56</td><td>89.76</td><td>29.23</td></tr>
<tr><td colspan="6">未计价材料费</td><td colspan="4">101.76</td></tr>
<tr><td colspan="9">清单项目综合单价</td><td colspan="4">11.48</td></tr>
<tr><td rowspan="5">材料费明细</td><td colspan="5">主要材料名称、规格、型号</td><td>单位</td><td>数量</td><td>单价(元)</td><td>合价(元)</td><td>暂估单价(元)</td><td colspan="2">暂估合价(元)</td></tr>
<tr><td colspan="5">管道支架安装辅材费</td><td>100 kg</td><td>0.2</td><td>177.81</td><td>35.56</td><td></td><td colspan="2"></td></tr>
<tr><td colspan="5">管道支架型钢</td><td>kg</td><td>21.2</td><td>4.8</td><td>101.76</td><td></td><td colspan="2"></td></tr>
<tr><td colspan="7">其他材料费</td><td>—</td><td></td><td></td><td colspan="2"></td></tr>
<tr><td colspan="7">材料费小计</td><td>—</td><td>137.32</td><td></td><td colspan="2"></td></tr>
</table>

表 4-14　分部分项工程量清单计价

工程名称：某市第十人民医院办公楼采暖工程

序号	项目编码	项目名称	项目特征	单位	数量	金额（元）		
						综合单价	合价	其中：暂估价
1	030801001001	焊接钢管	连接方式焊接，DN50，管道除轻锈，刷红丹漆一遍、银粉漆两遍，穿墙套管 6 个	m	66.08	43.49	2 873.82	
2	030801001002	焊接钢管	连接方式焊接，DN40，管道除轻锈，刷红丹漆一遍、银粉漆两遍，穿墙套管 6 个	m	38	36.14	1 373.32	
3	030801001003	焊接钢管	连接方式焊接，DN32，管道除轻锈，刷红丹漆一遍、银粉漆两遍，穿墙套管 8 个	m	22	40.49	890.78	
4	030801001004	焊接钢管	连接方式焊接，DN25，管道除轻锈，刷红丹漆一遍、银粉漆两遍，穿墙套管 16 个	m	19.5	51.98	1 013.61	
5	030801001005	焊接钢管	连接方式焊接，DN20，管道除轻锈，刷红丹漆一遍、银粉漆两遍，穿墙套管 6 个	m	18	31.59	568.62	
6	030801001006	焊接钢管	连接方式丝接，DN15，管道除轻锈，刷银粉漆两遍	m	214.86	19.71	4 234.89	
7	030805001001	铸铁散热器	四柱散热片（有足），散热片除轻锈，刷红丹漆一遍、银粉漆两遍	片	225	73.03	16 431.75	
8	030805001002	铸铁散热器	四柱散热片（无足），散热片除轻锈，刷红丹漆一遍、银粉漆两遍	片	167	71.67	11 968.89	
9	030803001001	螺纹阀门	内螺纹截止阀 DN15 铸铁	个	27	26.34	711.18	
10	030803001002	螺纹阀门	内螺纹截止阀 DN50 铸铁	个	2	110.72	221.44	
11	030804014001	水箱安装	集气罐 ϕ150 Ⅱ型	个	1	1 319.13	1 319.13	
12	030802001001	管道支架	散热片托钩 ϕ16	kg	19.91	11.48	228.57	
13	030802001002	管道支架	管道支架∟50×5	kg	23.46	11.48	269.32	
14	030807001001	采暖工程系统调整		系统	1	418.86	418.86	
合计							42 524.18	

表 4-15 措施项目清单与计价

工程名称:某市第十人民医院办公楼采暖工程

序号	措施项目名称	计算基础	费率(%)	金额(元)
1	临时设施费	7 752.69	8	620.22
2	文明安全施工费	7 752.69	10	775.27
3	环境保护费	按工程所在地规定		620.22
4	二次搬运费	按施工方案确定		155.05
5	主体施工配合费(6 个工作日)	按施工方案确定		465.16
6	脚手架搭拆费 =(分部分项人工)×5%(其中人工占 25%)	7 752.69	5	387.63
合计				3 023.55

表 4-16 规费、税金项目清单与计价

工程名称:某市第十人民医院办公楼采暖工程　　　标段:

序号	项目名称	计算基础	费率(%)	金额(元)
1	规费			2 976.01
1.1	工程排污费	46 457.11	0.33	153.31
1.2	社会保障费	7 752.69	27.81	2 156.02
(1)	养老保险费			
(2)	失业保险费			
(3)	医疗保险费			
1.3	住房公积金	7 752.69	8	620.22
1.4	危险作业意外伤害保险			
1.5	工程定额测定费	46 457.11	0.1	46.46
2	税金	分部分项工程费+措施项目费+其他项目费+规费(49 433.11)	3.41	1 685.67
合计				4 661.67

表 4-17　单位工程招标控制价/投标报价汇总

工程名称:某市第十人民医院办公楼采暖工程　　　　标段:

序号	汇总内容	金额(元)	其中暂估价(元)
1	分部分项工程费	43 433.56	
1.1			
1.2			
1.3			
1.4			
1.5			
2	措施项目费	3 023.55	
2.1	文明安全施工费	775.27	
3	其他项目	0	
3.1	暂列金额	0	
3.2	专业工程暂估价	0	
3.3	计日工	0	
3.4	总承包服务费	0	
4	规费	2 976.01	
5	税金	1 685.67	
合计 = 1 + 2 + 3 + 4 + 5		51 118.79	

投标总价:________________

招标人:________________

工程名称:　某市第十人民医院办公楼采暖工程

投标总价(小写):　人民币 51 118.79(元)

(大写):　伍万壹仟壹佰壹拾捌元柒角玖分

投标人:________________

(单位盖章)

法定代表人

或其授权人:________________

(签字或盖章)

编制人:________________

(造价人员签字盖专用章)

编制时间:　　年　　月　　日

思考题

1. 采暖管道工程量如何计算?

2. 采暖管道如何分类? 具体如何划分? 如何使用定额?

3. 采暖系统中用于排除空气的附件及设备有哪些?

4. 管道、阀门、法兰保温工程量如何计算? 保护层的工程量如何计算?

5. 试分析给水管道和采暖管道、燃气管道、消防灭火喷淋管道、工业管道(低压)等管道,它们的试压、调试(整),安装定额是怎样划分的? 各自的不同点是什么?

项目五　燃气工程计量与计价

燃气工程施工图纸一般包括平面图、系统图、详图等部分。燃气工程施工图上一般标明管道、设备、装置、器具等的位置,管道规格,管道、设备、装置、器具等的安装方式和要求等。在施工图纸上不能表达的内容,通常在设计说明中阐明,如设计依据、质量标准、施工方法、要求等。因此,燃气工程施工图是工程量计算和工程施工的依据。

燃气工程施工图常见图例如表 5-1 所示。

表 5-1　燃气工程施工图常见图例

图例	名称	图例	名称
- - - - - - -	地下煤气管道	‖	法兰
——	地上煤气管道	|	法兰堵板
——]	管帽	[	管堵
——‖——	法兰连接管道	⊡⊡ ⊡	灶具
——+——	螺纹连接管道		凝水器
	焊接连接管道		自力式调压器
	有导管煤气管道		扁形过滤器
	丝堵		罗茨表
	活接头		皮膜表
——→	煤气气流方向		开放式弹簧安全阀

燃气工程施工图的识读如下所述。

一、平面图

底层平面图主要标明引入管位置、管径，立管位置、编号，水平干管位置、管径，支管位置、管径，燃气设备、装置、阀件位置等。标准层平面图主要标明立管位置、编号，水平干管位置、管径，支管位置、管径，燃气设备、装置、阀件位置等。

二、系统图

燃气工程系统图主要标明引入管管径、埋深，穿墙进户管标高，立管管径、阀件，水平干管管径、标高，支管管径、标高，燃气设备、装置，阀件的标高、数量等。

三、详图

燃气工程详图一般为燃气设备、装置、进户管等的安装图，标明其具体安装尺寸、安装材料、方法等详细内容。

四、设备材料表

燃气工程施工图设备材料表主要标明工程所需设备、装置、管材、阀件型号、规格、数量等。

五、工程实例

某住宅楼燃气工程。

工程概况：某住宅（1 个单元 2 户）厨房燃气工程，该房屋层高 3.0 m，砖混结构，共 5 层，墙厚 240 mm，灶台高 0.7 m，燃气管道采用镀锌焊接钢管，螺纹连接，明管安装；燃气管道穿墙、穿楼板处均应设钢套管；燃气表进口处的阀门应使用旋塞；燃气表选用 LMN_2 型家用燃气表，煤气表用角钢 ∟ 50 × 5 支架（支架 2.15 kg/个）支撑，额定流量为 1.5 m^3/h；引入管墙外三通距室外地坪为 0.7 m。该工程位于市区。

招标范围：墙外三通以内且施工图包括的工程内容。

工程质量要求：按《城镇燃气输配工程施工及验收规范》（CJJ 33—2005）、《城镇燃气室内工程施工及验收规范》（CJJ 94—2003）等相关规范和施工图纸施工，严格验收，要求达到“合格”。

包干内容：包括施工图纸上全部安装内容及设计交底内容，主要包括管道安装、阀门及管件安装、调压箱安装、管道防腐防锈等。

图纸：如图 5-1、图 5-2 所示（不含给水排水管道系统）。

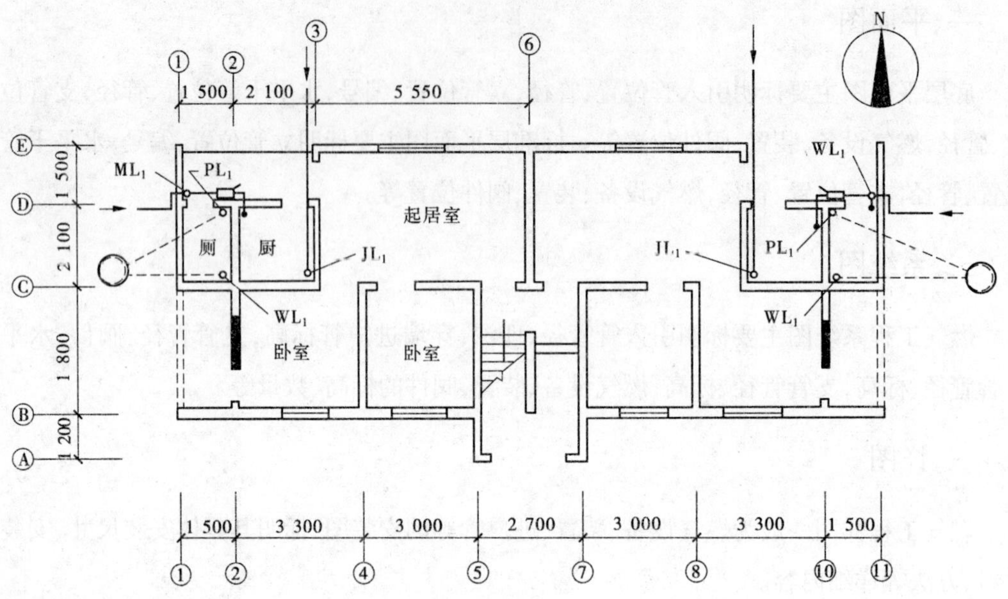

(a)某住宅一层水气平面

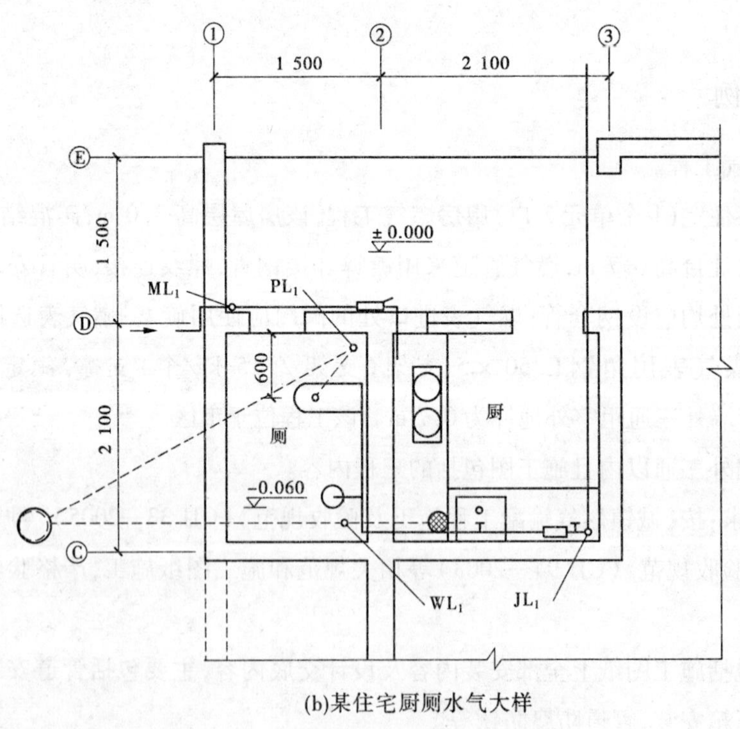

(b)某住宅厨厕水气大样

图 5-1　燃气工程平面

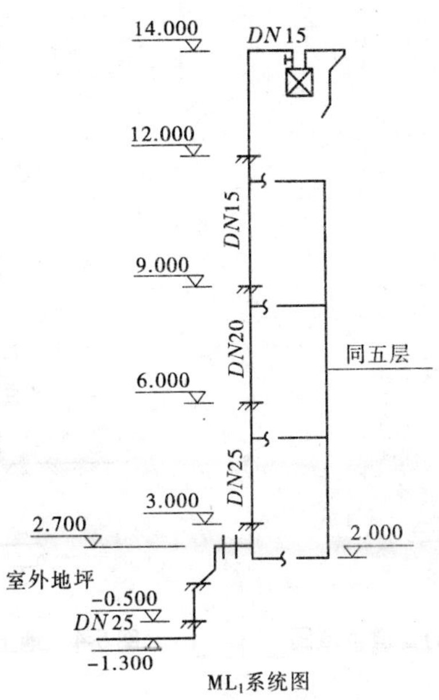

图 5-2　燃气工程系统

任务一　工程量计算

工程量计算规则及定额应用注意事项:该燃气工程计价编制的依据、步骤与电气照明、给水排水、供暖工程相同。

一、燃气管道工程量计算

燃气管道安装工程中,当项目名称分别为镀锌钢管、无缝钢管、焊接钢管、承插铸铁煤气管、燃气塑料管、钢骨架塑料复合管、橡胶连接管时,应根据项目特征(安装部位(室内、外),压力,材质,型号、规格,连接方式,接口材料,套管形式、材质、规格,金属材质、规格,管道泄漏性试验设计要求,防锈标准,刷油防腐及保护层设计要求),以"m"为计量单位,工程量按设计图示管道中心线长度以"延长米"计算,不扣除阀门、管件、燃气表组成安装等所占长度。其工作内容包括:管道、管件及弯管的制作、安装,套管(包括防水套管)制作、安装,管道除锈、刷油、防腐,管道绝缘及保护层安装、除锈、刷油,泄漏性试验,警示带、标志牌装设,金属软管安装。

燃气管道室内、外分界:地下引入室内的管道(见图 5-3)以室内第一个阀门为界,地上引入室内的管道(见图 5-4)以墙外三通为界;室外燃气管道与市政燃气管道以两者的碰头点为界。

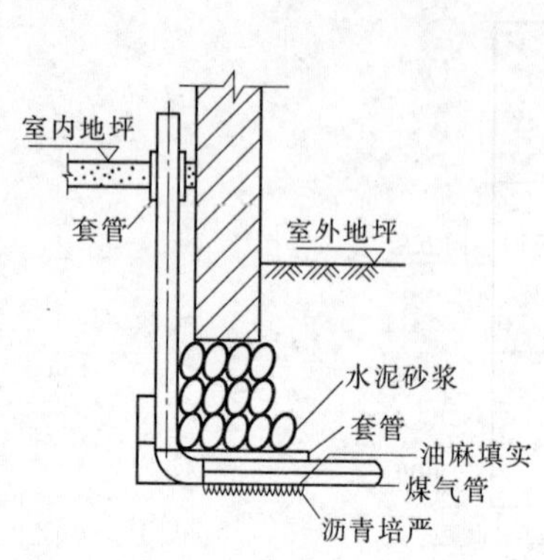

图5-3　地下引入室内的管道示意图

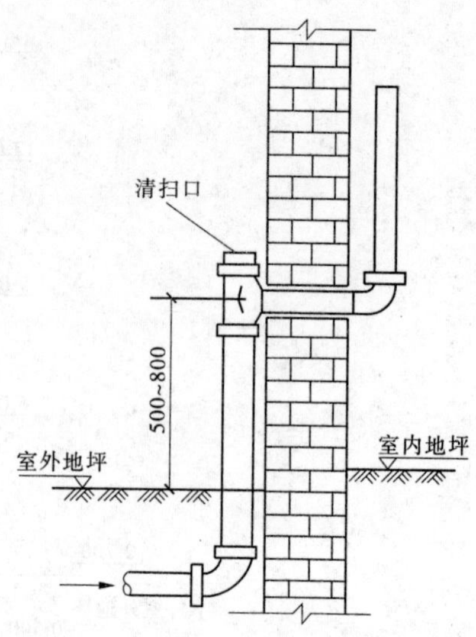

图5-4　地上引入室内的管道示意图

二、管道支架制作安装工程量计算

管道支架制作安装工程应根据项目特征(形式,除锈标准,刷油设计要求),以“kg”为计量单位,按设计图示质量计算。其工作内容包括:制作、安装,除锈、刷油。

三、管道附件工程量计算

(1)在管道附件安装工程中,当项目名称分别为螺纹阀门、螺纹法兰阀门、焊接法兰阀门、带短管甲乙的法兰阀、安全阀时,应根据项目特征(类型,材质,型号、规格),以“个”为计量单位,工程量按设计图示数量计算(包括不锈钢阀门、煤气减压阀、液相自动转换阀、过滤阀等)。其工作内容为安装。

(2)在法兰安装工程中,应根据项目特征(材质,型号、规格,连接方式),以“副”为计量单位,按设计图示数量计算。其工作内容为安装。

(3)燃气表安装应根据项目特征(公用、民用,型号、规格),以“块”为计量单位,按设计图示数量计算。其工作内容包括:安装,托架及表底基础制作、安装。

(4)燃气管道调长器安装及调长器与阀门连接,应根据项目特征(型号、规格),以“个”为计量单位,按设计图示数量计算。其工作内容分别为安装和连接。

四、燃气器具工程量计算

(1)燃气开水炉、燃气采暖炉、燃气快速热水器安装应根据项目特征(型号、规格),以“台”为计量单位,按设计图示数量计算。其工作内容为安装。

(2)沸水器安装应根据项目特征(容积式沸水器、自动沸水器、燃气消毒器,型号、规格),以“台”为计量单位,按设计图示数量计算。其工作内容为安装。

(3)燃气灶具安装应根据项目特征(民用、公用,人工煤气灶具、液化石油气灶具、天然气燃气灶具,型号、规格),以“台”为计量单位,按设计图示数量计算。其工作内容为安装。

(4)气嘴安装应根据项目特征(单嘴、双嘴,材质,型号、规格,连接方式),以“个”为计量单位,按设计图示数量计算。其工作内容为安装。

五、计算结果

工程量计算见表5-2,工程量汇总见表5-3。

表5-2 工程量计算

工程名称:某住宅燃气工程(安装工程)

序号	部位	项目名称及规格型号	计算式	单位	数量
1	ML_1系统引入管	镀锌钢管安装,丝接,DN25	0.24+(2.7+0.9-0.7)+0.24 水平段 立管段 穿墙 =3.38	m	3.38
2	立管	镀锌钢管安装,丝接,DN25	(2.0+3.0)-2.0=3.0 标高差 或者2.0+(3.0-2.0)=3.0 2层以上长度+2层以下长度	m	3.0
		镀锌钢管安装,丝接,DN20	(6.0+2.0)-(3.0+2.0)=3.0 两端标高差	m	3.0
		镀锌钢管安装,丝接,DN15	14.00-(6.0+2.0)=6.0 两端标高差	m	6.0
3	支管	镀锌钢管安装,丝接,DN15	(1.5-0.12-0.06)+(0.2+0.2) 立管至气表水平段 进出表立管+ 0.12+0.24+(2.0-0.7) 墙厚 墙厚 支管标高-灶台高 =3.38 5个支管长共:3.38×5=16.9(m)	m	16.9
4		旋塞X13W-1.0 DN15	1×5=5(1户1个) 层数	个	5
5		燃气表LMN_2型 灶具(用户自备)	1×5=5(1户1个)	台	5
6	穿墙、穿楼板处	钢套管制作安装,DN50 钢套管制作安装,DN40 钢套管制作安装,DN32	2(穿墙、穿楼板各1个) 1(穿3层楼板) 2(穿楼板)+5(支管穿墙)=7	个 个 个	2 1 7
以上合计		镀锌钢管安装,丝接,DN25 镀锌钢管安装,丝接,DN20 镀锌钢管安装,丝接,DN15 旋塞安装X13W-1.0,DN15	3.38+3=6.38 3 6.0+16.9=22.9 5	m m m 个	6.38 3 22.9 5

表 5-3 工程量汇总

工程名称:某住宅燃气工程

序号	部位	项目名称及规格型号	计算式	单位	数量
1	ML_1 系统与 ML_2 系统合计	镀锌钢管安装,丝接,*DN*25	6.38×2=12.76	m	12.76
2		镀锌钢管安装,丝接,*DN*20	3×2=6.0	m	6.0
3		镀锌钢管安装,丝接,*DN*15	22.9×2=45.8	m	45.8
4		旋塞安装 X13W-1.0,*DN*15	5×2=10	个	10.0
5		燃气表安装,LMN_2 型	5×2=10	台	10.0
6		钢套管制作安装,*DN*50	2×2=4	个	4.0
7		钢套管制作安装,*DN*40	1×2=2	个	2.0
8		钢套管制作安装,*DN*32	7×2=14	个	14.0
9		支架∟50×5	2×5×2.15=21.5	kg	21.5
10		管道除锈刷漆 *DN*25 *DN*20 *DN*15	3.14×0.032×12.76=1.29 3.14×0.025×6.0=0.47 3.14×0.020×45.8=2.88	m^2	4.64

任务二　定额计价

投标报价要求如下。

一、工程质量要求

为保证工程质量,对进场材料、成品、半成品、构配件和元件,实行先验样品后采购,并经监理确认;工程全部材料和阀门、管件等设备全由承包方采购。先由监理验样后采购,进场时先验收后入库。质量标准:严格按照国家现行的《城镇燃气输配工程施工及验收规范》(CJJ 33—2005)、《城镇燃气室内工程施工及验收规范》(CJJ 94—2003)等相关规范和施工图纸施工,质量标准合格。

二、计价规定

以 2003 版《山东省安装工程消耗量定额》为基准报价,辅材费和机械费不做调整,综合人工单价按44元/工日调整。设备安装按Ⅲ类工程，利润率采用20%；市区税金采用3.44%。

三、定额相关规定（以山东省安装消耗量定额为例）

（1）燃气管道室内、室外分界：

①地下引入室内的管道以室内第一个阀门为界，如图5-3所示；

②地上引入室内的管道以墙外三通为界，如图5-4所示；

③室外燃气管道与市政燃气管道以两者的碰头点为界。

（2）各种管道安装定额包括下列工作内容：

①场内搬运，检查清扫，管道及管件安装、分段试压与吹扫；

②碳钢管管件制作（包括机械煨弯、三通等）；

③室内管道托钩、角钢卡制作与安装；

④室外钢管（焊接）除锈及刷底漆。

（3）钢管（焊接）安装项目适用于无缝钢管和焊接钢管。

（4）使用本章定额时，下列项目应另行计算：

①阀门、法兰安装按《全国统一安装工程预算定额》第六册“工业管道工程”第六章相应项目另行计算（调长器安装、调长器与阀门联装、法兰燃气计量表除外）；

②室外管道保温、埋地管道防腐绝缘，按设计规定使用《全国统一安装工程预算定额》第十一册另行计算；

③埋地管道的土石方工程及排水工程，按建筑工程消耗量定额相应项目计算；

④非同步施工的室内管道安装的打、堵洞眼，可按相应消耗量定额另计；

⑤室外管道带气碰头；

⑥民用燃气表安装，定额内已含支（托）架制作及刷漆；公用燃气表安装，其支架或支墩按实际另计。

（5）燃气承插铸铁管的接口形式：

燃气承插铸铁管是以N1和X型接口形式编制的。如果采用N型和SMJ型接口，其人工乘以系数1.05，当安装X型*DN*400铸铁管接口时，人工乘以系数1.08，每个口增加螺栓2.06套。

（6）燃气输送压力大于0.2 MPa时，燃气承插铸铁管安装定额中人工乘以系数1.3。

（7）以下内容使用其他册相应定额：

①工业管道、生产生活共用的管道、锅炉房、泵房、站类管道以及高层建筑物内加压泵间、空调制冷房间、消防泵房的管道使用《全国统一安装工程预算定额》第六册“工业管道工程”相应项目；

②本册定额内未包括的刷油、防腐蚀、绝热工程使用《全国统一安装工程预算定额》

第十一册“刷油、防腐蚀、绝热工程”相应定额。

(8)本册定额各类管道安装项目中,均已包括相应管件安装,其管件数量系综合取定,使用时一般不做调整。

(9)遇有下列情况时,按相应定额项目调整工程量:

①设置于管道间、管廊、已封闭的地沟、吊顶内的管道系统(含阀门、法兰、支架、刷油、绝热等全部工程),定额人工乘以系数 1.3;

②超高增加消耗量:定额中操作物高度以距楼面 3.6 m 为限,当超过 3.6 m 时,其定额人工消耗量(含 3.6 m 以下)乘以表 5-4 中超高系数;

表 5-4　超高系数

操作物高(m)	≤10	≤15	≤20	>20
系数	1.10	1.15	1.20	1.40

③在洞库、暗室内施工时,其定额人工、机械的消耗量增加 15%。

(10)下列工程内容,是以相应定额消耗量为基础计价后进行测算综合取定的,其计算方法规定如下:

①高层建筑(是指高度在 6 层或 20 m 以上的工业与民用建筑)增加费可按表 5-5 计算(其中人工工资占 70%,其余为机械费)。

表 5-5　高层建筑增加费系数

层数(高度)	9 层(30 m)以下	12 层(40 m)以下	15 层(50 m)以下	18 层(60 m)以下	21 层(70 m)以下	24 层(80 m)以下	27 层(90 m)以下	30 层(100 m)以下	33 层(110 m)以下
按定额人工费的百分比(%)	17	22	25	28	32	35	40	45	50
层数(高度)	36 层(120 m)以下	39 层(130 m)以下	42 层(140 m)以下	45 层(150 m)以下	48 层(160 m)以下	51 层(170 m)以下	54 层(180 m)以下	57 层(190 m)以下	60 层(200 m)以下
按定额人工费的百分比(%)	55	58	62	66	69	72	75	78	80

②脚手架搭拆费可按定额人工费的 5% 计算,其中人工工资占 25%。

四、计算结果

单位工程费用见表 5-6,分部分项工程计价见表 5-7,单位工程人材机汇总见表 5-8,价格调整见表 5-9。

表 5-6　单位工程费用

工程名称:某住宅燃气工程(安装工程)

费用代号	费用名称	计算公式	费率(%)	费用金额(元)
F1	一、直接费	= F11 + F12		7 103.62
F11	(一)直接费工程费	= F111 + F112 + F113 + F114 + F115		6 696.01
R1	其中:人工费	= F111 + 非技术措施人工价差		1 340.81
F111	1. 人工费	= 人工费		670.4
F112	2. 材料费	= 材料费		757.08
F113	3. 机械费	= 机械费		180.53
F114	4. 价差	= 非技术措施价差		773.86
F115	5. 未计价材料	= 非技术措施项目未计价材料		4 314.14
F12	(二)措施项目费	= F121 + F122 + F123		407.61
R2	其中:人工费	= R21 + R22		110.08
F122	参照费率计取的措施费	= F1221 + F1222 + F1223 + F1224 + F1225 + F1226 + F1227 + F1228		407.61
R22	其中:人工费	= F1224 × 50% + (F1225 + F1226) × 40% + (F1221 + F1222 + F1223 + F1227) × 25%		110.08
F1221	环境保护费	= R1 × 环境保护费率	2.2	29.5
F1222	文明施工费	= R1 × 文明施工费率	4.5	60.34
F1223	临时设施费	= R1 × 临时设施费率	12	160.9

续表 5-6

费用代号	费用名称	计算公式	费率（%）	费用金额（元）
F1224	夜间施工费	= R1 × 夜间施工费费率	2.5	33.52
F1225	二次搬运费	= R1 × 二次搬运费费率	2.1	28.16
F1226	冬雨季施工增加费	= R1 × 冬雨季施工增加费费率	2.8	37.54
F1227	已完工工程及设备保护费	= R1 × 保护费费率	1.3	17.43
F1228	总承包服务费	= R1 × 总包费费率	3	40.22
F2	二、企业管理费	=（R1 + R2）× 管理费费率	42	609.37
F3	三、利润	=（R1 + R2）× 利润率	20	290.18
F4	四、规费	= F41 + F42 + F43 + F44 + F45 + F46		424.96
F41	1. 工程排污费	=（F1 + F2 + F3）× 排污费费率	0.26	20.81
F42	2. 工程定额测定费	=（F1 + F2 + F3）× 定额测定费费率	0.1	8
F43	3. 社会保障费	=（F1 + F2 + F3）× 社会保障费费率	2.6	208.08
F44	4. 住房公积金	=（F1 + F2 + F3）× 住房公积金费率	0.2	16.01
F45	5. 危险作业意外伤害保险费	=（F1 + F2 + F3）× 保险费费率	0.15	12
F46	6. 安全施工费	=（F1 + F2 + F3）× 安全施工费费率	2	160.06
F5	五、税金	=（F1 + F2 + F3 + F4）× 税率	3.44	289.93
FZ	安装工程费用合计	= F1 + F2 + F3 + F4 + F5 − F43		8 509.98

表 5-7　分部分项工程计价

工程名称:某住宅燃气工程(安装工程)

定额编号	项目名称	单位	工程量	单价(元)			合价(元)			未计价材料或设备				说明
				基价	人工费	材料费	基价	人工费	材料费	用量	单价(元)	市场价(元)	合价(元)	
给排水、采暖、燃气工程														
8－822	燃气室内镀锌钢管(螺纹连接)公称直径25 mm以内	10 m	1.28	87.86	52.95	26.41	112.46	67.78	33.8					
	主材:镀锌钢管,*DN*25	m	13.056							(10.2)		10.74	140.22	
8－821	燃气室内镀锌钢管(螺纹连接)公称直径20 mm以内	10 m	0.6	78.03	47.96	19.36	46.82	28.78	11.62					
	主材:镀锌钢管,*DN*20	m	6.12							(10.2)		7.32	44.8	
8－820	燃气室内镀锌钢管(螺纹连接)公称直径15 mm以内	10 m	5.65	77.47	47.89	18.87	437.71	270.58	106.62					
	主材:镀锌钢管 *DN*15	m	57.63							(10.2)		5.61	323.3	
8－853	民用燃气表安装 1.5 m^3/h	块	10	18.47	10.89	4.81	184.7	108.9	48.1					
	主材:燃气计量表 1.5 m^3/h	块	10							(1)		350	3 500	
	主材:燃气表接头	套	10.1							(1.01)		10	101	
给水排水、采暖、燃气工程小计		元					781.69	476.04	200.14				4 109.32	
	工业管道工程													
6－1291	低压螺纹阀门 公称直径15 mm以内	个	10	9.1	4.8	1.25	91	48	12.5					

续表 5-7

定额编号	项目名称	单位	工程量	单价(元)			合价(元)			未计价材料或设备				说明
				基价	人工费	材料费	基价	人工费	材料费	用量	单价（元）	市场价（元）	合价（元）	
	主材:低压螺纹阀门	个	10.2							(1.02)		20.08	204.82	
6-3012	一般穿墙套管制作安装 介质管公称直径 50 mm 以内	个	4	38.12	5.1	32.18	152.48	20.4	128.72					Σ材 +12.2
	一般穿墙套管制作安装 介质管公称直径 50 mm 以内	个	2	35.62	5.1	29.68	71.24	10.2	59.36					Σ材 +9.7
6-3011	一般穿墙套管制作安装 介质管公称直径 32 mm 以内	个	14	23.35	3.1	19.49	326.9	43.4	272.86					Σ材 +8.01
6-2907	管道支架制作安装 一般管架	100 kg	0.215	513.64	234.74	144.8	110.43	50.47	31.13					
工业管道工程小计		元					752.05	172.47	504.57				204.82	
刷油、防腐蚀、绝热工程														
11-1	手工除锈 管道轻锈	$10\ m^2$	0.464	10.5	7.26	3.24	4.87	3.37	1.5					
11-501	红丹环氧防锈漆、环氧磁漆 管道 底漆 两遍	$10\ m^2$	0.464	118.98	28.42	90.56	55.21	13.19	42.02					
11-57	管道刷油 银粉 第一遍	$10\ m^2$	0.464	15.83	5.85	9.98	7.35	2.71	4.63					
11-58	管道刷油 银粉 第二遍	$10\ m^2$	0.464	14.75	5.65	9.1	6.84	2.62	4.22					
刷油、防腐蚀、绝热工程小计		元					74.27	21.89	52.37					
安装工程总计		元					1 608.01	670.4	757.08				4 314.14	

表 5-8 单位工程人材机汇总

工程名称:某住宅燃气工程(安装工程)

序号	材料名称	用料范围	单位	数量	单价	合价
1	综合工日	安装工程	工日	30.473	22	670.41
2	低压螺纹阀门	安装工程	个	10.2		
3	镀锌钢管 *DN*15	安装工程	m	57.63		
4	镀锌钢管 *DN*20	安装工程	m	6.12		
5	镀锌钢管 *DN*25	安装工程	m	13.056		
6	燃气表接头	安装工程	套	10.1		
7	燃气计量表 1.5 m^3/h	安装工程	块	10		
8	套管 *DN*32	安装工程	个	14	8.01	112.14
9	套管 *DN*40	安装工程	个	2	9.7	19.4
10	套管 *DN*50	安装工程	个	4	12.2	48.8
11	型钢	安装工程	kg	32.33	2.8	90.52
12	电焊条　结 422	安装工程	kg	2.895	5.85	16.94
13	电焊条　结 422 ϕ3.2	安装工程	kg	0.791	5.85	4.64
14	清油	安装工程	kg	0.01	10.74	0.11
15	银粉	安装工程	kg	0.099	28.26	2.80
16	酚醛清漆	安装工程	kg	0.37	14.99	5.55
17	醇酸防锈漆 C53－1	安装工程	kg	0.996	17.05	16.98
18	红丹环氧防锈漆	安装工程	kg	1.842	16.53	30.45
19	黄干油	安装工程	kg	0.107	6.2	0.66
20	机油	安装工程	kg	0.549	3.1	1.7
21	汽油 60[#]～70[#]	安装工程	kg	1.757	2.69	4.73
22	丙酮	安装工程	kg	0.524	8.48	4.44
23	洗衣粉	安装工程	kg	0.151	4.96	0.75
24	氧气	安装工程	m^3	8.474	3.44	29.15
25	乙二胺	安装工程	kg	0.065	20.62	1.34
26	乙炔气	安装工程	kg	2.835	14.64	41.50
27	钢垫圈	安装工程	kg	0.112	5.31	0.59
28	精制六角螺母	安装工程	kg	0.23	7.8	1.79
29	精制六角螺栓	安装工程	kg	0.11	5.9	0.65
30	螺母	安装工程	kg	0.445	7.8	3.47
31	螺栓	安装工程	kg	0.991	5.9	5.85
32	钢锯条	安装工程	根	11.378	0.3	3.41
33	镀锌低碳钢丝 8[#]～12[#]	安装工程	kg	2.787	3.83	10.67
34	碳钢管	安装工程	kg	35.508	4.59	162.98
35	室内燃气镀锌钢管接头零件 *DN*15	安装工程	个	55.653	0.98	54.54
36	室内燃气镀锌钢管接头零件 *DN*20	安装工程	个	5.496	1.05	5.77

续表 5-8

序号	材料名称	用料范围	单位	数量	单价	合价
37	室内燃气镀锌钢管接头零件 *DN*25	安装工程	个	11.494	1.87	21.49
38	管子托钩 *DN*15	安装工程	个	22.035	0.48	10.58
39	管子托钩 *DN*20	安装工程	个	1.818	0.48	0.87
40	管子托钩 *DN*25 ~ *DN*32	安装工程	个	0.55	0.53	0.29
41	单立管卡子 *DN*25	安装工程	个	17.949	0.75	13.46
42	圆钢 ϕ(5.5 ~ 9)	安装工程	kg	3.16	2.44	7.71
43	普通钢板 δ(12 ~ 20)	安装工程	kg	0.918	2.43	2.23
44	破布	安装工程	kg	0.186	6.87	1.28
45	油麻	安装工程	kg	5.832	6.12	35.69
46	钢丝刷	安装工程	把	0.093	2.11	0.2
47	尼龙砂轮片 ϕ100	安装工程	片	0.01	2.98	0.03
48	尼龙砂轮片 ϕ400	安装工程	片	0.168	11.8	1.98
49	尼龙砂轮片 ϕ500	安装工程	片	0.252	13.57	3.42
50	铁砂布 $0^{\#}$ ~ $2^{\#}$	安装工程	张	3.48	0.96	3.34
51	其他材料费占辅材费	安装工程	%	210.117	0	
52	普通硅酸盐水泥 32.5 MPa	安装工程	kg	28.133	0.28	7.88
53	河砂	安装工程	m^3	0.075	38	2.85
54	聚四氟乙烯带 0.1 × 30	安装工程	m	4.02	0.29	1.17
55	聚四氟乙烯生料带	安装工程	m	25.986	0.19	4.94
56	橡胶板 δ1 ~ 3	安装工程	kg	0.05	8.71	0.44
57	石棉橡胶板 低中压 δ(0.8 ~ 6)	安装工程	kg	0.211	8.1	1.71
58	电动空气压缩机 6 m^3/min	安装工程	台班	0.196	233.86	45.84
59	电焊条烘干箱 600 × 500 × 750	安装工程	台班	0.053	24.75	1.31
60	鼓风机 18 m^3/min	安装工程	台班	0.022	177.32	3.9
61	汽车式起重机 16 t	安装工程	台班	0.002	709.47	1.42
62	立式钻床 25 mm	安装工程	台班	0.196	10.34	2.03
63	普通车床 630 × 2 000	安装工程	台班	0.022	88.43	1.95
64	砂轮切割机 ϕ400	安装工程	台班	0.103	42.48	4.38
65	砂轮切割机 ϕ500	安装工程	台班	0.064	42.48	2.72
66	台式钻床 16 mm	安装工程	台班	0.05	7.17	0.36
67	套丝机	安装工程	台班	0.026	22.03	0.57
68	弯管机 ϕ108	安装工程	台班	0.25	76.92	19.23
69	试压泵 60 MPa	安装工程	台班	0.14	61.64	8.63
70	电焊机 综合	安装工程	台班	0.876	76.47	66.99
71	直流弧焊机 20 kW	安装工程	台班	0.3	71.47	21.44

表 5-9　价格调整

工程名称:某住宅燃气工程(安装工程)

序号	材料名称	单位	数量	单价	调整价	单价差	价差合计
1	综合工日	工日	30.473	22	44	22	670.41
2	低压螺纹阀门	个	10.2		20.08	20.08	204.82
3	镀锌钢管 *DN*15	m	57.63		5.61	5.61	323.3
4	镀锌钢管 *DN*20	m	6.12		7.32	7.32	44.8
5	镀锌钢管 *DN*25	m	13.056		10.74	10.74	140.22
6	燃气表接头	套	10.1		10	10	101
7	燃气计量表 1.5 m^3/h	块	10		350	350	3 500
8	套管 *DN*32	个	14	8.01	8.01	0	0
9	套管 *DN*40	个	2	9.7	9.7	0	0
10	套管 *DN*50	个	4	12.2	12.2	0	0
11	型钢	kg	22.79	2.8	6	3.2	72.93
12	型钢	kg	9.54	2.8	6	3.2	30.53
总计							5 088.01

任务三　清单编制与计价

根据《建设工程工程量清单计价规范》(GB 50500—2008)附录 C.8“给排水、采暖、燃气工程”,编制工程量清单时,应明确描述这些特征,以便计价。

有关问题的说明:本节分项工程项目,工程内容凡涉及管沟及井类的土石方开挖、垫层、基础、砌筑、抹灰、地井盖板预制安装、回填、运输,路面开挖及修复、管道支墩等,应按《建设工程工程量清单计价规范》(GB 50500—2008)附录 A、附录 D 相关项目编码列项。

一、管道安装部分的清单设置

给水排水、采暖、燃气管道工程量清单项目设置及工程量计算规则应按表 5-10 的规定执行。

表 5-10　给水排水、采暖、燃气管道工程量清单项目设置及工程量计算规则(编码:030801)

项目编码	项目名称	项目特征	计量单位	工程量计算规则	工程内容
030801001	镀锌钢管	1. 安装部位(室内、室外) 2. 输送介质(给水、排水、热媒体、燃气、雨水) 3. 材质 4. 型号、规格 5. 连接方式 6. 套管形式、材质、规格 7. 接口材料 8. 除锈、刷油、防腐、绝热及保护层设计要求	m	按设计图示管道中心线长度以"延长米"计算,不扣除阀门、管件(包括减压器、疏水器、水表、伸缩器等组成安装)及各种井类所占的长度;方形补偿器以其所占长度按管道安装工程量计算	1. 管道、管件及弯管的制作、安装 2. 按件安装(指铜管管件、不锈钢管管件) 3. 套管(包括防水套管)制作、安装 4. 管道除锈、刷油、防腐 5. 管道绝热及保护层安装、除锈、刷油 6. 给水管道消毒、冲洗 7. 水压及汇漏试验
030801002	钢管				
030801003	承插铸铁管				
030801004	柔性抗震铸铁管				
030801005	塑料管(UPVC、PVC、PP-C、PP-R、EP 管等)				
030801006	橡胶连接管				
030801007	塑料复合管				
030801008	钢骨架塑料复合管				
030801009	不锈钢管				
030801010	铜管				
030801011	承插罐瓦管				
030801012	承插水泥管				
030801013	承插陶土管				

二、管道支架制作、安装

管道支架制作、安装工程量清单项目设置及工程量计算规则应按表 5-11 的规定执行。

表 5-11　管道支架制作、安装工程量清单项目设置及工程量计算规则(编码:030802)

项目编码	项目名称	项目特征	计量单位	工程量计算规则	工程内容
030802001	管道支架制作、安装	1. 形式 2. 除锈、刷油设计要求	kg	按设计图示质量计算	1. 制作、安装 2. 除锈、刷油

三、管道附件

管道附件工程量清单项目设置及工程量计算规则应按表 5-12 的规定执行。

表 5-12　管道附件工程量清单项目设置及工程量计算规则(编码:030803)

项目编码	项目名称	项目特征	计量单位	工程量计算规则	工程内容
030803001	螺纹阀门	1. 类型 2. 材质 3. 型号、规格	个	按设计图示数量计算(包括浮球阀、手动排气阀、液压式水位控制阀、不锈钢阀门、煤气减压阀、液相自动转换阀、过滤阀等)	安装
030803002	螺纹法兰阀门				
030803003	焊接法兰阀门				
030803004	带短管甲乙的法兰阀				
030803005	自动排气阀				
030803006	安全阀				
030803007	减压器	1. 材质 2. 型号、规格 3. 连接方式	组		
030803008	疏水器				
030803009	法兰		副		
030803010	水表		组	按设计图示数量计算	
030803011	燃气表	1. 公用、民用、工业用 2. 型号、规格	块		1. 安装 2. 托架及表底基础制作、安装
030803012	塑料排水管消声器	型号、规格	个		安装
030803013	伸缩器	1. 类型 2. 材质 3. 型号、规格 4. 连接方式		按设计图示数量计算(方形伸缩器的两臂,按臂长的2倍合并在管道安装长度内计算)	
030803014	浮标液面计	型号、规格	组	按设计图示数量计算	
030803015	浮漂水位标尺	1. 用途 2. 型号、规格	套		
030803016	抽水	1. 材质 2. 型号、规格	个		
030803017	燃气管道调长器	型号、规格			
030803018	调长器与阀门连接				

四、燃气器具

燃气器具工程量清单项目设置及工程量计算规则应按表 5-13 的规定执行。

表 5-13　燃气器具工程量清单项目设置及工程量计算规则(编码:030806)

项目编码	项目名称	项目特征	计量单位	工程量计算规则	工程内容
030806001	燃气开水炉	型号、规格	台	按设计图示数量计算	安装
030806002	燃气采暖炉				
030806003	沸水器	1. 容积式沸水器、自动沸水器、烯气消毒器 2. 型号、规格			
030806004	燃气快速热水器	型号、规格			
030806005	气灶具	1. 民用、公用 2. 人工煤气灶具、液化石油气灶具、天然气燃气灶具 3. 型号、规格			
030806006	气嘴	1. 单嘴、双嘴 2. 材质 3. 型号、规格 4. 连接方式	个		

五、清单编制

分部分项工程量清单见表 5-14。

表 5-14　分部分项工程量清单

工程名称:某住宅燃气工程(安装工程)

序号	项目编码	项目名称	项目特征	单位	数量
1	030801001001	镀锌钢管	连接方式丝接,*DN*25,管道刷银粉漆两遍,穿墙套管 4 个	m	12.8
2	030801001002	镀锌钢管	连接方式丝接,*DN*20,管道刷银粉漆两遍,穿墙套管 2 个	m	6.0
3	030801001003	镀锌钢管	连接方式丝接,*DN*15,管道刷银粉漆两遍,穿墙套管 14 个	m	45.8
4	030802001001	管道支架	管道支架∟50×5	kg	21.50
5	030803001001	螺纹阀门	旋塞,X13W-1.0,*DN*15 铜制	个	10
6	030803011001	燃气表	民用,燃气表 LMN_2 型,1.5 m^3/h	台	10

六、通用措施项目一览

通用措施项目一览见表 5-15。

表 5-15　通用措施项目一览

序号	项目名称
1	安全文明施工（含环境保护、文明施工、安全施工、临时设施）
2	夜间施工
3	二次搬运
4	冬雨季施工
5	大型机械设备进出场及安装与拆卸
6	施工排水
7	施工降水
8	地上、地下设施，建筑物的临时保护设施
9	已完工程及设备保护

七、工程量清单计价的计算程序

工程量清单计价的计算程序见表 5-16。

表 5-16　工程量清单计价的计算程序

序号	费用项目名称	计算方法
	分部分项工程费合价	$\sum_{i=1}^{n} J_i \times L_i$
	分部分项工程费综合单价（J_i）	1 +2 +3 +4 +5
	1. 人工费	清单项目每计量单位∑（工日消耗量×人工单价）
	1′. 省价人工费	清单项目每计量单位∑（工日消耗量×省价目表单价）
	2. 材料费	清单项目每计量单位∑（材料消耗量×材料单价）
	2′. 材料费	清单项目每计量单位∑（材料消耗量×省价材料单价）
	3. 施工机械使用费	清单项目每计量单位∑（施工机械台班消耗量×机械台班单价）
	3′. 施工机械使用费	清单项目每计量单位∑（施工机械台班消耗量×省价机械台班单价）
	4. 企业管理费	1′×企业管理费费率
	5. 利润	1′×利润率
	分部分项工程量（L_i）	按工程量清单数量计算

续表 5-16

序号	费用项目名称	计算方法
二	措施项目费	6 + 7 + 8 + 9
	6. 环境保护费	方法一:分部分项工程省价人工费合计 ×[措施费费率 + 措施费费率 × 其中人工含量比例 ×(企业管理费费率 + 利润率)] 方法二:措施费基价 + 按省价计算的措施项目人工费 ×(企业管理费费率 + 利润率)
	7. 文明施工费	
	8. 临时设施费	
	9. 其他措施费	
三	其他项目费	(一) +(二)
	(一)招标人部分	10 + 11 + 12
	10. 预留金	由招标人根据拟建工程实际计列
	11. 材料购置费	由招标人根据拟建工程实际计列
	12. 其他	由招标人根据拟建工程实际计列
	(二)投标人部分	13 + 14 + 15
	13. 总承包服务费	由投标人根据拟建工程需要或参照省发布费率计列
	14. 零星工作项目费(按零星工作清单数量计列)	零星工作人工费 + 材料费 + 机械使用费 + 按省价计算的零星工作人工费 ×(管理费费率 + 利润率)
	15. 其他	由投标人根据拟建工程实际计列
四	规费	16 + 17 + 18 + 19 + 20 + 21
	16. 工程排污费	按各市相关规定计算
	17. 工程定额测定费	(一 + 二 + 三) × 各市规定费率
	18. 社会保障费	(一 + 二 + 三) × 省统一费率
	19. 住房公积金	按各市相关规定计算
	20. 危险作业意外伤害费	按各市相关规定计算
	21. 安全施工费	按各市工程造价管理机构规定计算
五	税金	(一 + 二 + 三 + 四) × 税率
六	安装工程费用合计	一 + 二 + 三 + 四 − 18 + 五

八、综合单价计算

分部分项工程量清单综合单价分析见表 5-17,分部分项工程量清单计价见表 5-18,措施项目分析见表 5-19,措施项目清单计价见表 5-20,单位工程费汇总见表 5-21。

表 5-17　分部分项工程量清单综合单价分析

工程名称：某住宅燃气工程

序号	项目编码	项目名称	工程内容			综合单价组成(元)					
			定额号	工程名称	工程量	人工费	材料费	机械使用费	管理费	利润	小计
1	030801001001	镀锌钢管 1. 安装部位：(室内、室外) 2. 输送介质：燃气 3. 规格：*DN*25 4. 连接方式：丝接，管道除轻锈，刷红丹漆底漆两遍、银粉漆两遍	8－822	燃气室内镀锌钢管(螺纹连接)，公称直径 25 mm 以内	12.80 m	6.74	3.53	0.94	2.83	1.35	15.39
			主材－195	镀锌钢管 *DN*25	13.056 m		10.95				10.95
			小计			6.74	14.48	0.94	2.83	1.35	26.34
2	030801001002	镀锌钢管 1. 安装部位：(室内、室外) 2. 输送介质：燃气 3. 规格：*DN*20 4. 连接方式：丝接，管道除轻锈，刷红丹漆底漆两遍、银粉漆两遍	8－821	燃气室内镀锌钢管(螺纹连接)，公称直径 20 mm 以内	6.00 m	6.10	2.54	1.07	2.56	1.22	13.49
			主材－660	镀锌钢管 *DN*20	6.12 m		7.47				7.47
			小计			6.10	10.01	1.07	2.56	1.22	20.96

续表 5-17

序号	项目编码	项目名称	工程内容			综合单价组成(元)					
			定额号	工程名称	工程量	人工费	材料费	机械使用费	管理费	利润	小计
3	030801001003	镀锌钢管 1. 安装部位:(室内、室外) 2. 输送介质:燃气 3. 规格:*DN*15 4. 连接方式:丝接,管道除轻锈,刷红丹漆底漆两遍、银粉漆两遍	8-820	燃气室内镀锌钢管(螺纹连接),公称直径 15 mm 以内	56.50 m	6.10	2.47	1.07	2.56	1.22	13.42
			主材-659	镀锌钢管 *DN*15	57.63 m		5.72				5.72
			11-1	手工除锈 管道轻锈	4.64 m^2	0.08	0.03		0.03	0.02	0.16
			11-501	红丹环氧防锈漆、环氧磁漆 管道 底漆 两遍	4.64 m^2	0.30	0.67		0.12	0.06	1.15
			11-57	管道刷油,银粉漆第一遍	4.64 m^2	0.06	0.09		0.03	0.01	0.19
			11-58	管道刷油,银粉第二遍	4.64 m^2	0.06	0.09		0.02	0.01	0.18
			小计			6.60	9.07	1.07	2.76	1.32	20.82
4	040503001001	阀门安装 1. 公称直径:15 mm 2. 阀门类型:旋塞阀门 X13W-1.0	6-1291	低压螺纹阀门,公称直径 15 mm 以内	10.00 个	6.10	1.59	3.66			11.35
			主材-530B1	低压螺纹阀门 *DN*15	10.20 个		20.48				20.48
			小计			6.10	22.07	3.66	0	0	31.83
5	030803011001	燃气表 1. 民用或公用(含工业用) 2. 型号、规格:LMN_2 型 1.5 m^3/h 3. 连接方式:	8-853	民用燃气表安装 1.5 m^3/h	10.00 块	13.86	5.72	3.39	5.82	2.77	31.56
			主材-1044	燃气表接头	10.10 套		10.10				10.10
			主材-1046	燃气计量表 1.5 m^3/h	10.00 块		350.00				350.00
			小计			13.86	365.82	3.39	5.82	2.77	391.66

续表 5-17

序号	项目编码	项目名称	工程内容			综合单价组成(元)					
			定额号	工程名称	工程量	人工费	材料费	机械使用费	管理费	利润	小计
6	030203012001	穿墙套管 1. 输送介质: 2. 管材材质:钢套管 3. 管材规格:*DN*50 4. 接口形式:	6-3012	一般穿墙套管制作安装 介质管道公称直径50 mm以内	4.00个	6.50	21.47	1.04	2.73	1.30	33.04
			小计			6.50	21.47	1.04	2.73	1.30	33.04
7	030203012002	穿墙套管 1. 输送介质: 2. 管材材质:钢套管 3. 管材规格:*DN*40 4. 接口形式:	6-3012	一般穿墙套管制作安装 介质管道公称直径50 mm以内	2.00个	6.50	21.47	1.04	2.73	1.30	33.04
			小计			6.50	21.47	1.04	2.73	1.30	33.04
8	030203012003	穿墙套管 1. 输送介质: 2. 管材材质:钢套管 3. 管材规格:*DN*32 4. 接口形式:	6-3011	一般穿墙套管制作安装 介质管道公称直径32 mm以内	14.00个	3.95	12.57	0.95	1.66	0.79	19.92
			小计			3.95	12.57	0.95	1.66	0.79	19.92
9	030802001001	管道支架制作安装	6-2907	管道支架制作安装 一般管架	21.50 kg	2.99	1.35	1.85	1.25	0.60	8.04
			主材-53	型钢	22.79 kg		2.97				2.97
			小计			2.99	4.32	1.85	1.25	0.60	11.01

表 5-18 分部分项工程量清单计价

工程名称:某住宅燃气工程(安装工程)

序号	项目编码	项目名称	计量单位	工程数量	金额(元)	
					综合单价	合价
1	030801001001	镀锌钢管 1. 安装部位(室内、室外): 2. 输送介质:燃气 3. 规格:*DN*25 4. 连接方式:丝接,管道除轻锈,刷红丹漆底漆两遍、银粉漆两遍	m	12.8	26.34	337.15
2	030801001002	镀锌钢管 1. 安装部位(室内、室外): 2. 输送介质:燃气 3. 规格:*DN*20 4. 连接方式:丝接,管道除轻锈,刷红丹漆底漆两遍、银粉漆两遍	m	6	20.96	125.76
3	030801001003	镀锌钢管 1. 安装部位(室内、室外) 2. 输送介质:燃气 3. 规格:*DN*15 4. 连接方式:丝接,管道除轻锈,刷红丹漆底漆两遍、银粉漆两遍	m	56.5	20.82	1 176.33
4	040503001001	阀门安装 1. 公称直径:15 mm 2. 阀门类型:旋塞阀门 X13W-1.0	个	10	31.83	318.3
5	030803011001	燃气表 1. 民用或公用(含工业用) 2. 型号、规格:LMN_2 型 1.5 m^3/h 3. 连接方式:	块	10	391.66	3 916.6
6	030203012001	穿墙套管 1. 输送介质: 2. 管材材质:钢套管 3. 管材规格:*DN*50 4. 接口形式:	个	4	33.04	132.16
7	030203012002	穿墙套管 1. 输送介质: 2. 管材材质:钢套管 3. 管材规格:*DN*40 4. 接口形式:	个	2	33.04	66.08
8	030203012003	穿墙套管 1. 输送介质: 2. 管材材质:钢套管 3. 管材规格:*DN*32 4. 接口形式:	个	14	19.92	278.88
9	030802001001	管道支架制作安装	kg	21.5	11.01	236.72
	合计					6 586.86

表 5-19 措施项目分析

工程名称:某住宅燃气工程(安装工程)

序号	项目名称	单位	数量	金额(元)				
				人材机	取费基础(%)	管理费	利润	小计
1	脚手架	项	1.00					
2	大型机械设备进出场及安拆	项	1.00					
3	施工排水、降水	项	1.00					
4	临时设施	项	1.00	853.32	12	10.75	5.12	118.27
5	文明施工	项	1.00	853.32	4.5	4.03	1.92	44.35
6	二次搬运	项	1.00	853.32	2.1	3.01	1.43	22.36
7	已完工程及设备保护	项	1.00	853.32	1.3	1.16	0.55	12.80
8	环境保护	项	1.00	853.32	2.2	1.97	0.94	21.68
9	夜间施工	项	1.00	853.32	2.5	4.48	2.13	27.94
10	冬、雨季施工	项	1.00	853.32	2.8	4.02	1.91	29.82
11	组装平台	项	1.00					
12	设备、管道施工安全、防冻和焊接保护措施	项	1.00					
13	压力容器和高压管道的检验	项	1.00					
14	焦炉施工大棚	项	1.00					
15	焦炉烘炉、热态工程	项	1.00					
16	管道安装后的充气保护	项	1.00					
17	隧道内施工的通风、供水、供电、照明及通信设施	项	1.00					
18	格架式抱杆	项	1.00					

表 5-20 措施项目清单计价

工程名称:某住宅燃气工程(安装工程)

序号	项目名称	金额(元)
1	脚手架	
2	大型机械设备进出场及安拆	
3	施工排水、降水	
4	临时设施	118.27
5	文明施工	44.35
6	二次搬运	22.36
7	已完工程及设备保护	12.80
8	环境保护	21.68
9	夜间施工	27.94
10	冬、雨季施工	29.82

续表 5-20

序号	项目名称	金额(元)
11	组装平台	
12	设备、管道施工安全、防冻和焊接保护措施	
13	压力容器和高压管道的检验	
14	焦炉施工大棚	
15	焦炉烘炉、热态工程	
16	管道安装后的充气保护	
17	隧道内施工的通风、供水、供电、照明及通信设施	
18	格架式抱杆	
	合计	277.22

表 5-21 单位工程费汇总

工程名称:某住宅燃气工程(安装工程)

序号	费用名称	取费内容	计算公式	费率(%)	金额
1	分部分项工程量清单计价合计				6 587.55
2	措施项目清单计价合计				277.22
3	其他项目清单计价合计				
4	费前合计	分部分项 + 措施项 + 其他项目	6 587.55 + 277.22		6 864.77
5	规费	(1) + (2) + (3) + (4) + (5) + (6)	17.85 + 6.86 + 1.85 + 10.30 + 137.30 + 178.48		352.64
6	(1)工程排污费		6 864.77	0.26	17.85
7	(2)工程定额测定费		6 864.77	0.1	6.86
8	(3)住房公积金		925.00	0.2	1.85
9	(4)危险作业意外伤害保险费		6 864.77	0.15	10.30
10	(5)安全施工费		6 864.77	2	137.30
11	(6)社会保障费		6 864.77	2.6	178.48
12	税金		6 864.77 + 352.64	3.41	246.11
13	扣社会保障费		6 864.77	−2.6	−178.48
14	总价	费前合计 + 规费 + 税金 − 社会保障费	6 864.77 + 352.64 + 246.11 − 178.48		7 285.04
	合计				7 285.04

投 标 总 价

招　标　人：××××

工 程 名 称：某住宅燃气工程

投标总价(小写)：人民币 7 285.04(元)

(大写)：柒仟贰佰捌拾伍元零角肆分

投　标　人：

(单位盖章)

法定代表人

或其授权人：

(签字或盖章)

编　制　人：

(造价人员签字盖专用章)

编 制 时 间：　年　月　日

思考题

1. 简述燃气工程图纸的组成。

2. 简述燃气管道工程量如何计算。

3. 室内、外管道如何分界?

4. 燃气工程的管道附件有哪些?

5. 简述燃气工程的定额计价和清单计价程序有何不同。

6. 简述燃气工程的高层建筑增加费、操作高度增加费、脚手架搭拆费如何计算。

7. 综合训练:工程概况:图 5-5 和图 5-6 为某住宅室内燃气工程图。燃气为天然气,燃气管道均采用镀锌钢管,螺纹连接,管道穿楼板、穿墙时设一般钢套管。阀门均采用 X13W－1.0 型,煤气表用角钢∟30×3 支架支撑,额定煤气用量为 2.0 m^3/h。每户装 JZ 双眼灶台 1 个。住宅层高为 2.8 m。

要求:

(1)按照学生所在地区的安装工程消耗量定额的有关内容,计算工程量。

(2)套用安装工程价目表,计算直接工程费。(本题不计刷油、保温等项目)

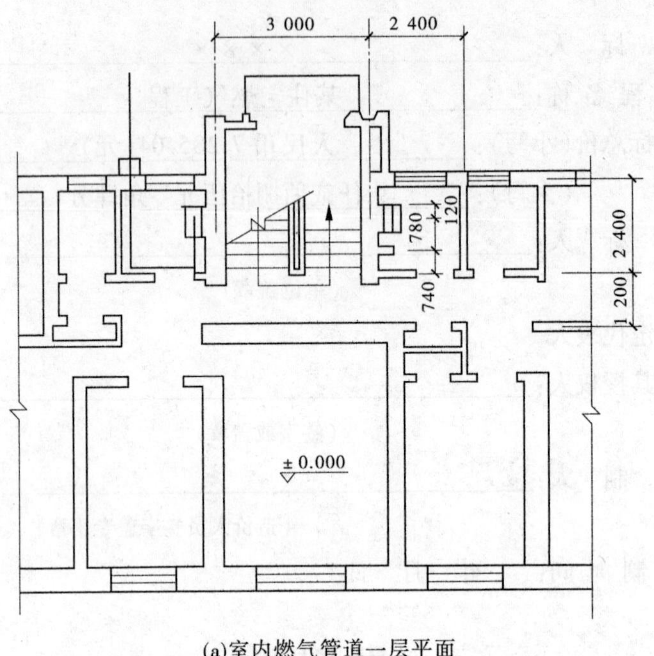

(a)室内燃气管道一层平面

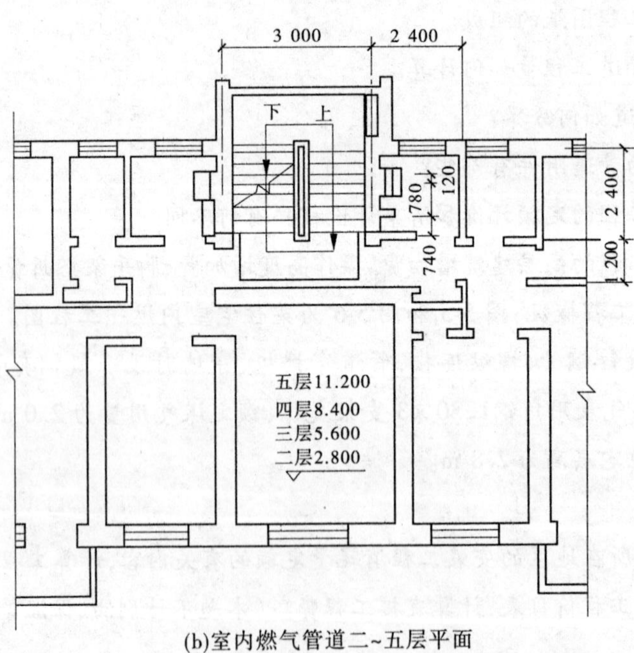

(b)室内燃气管道二~五层平面

图 5-5　室内燃气管道平面

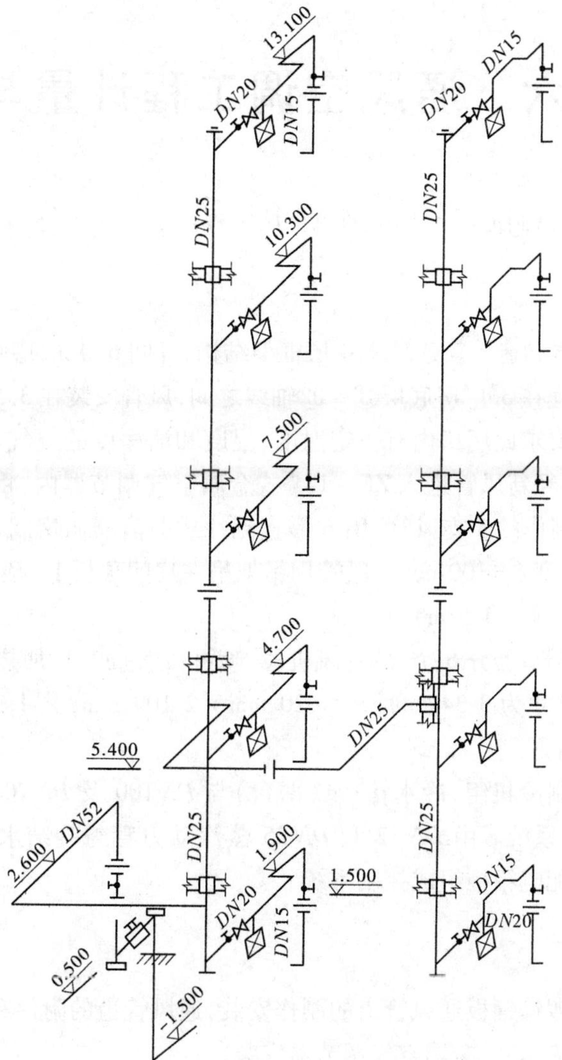

图 5-6　某住宅室内燃气管道系统

项目六　通风空调工程计量与计价

工程实例:某机器制造厂 $3^{\#}$厂房通风空调工程。

一、工程概况

$3^{\#}$厂房为某机器制造厂新建现浇 4 层框架结构,开间 6.0 m,层高 5.2 m。

本通风空调工程在 $3^{\#}$厂房底层⑧ ~ ⑫轴线之间,风管安装在 3.5 m 高的吊顶内。

产品生产工艺要求此厂房内有一定温度、湿度和洁净度的空气。通风空调系统由新风口吸入新鲜空气,经新风管进入 ZK－1 叠式金属空气调节器内,将空气处理后,经由镀锌钢板($\delta = 1$ mm)制作的 5 支风管,用方形直流片式散流器向房间均匀送风。风管用铝箔玻璃棉毡绝热,厚度 $\delta = 100$ mm。风管用吊架吊在房间顶板上(顶板底高 5.0 m),并安装在房间吊顶内(吊顶高 3.5 m)。

叠式金属空气调节器分 6 个段室:风机段、喷淋段、过滤段、加热段、空气冷处理段和中间段等,其外形尺寸为 3 342 mm × 1 620 mm × 2 109 mm,共 1 200 kg。其供风量为 8 000 ~ 12 000 m^3/h。

由 FJZ－30 型制冷机组、冷水箱、泵(两台)与 *DN*100 及 *DN*70 的冷水管、回水管相连,组成供应冷冻水系统。由 *DN*32 和 *DN*25 蒸汽动力管与凝结水管相连,组成供热系统。由配管、配线、配电箱柜组成控制系统。

二、发包范围

本工程只发包镀锌钢板通风管道的制作安装,通风管道的附件和阀件的制作安装,管道铝箔玻璃棉毡绝热,叠式金属空气调节器安装。

冷水机组,供冷、供热管网系统,配电及控制系统的安装另行发包。

三、报价要求

主材按造价部门公布的当期指导价计算或者自行询价报价,结算时人工和主材发生的价差,在 +5% ~ －5% 以内不做调整。

叠式金属空气调节器设备由发包方采购,并运送至承包方安装现场内或承包方指定点。通风管道主材、管道部件由承包方采购。

四、图纸

图 6-1 为通风工程平面及 1—1 剖面,图 6-2 为通风工程剖面,图 6-3 为通风工程系统。

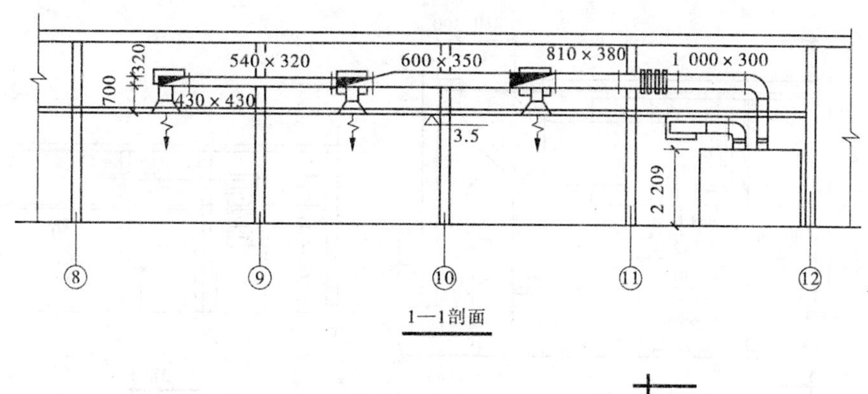

1—1剖面

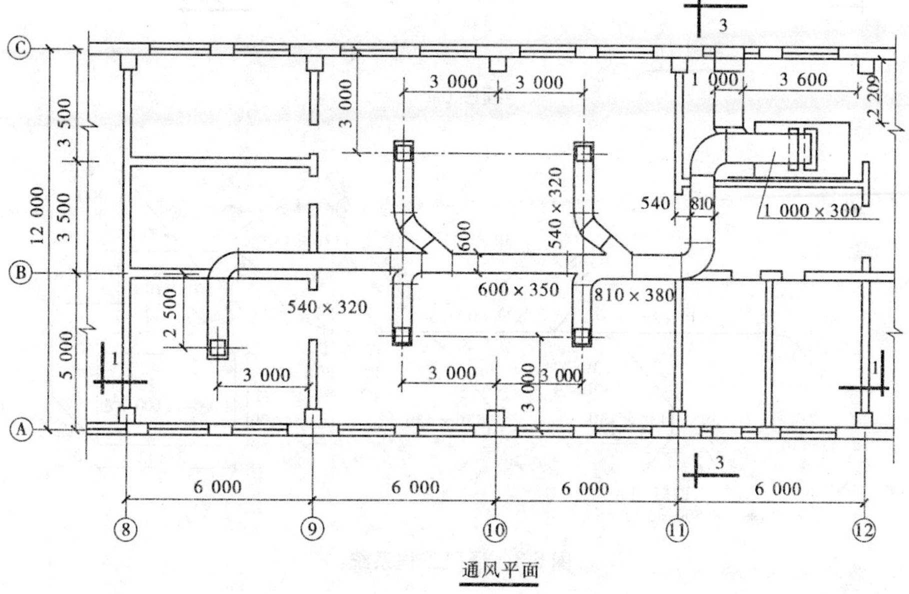

通风平面

图 6-1 通风工程平面及剖面

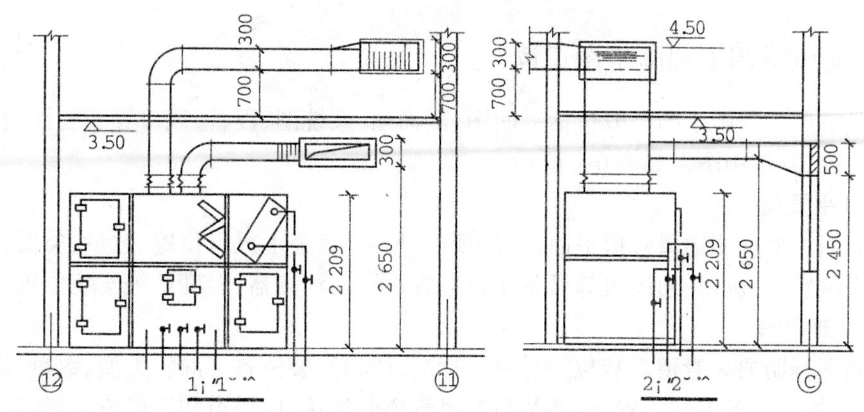

图 6-2 通风工程剖面

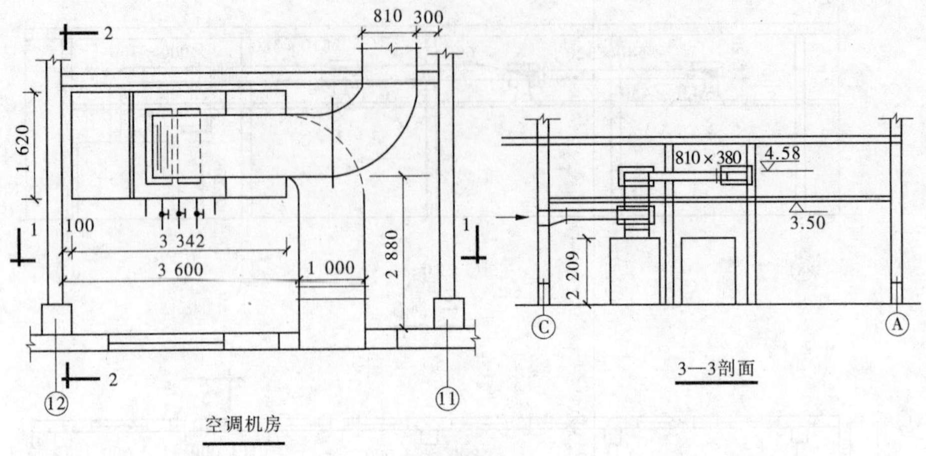

续图 6-2

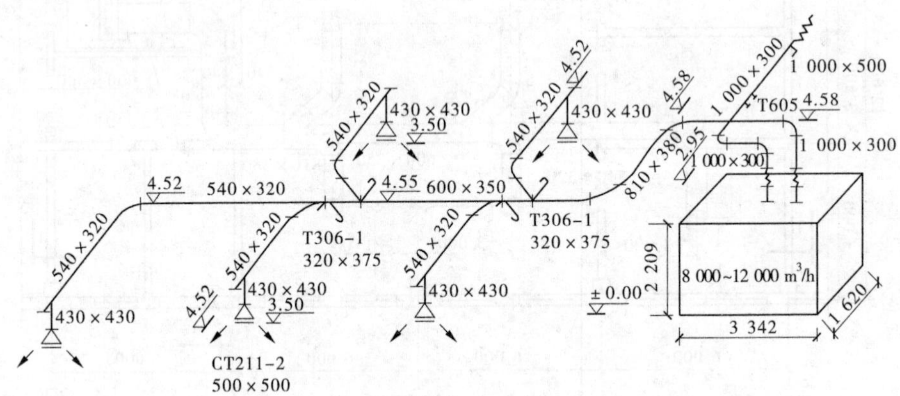

图 6-3 通风工程系统

任务一 工程量计算

一、通风空调工程施工图识读

通风空调工程施工图一般包括平面图、剖面图、系统图、设备、风口等安装详图和设计说明等内容，其常用图例如表 6-1 所示。

（一）平面图

平面图主要标明通风管道平面位置、规格、尺寸，管道上风口位置、数量、类型，回风道和送风道位置，空调机、通风机等设备布置位置、类型，消声器、温度计等安装位置。

（二）剖面图

剖面图标明通风管道安装位置、规格、标高，风口安装位置、标高、类型、数量、规格，空调机、通风机等设备安装位置、标高及与通风管道的连接，回风道和送风道位置等。

（三）系统图

系统图标明通风支管安装标高、走向、规格、数量，通风立管规格及出屋面高度等，风机规格、类型、安装方式等。

表 6-1　通风工程施工图常用图例

图例	名称	图例	名称
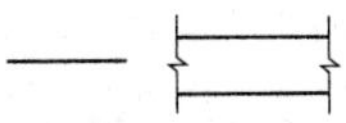	风管	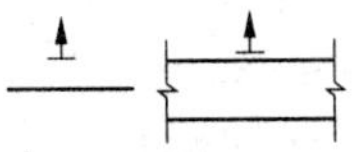	送风口
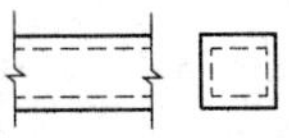	砖、混凝土风道	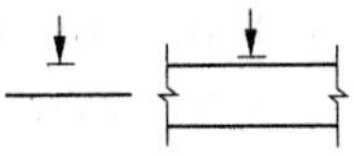	回风口
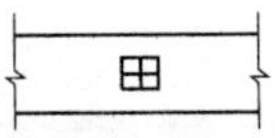	风管检查孔		百叶窗
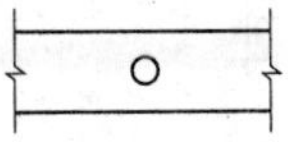	风管测定孔	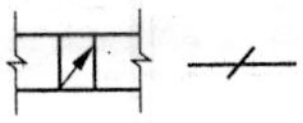	蝶阀
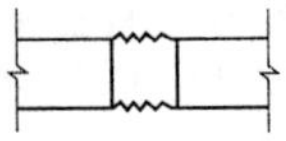	柔性接头	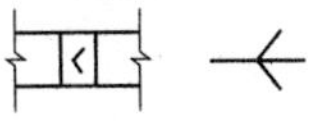	风管止回阀
	伞形风帽		通风空调设备
	筒形风帽		风机

(四)详图

通风空调工程详图包括风口大样图，通风机减震台座平面图、剖面图等。

风口大样图主要标明风口尺寸、安装尺寸、边框材质、固定方式、固定材料、调节板位置、调节间距等。

通风机减震台座平面图标明台座材料类型、规格、布置尺寸，通风机减震台座剖面图标明台座材料、规格(或尺寸)、施工安装要求、安装方式等。

(五)设计说明

设计说明标明风管采用的材质、规格、防腐和保温要求，通风机等设备采用类型、规格，风管上阀件类型、数量、安装要求，风管安装要求，通风机等设备基础要求等。

二、通风管道的工程量计算规则

(1)风管制作安装根据设计图所示管道规格不同，按不同截面形状的展开面积计算，不扣除检查孔、送风口、吸风口、测定孔等所占面积；风管、管口咬口重叠部分已包括在定额内，不另增加。

(2)风管长度一律以图示中心线长度为准(主管与支管以其中心线交点划分)，包括弯头、三通、变径管、天圆地方等管件的长度，但不包括部件所占长度。

(3)风管直径或周长以图示尺寸为准展开(塑料风管、复合型材料的风管直径或周长以内直径或内周长为准）。

（4）渐缩管：圆形风管按平均直径计算，矩形风管按平均周长计算。

（5）柔性软风管按设计图示中心线长度计算，包括弯头、三通、变径管、天圆地方等管件的长度，但不包括部件所占长度，以“m”为单位计量。

（6）柔性软风管阀门安装，以“个”为单位计量。

（7）空调风管保温工程的工程量计算参照绝热工程中管道绝热工程量计算规则进行，也可以采用查表法计算保温工程量。

三、计算方法

（1）圆形、矩形直风管，见图6-4。

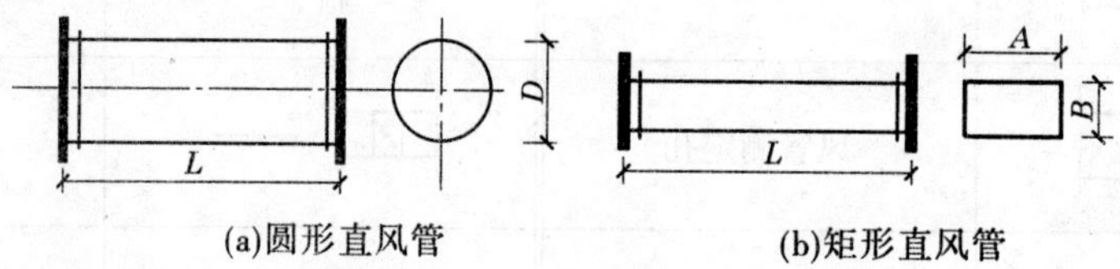

图6-4　直风管

圆形直风管展开面积：$$F=\pi DL \quad (6\text{-}1)$$

矩形直风管展开面积：$$F=2(A+B)L \quad (6\text{-}2)$$

（2）圆形异径管、矩形异径管（大小头），见图6-5。

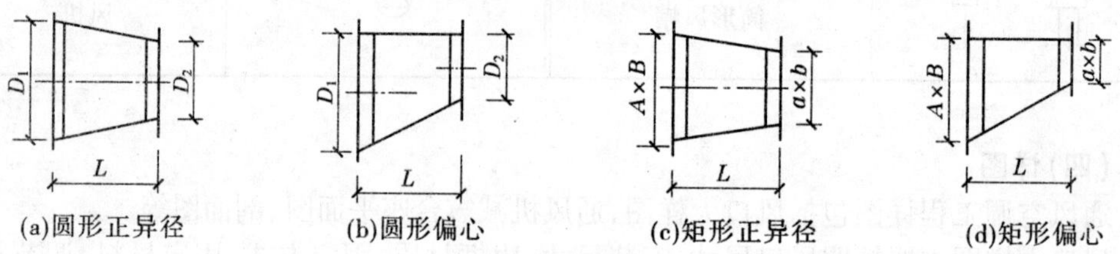

图6-5　异径管

圆形异径管展开面积：$$F=\frac{(D_1+D_2)}{2}\pi L \quad (6\text{-}3)$$

矩形异径管展开面积：$$F=(A+B+a+b)L \quad (6\text{-}4)$$

（3）天圆地方，见图6-6。

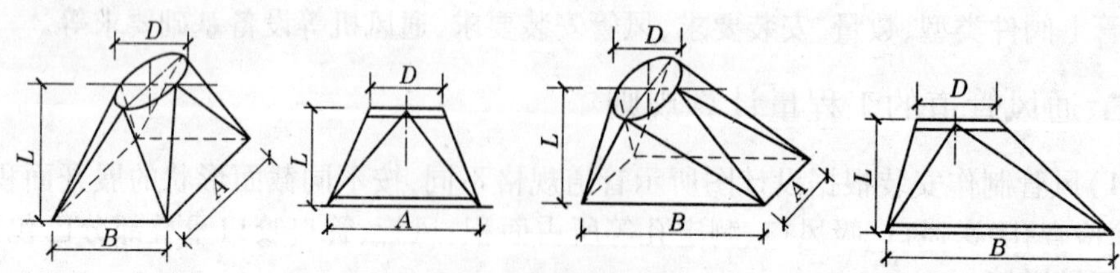

图6-6　天圆地方

天圆地方展开面积：$L \geqslant 5D \quad F=\left(\frac{D\pi}{2}+A+B\right)L$　　(6-5)

四、通风管道部件制作安装的工程量计算规则

(1)碳钢调节阀制作工程量以“质量”计量,以“100 kg”为计量单位;调节阀质量按设计图示规格、型号,采用国际通用部件质量。

(2)碳钢调节阀安装工程量以“个”为计量单位,未包含除锈、刷油工程量。

(3)若碳钢调节阀为成品,以“个”为计量单位,只计算安装费。

(4)密闭式对开多叶调节阀与手动式对开多叶调节阀套用同一子目。

(5)塑料调节阀制作安装工程量以“质量”计量,以“100 kg”为计量单位,质量按设计图示规格、型号。

五、空调设备的工程量计算规则

(1)通风及空调设备安装以“台”为计量单位,按设计图示数量计算安装工程量。

(2)分段组装式空调器以“kg”为计量单位,按设计图示或以产品样本及设备铭牌中所列质量(各段质量)计算安装工程量。

(3)滤水器、溢水盘、金属空调器壳体以“kg”为计量单位,按图示数量计算。

(4)过滤器、净化工作台、风淋室、洁净室以“台”为计量单位,按图示数量计算。

六、计算结果

工程量计算如表 6-2 所示。

表 6-2 工程量计算

工程名称:某机器制造厂 3#厂房通风空调工程

序号	工程项目名称	单位	数量	部位	计算式
1	叠式金属空气调节器 ZK - 1,质量 1 200 kg	台	1		
2	镀锌钢板矩形风管 $\delta=1$,1 000 × 500	m^2	2.4	新风管	(1 + 0.5) × 2 × 0.8
	支架 2 个	kg	16.92		[1.1 + (5 - 2.65) × 2] × 2 × 1.459
3	镀锌钢板矩形风管 $\delta=1$,1 000 × 300	m^2	31.70	新风管,干管	(1 + 0.3) × 2 × (2.88 - 0.8 + 0.5 + 3.342/2 + 0.5 + 2.65 - 2.1 + 0.3/2 - 0.2) + (1 + 0.3) × 2 × (3.5 - 2.209 + 0.7 + 0.3/2 - 0.2 + 4 + 1)
	支架(4 + 3)个	kg	45.67		[1.1 + (5 - 2.65) × 2] × 4 × 1.459 + [1.1 + (5 - 3.5 - 0.7) × 2] × 3 × 1.459
4	镀锌钢板矩形风管 $\delta=1$,810 × 380	m^2	15.47	干管	(0.81 + 0.38) × 2 × (3.5 + 3)
	支架 5 个	kg	18.97		(1 + 0.8 × 2) × 5 × 1.459
5	镀锌钢板矩形风管 $\delta=1$,600 × 350	m^2	11.4	干管	(0.6 + 0.35) × 2 × 6
	支架 3 个	kg	10.07		(0.7 + 0.8 × 2) × 3 × 1.459
6	镀锌钢板矩形风管 $\delta=1$,540 × 320	m^2	41.28	干管,支管	(0.54 + 0.32) × 2 × (3 + 3 + 2.5 × 3 + 4 × 2 + 0.5 × 5)
	支架 20 个	kg	65.36		(0.64 + 0.8 × 2) × 20 × 1.459

续表 6-2

序号	工程项目名称	单位	数量	部位	计算式
7	镀锌钢板矩形风管 $\delta=1,430\times430$	m^2	7.396	支管	$(0.43+0.43)\times2\times(0.7+0.32/2)\times5$
	支架 5 个	kg	15.54		$(0.53+0.8\times2)\times5\times1.459$
8	帆布接头	m^2	1.56		$(1+0.3)\times2\times0.2\times3$
9	钢百叶窗（新风口）	m^2	0.5		1×0.5
10	方形直片散流器 CT211－2（500 mm × 500 mm）	kg	61.15		5×12.23
11	温度检测孔 T605	个	2		
12	矩形风管三通调节阀（T306－1）	kg	48.92		4×12.23
13	铝箔玻璃棉毡风管保温 $\delta=100$	m^3	10.96		$(2.4+31.7+15.47+11.4+41.28+7.396)\times0.1$
14	支架总质量	kg	166.31		$16.92+45.67+18.97+10.07+65.36+9.32$
15	通风系统调试	系统	1		

任务二　定额计价

工程承包方没有企业的生产消耗定额，其人工、材料、机械台班的费用计算以 2006 版《广东省安装工程综合定额》为依据。

主材单价以市场询价为主，经调整后确定。

人工综合单价取 52 元/工日，次要材料和辅助材料单价依据定额不变，利润率采用 30%。

一、通风管道定额应用注意事项

（1）镀锌薄钢板定额项目中的板材是按镀锌薄钢板编制的，当设计要求不同时，板材可以换算，其他不变。薄钢板、不锈钢板、铝板及净化风管定额项目中的板材，当设计要求厚度不同时可以换算，但人工、机械台班不变。

（2）风管导流叶片不分单叶片或双叶片均套用同一定额项目。

（3）整个通风系统设计采用渐缩均匀送风者，圆形风管按平均直径、矩形风管按平均周长套用相应定额项目，其人工乘以系数 2.5。

（4）制作空气幕送风管时，按矩形风管平均周长套用相应定额项目，其人工乘以系数 3.0，其他不变。

（5）净化风管的空气洁净度按 100 000 度标准编制；净化风管所用型钢按图纸要求镀锌时，镀锌费另列。

（6）不锈钢板风管要求使用手工氩弧焊时，其人工乘以系数 1.238，材料乘以系数 1.163，机械台班乘以系数 1.673。

(7)铝板风管要求使用手工氩弧焊时,其人工乘以系数1.154,材料乘以系数0.852,机械台班乘以系数9.242。

(8)柔性软风管是指由金属、涂塑化纤织物、聚酯、聚乙烯、聚氯乙烯薄膜、铝箔等材料制成的软风管。

(9)软管接头使用人造革而不使用帆布者可以换算。

(10)薄钢板通风管道定额项目中的法兰垫料,设计采用材料品种不同时可以换算,但人工不变。使用泡沫塑料时,“1 kg”橡胶板换算为泡沫塑料“0.125 kg”;使用闭孔乳胶海绵时,“1 kg”橡胶板换算为闭孔乳胶海绵“0.5 kg”。

(11)机制风管拼装执行相应风管制作安装项目,其中人工、机械台班乘以系数0.6,材料乘以系数0.8(法兰、加固框、吊托支架已综合考虑,不另计算)。机制风管按设计图示以展开面积加2%损耗量计算材价。

(12)定额项目中的净化风管涂密封胶按全部口缝处表面涂抹考虑;设计要求口缝处不涂抹,而只在法兰处涂抹时,每10 m^2 风管减少密封胶用量1.5 kg和人工0.37工日。

(13)净化圆形风管执行净化矩形风管相应定额项目。

(14)塑料风管制作安装定额项目中的规格是指直径为内径,周长为内周长;主体板材是指每10 m^2 定额用量为11.6 m^2;设计要求厚度不同时可以换算,但人工、机械台班不变;法兰垫料设计采用材料品种不同时可以换算,但人工不变。

(15)塑料风管管件制作的胎具摊销材料费,未包括在定额项目内,按下列规定计取:风管工程量在30 m^2 以上的,每10 m^2 风管的胎具摊销木材为0.06 m^3;风管工程量在30 m^2 以下的,每10 m^2 风管的胎具摊销木材为0.09 m^3。

(16)薄钢板、防火板、净化板、玻璃钢板、复合型通风管道制作安装定额项目中包括法兰、加固框、吊托支架的制作安装,但不包括过跨风管落地支架,落地支架套用设备支架定额项目。

(17)不锈钢、铝板风管制作安装定额项目中包括管件,但不包括法兰和吊托支架。

(18)塑料风管制作安装定额项目中包括管件、法兰、加固框,但不包括吊托支架。

(19)风管刷油工程量按风管制作安装工程量执行有关项目,仅外(或内)面刷油者基价乘以系数1.2,内外均刷油者基价乘以系数1.1(其法兰、加固框、吊托支架已包括在内)。

(20)风管部件刷油工程量按风管部件质量执行金属结构刷油项目基价乘以系数1.15。

(21)风管支架、法兰、加固框需单独刷油时,其工程量按设计施工图计算,套用金属结构刷油子目定额。

(22)薄钢板风管刷油执行《全国统一安装工程预算定额》第十一册管道除锈、刷油相应子目。薄钢板部件刷油套用《全国统一安装工程预算定额》第十一册金属结构刷油相应子目。

(23)薄钢板风管、部件及单独列项的支架,其除锈不分锈蚀程度,均按其第一遍刷油的工程量套用除轻锈相应子目。

二、通风空调设备定额应用注意事项

(1)风机减震台使用设备支架子目,定额中不包括减震器用量,其用量按设计图确定。

(2)冷冻机组站内的设备、管道安装套用综合定额《全国统一安装工程预算定额》第一册“机械设备安装工程”和第六册“工业管道工程”相应项目,管道起止计算至站外墙皮;外墙皮以外通往空调设备的供热、供冷、供水等管道小区内套用第八册“给排水、采暖、燃气工程”相应项目,小区外执行市政定额相应项目。满足生产工艺要求的管道套用第六册“工业管道工程”相应项目。

(3)特殊材料通风机的安装(不锈钢、塑料通风机等)套用通风机安装子目,通风机安装包括机器驱动装置(电动机)的安装。

(4)通风空调系统中诱导器的安装按风机盘管套用相应子目。

(5)设备安装子目的定额基价中不包括设备费和应配备的地脚螺栓费用。

(6)通风及空调设备支架制作安装套用《全国统一安装工程预算定额》第五册“静置设备与工艺金属结构制作安装工程”相应子目。

三、通风空调设备定额安装注意事项

(1)调节阀制作定额项目按材质、阀口形状、阀芯形状及调节阀功能,分别以质量划分定额子目,调节阀安装定额项目按结构和周长划分定额子目。

(2)风口、散流器制作安装定额项目按风口结构、材质,分别以风口、散流器质量划分制作定额子目,风口、散流器安装,以风口、散流器周长划分定额子目。

(3)风帽制作安装定额项目按材质、风帽形状及结构,分别以风帽质量划分定额子目,其中风帽泛水以泛水面积划分定额子目。

(4)罩类制作安装定额项目按罩的功能划分定额子目。

(5)消声器制作安装定额项目按消声器的结构、消声材料划分定额子目。

四、主要材料价格

主要材料价格见表6-3。

表6-3 主要材料价格

工程名称:某机械制造厂3#厂房通风空调工程

序号	材料编码	材料型号规格名称	单位	数量	单价(元)	合价(元)
1	BG11030015	镀锌钢板20#	m^2	112.00	38	4 256
2		铝合金方形直片式散流器 CT211 - 2 500 × 500	个	5.00	168.00	840.00
3	BG04040001	铝箔玻璃棉毡	m^3	11.20	1 500.00	16 800
4	BG08010024	角钢∟63 × 5	kg		4.00	
5	BG07010021	扁钢 Q235 - 50 × 5	kg		3.75	
		(以下各项略)				

五、计算结果

分部分项工程费计算结果见表6-4。

表 6-4　分部分项工程费计算结果(定额计价)

工程名称:某机械制造厂 3#厂房通风空调工程

序号	定额编号	工程名称 型号规格	单位	数量	消耗量	单价(元)					总价(元)					
						主材设备	人工费	辅材费	机械费	管理费	主材设备	人工费	辅材费	机械费	管理费	合计
1	C9-8-42	叠式金属空气调节器 ZK-1,质量 1 200 kg	台	1	1	0	46.93	0	0	14.22	0	46.93	0	0	14.22	61.15
2	C9-1-15	镀锌钢板矩形风管δ=1,1 000×500	10 m^2	0.24	11.387	38	120.71	150.81	21.53	36.57	103.85	28.97	36.19	5.17	8.78	182.96
3	C9-1-15	镀锌钢板矩形风管δ=1,1 000×300	10 m^2	3.17	11.387	38	120.71	150.81	21.53	36.57	1 371.68	382.65	478.07	68.25	115.93	2 416.58
4	C9-1-15	镀锌钢板矩形风管δ=1,810×380	10 m^2	1.547	11.387	38	120.71	150.81	21.53	36.57	669.40	186.74	233.30	33.31	56.57	1 179.32
5	C9-1-14	镀锌钢板矩形风管δ=1,600×350	10 m^2	1.14	11.38	38	160.64	171.69	40.57	48.67	492.98	183.13	195.73	46.25	55.48	973.57
6	C9-1-14	镀锌钢板矩形风管δ=1,540×320	10 m^2	4.128	11.38	38	160.64	171.69	40.57	48.67	1 785.11	663.12	708.74	167.47	200.91	3 525.35
7	C9-1-14	镀锌钢板矩形风管δ=1,430×430	10 m^2	0.74	11.38	38	160.64	171.69	40.57	48.67	320.01	118.87	127.05	30.02	36.02	631.97
8	C9-1-45	帆布接头	10 m^2	1.56	0	0	49.84	129.76	7.27	15.1	0	77.75	202.43	11.34	23.56	315.08
9	C9-3-38	钢百叶窗(新风口)制作	m^2	0.5	0	0	70.4	224.09	56.94	21.33	0	35.20	112.05	28.47	10.67	186.39
10	C9-3-82	钢百叶窗(新风口)安装	个	1	0	0	7.98	1.83	0	2.42	0	7.98	1.83	0	2.42	12.23

续表 6-4

序号	定额编号	工程名称 型号规格	单位	数量	消耗量	单价(元)					总价(元)					
						主材设备	人工费	辅材费	机械费	管理费	主材设备	人工费	辅材费	机械费	管理费	合计
11	C9－3－66	方形直片散流器	个	5	1	168	8.71	1.75	0	2.64	840.00	43.55	8.75	0	13.20	905.50
12	C9－1－47	温度检测孔	个	2	0	0	14.76	7.41	5.45	4.47	0	29.52	14.82	10.90	8.94	64.18
13	C9－2－18	矩形风管三通调节阀	100 kg	0.489 2	0	0	1 064.93	357.9	508.6	322.62	0	520.96	175.08	248.81	157.83	1 102.68
14	C11－9－59	铝箔玻璃棉毡风管保温 $\delta=100$	m^3	10.965	1.05	1 500	50.6	46.11	0	12.5	17 269.88	554.83	505.6	0	137.06	18 467.37
15	C11－1－7	支架除锈	kg	1.66	0	0	7.07	2.27	7.68	1.71	0	11.74	3.77	12.75	2.84	31.10
16	C11－2－69	支架刷防锈漆第一遍	kg	1.66	0.92	15	4.93	0.8	7.68	1.19	22.91	8.18	1.33	12.75	1.98	47.15
17	C11－2－70	支架刷防锈漆第二遍	kg	1.66	0.78	15	4.71	0.72	7.68	1.14	19.42	7.82	1.2	12.75	1.89	43.08
18		小计									22 895.24	2 907.94	2 805.94	688.24	848.30	30 145.66
19		通风系统调试		1								290.7				290.7
20		人工费调增										2 741.56				2 741.56
21		利润										1 782.06				1 782.06
22		合计									22 895.24	7 722.26	2 805.94	688.24	848.30	34 959.98

编制人：　　　　证号：　　　　编制日期：　月　日

任务三　清单编制与计价

一、通风管道工程量清单项目设置

通风管道制作安装按材质、形状、周长或直径、板材厚度、接口形式、风管附件及支架设计要求、除锈标准、刷油防腐、绝热及保护层设计要求设置工程量清单项目，柔性软风管其组合内容按材质、规格、保温套管设计要求设置清单项目。部分通风管道制作安装工程量清单项目设置见表6-5。

表6-5　部分通风管道制作安装工程量清单项目设置

项目编码	项目名称	项目特征	计量单位	工程内容
030902001	碳钢通风管道制作安装	1. 材质 2. 形状 3. 周长或直径 4. 板材厚度 5. 接口形式 6. 风管附件、支架设计要求 7. 除锈标准、刷油防腐、绝热及保护层设计要求	m^2	1. 风管、管件、法兰、零件、支吊架制作、安装 2. 弯头导流叶片制作、安装 3. 过跨风管落地支架制作、安装 4. 风管检查孔制作 5. 温度、风量测定孔制作 6. 风管保温及保护层 7. 风管、法兰、法兰加固框、支吊架、保护层除锈、刷油
030902003	不锈钢板风管制作安装	1. 形状 2. 周长或直径 3. 板材厚度 4. 接口形式 5. 支架法兰的材质、规格 6. 除锈标准、刷油防腐，绝热及保护层设计要求	m^2	1. 风管制作、安装 2. 法兰制作、安装 3. 吊托支架制作、安装 4. 风管保温及保护层 5. 保护层及支架、法兰除锈、刷油
030902008	柔性软风管	1. 材质 2. 规格 3. 保温套管设计要求	m	1. 安装 2. 风管接头安装

二、通风管道部件清单项目设置

部分通风管道部件制作安装工程量清单项目设置见表6-6。

其特征描述应注意以下几点：

(1)调节阀的类型应描述三通调节阀(手柄式、拉杆式)、蝶阀(防爆、保温等)、防火阀(圆形、矩形)等；调节阀的周长，圆形管道指直径，矩形管道指边长。

表 6-6 部分通风管道部件制作安装工程量清单项目设置

项目编码	项目名称	项目特征	计量单位	工程内容
030903001	碳钢调节阀制作安装	1. 类型 2. 规格 3. 周长 4. 质量 5. 除锈、刷油设计要求	kg	1. 安装 2. 制作 3. 除锈、刷油
030903007	碳钢风口、散流器制作安装(百叶窗)	1. 类型 2. 规格 3. 形式 4. 质量 5. 除锈、刷油设计要求	m^2	1. 风口制作、安装 2. 散流器制作、安装 3. 百叶窗安装 4. 除锈、刷油
030903012	碳钢风帽制作安装	1. 类型 2. 规格 3. 形式 4. 质量 5. 风帽附件设计要求 6. 除锈、刷油设计要求	个	1. 风帽制作、安装 2. 筒形风帽滴水盘制作、安装 3. 风帽筝绳制作、安装 4. 风帽泛水制作、安装 5. 除锈、刷油

(2)风口类型应描述百叶风口、矩形风口、旋转吹风口、送吸风口、活动箅风口、网式风口、钢百叶窗等,散流器类型则描述矩形空气分布器、圆形散流器、方形散流器、流线形散流器,风口形状应描述方形或圆形等。

(3)风帽的形状应描述伞形、锥形、筒形等,风帽的材质应描述材料类别(碳钢、不锈钢、塑料、铝材等)、材料成分等。

(4)罩的类型应描述皮带防护罩、电动机防护罩、侧吸罩、焊接台排气罩、整体分组式槽边侧吸罩、吹吸式槽边通风罩、条缝槽边抽风罩、泥心烘炉排气罩、升降式回转排气罩、上下吸式圆形回转罩、升降式排气罩、手锻炉排气罩等。

(5)消声器的类型应描述片式、矿棉管式、聚酯泡沫管式、卡普隆纤维式、弧形流声式等;静压箱的材质应描述材料种类和板厚,规格应描述其尺寸(长×宽×高)等。

三、通风空调设备安装清单项目设置

工程量清单项目设置以通风空调设备及部件安装为主项,按设备规格、型号、质量,支架材质、除锈及刷油设计要求和过滤功效设置清单项目,部分通风空调设备安装工程量清单项目设置见表 6-7。

表 6-7　部分通风及空调设备安装工程量清单项目设置

项目编码	项目名称	项目特征	计量单位	工程内容
030901001	空气加热器（冷却器）	1. 规格 2. 质量 3. 支架材质、规格 4. 除锈、刷油设计要求	台	1. 安装 2. 设备支架制作、安装 3. 支架除锈、刷油
030901002	通风机	1. 形式 2. 规格 3. 支架材质、规格 4. 除锈、刷油设计要求	台	1. 安装 2. 减震台座制作、安装 3. 设备支架制作、安装 4. 软管接口制作、安装 5. 支架台座除锈、刷油
030901004	空调器	1. 形式 2. 质量 3. 安装位置	台	1. 安装 2. 软管接口制作、安装
030901005	风机盘管	1. 形式 2. 安装位置 3. 支架材质、规格 4. 除锈、刷油设计要求	台	1. 安装 2. 软管接口制作、安装 3. 支架制作、安装及除锈、刷油
030901010	过滤器安装	1. 型号 2. 过滤功效 3. 除锈、刷油设计要求	台	1. 安装 2. 框架制作、安装 3. 除锈、刷油

通风空调设备清单项目特征描述应注意以下方面：

(1)通风空调设备安装工程量清单项目特征，风机的形式应描述离心式、轴流式、屋顶式、卫生间通风器等；空调器的安装位置应描述吊顶式、落地式、墙上式、窗式、分段组装式，标出单台设备质量；风机盘管的安装应描述安装位置等。

(2)通风空调设备部件制作安装工程量清单项目特征，挡水板的制作安装，其材质特征应描述材料种类及规格，钢材应描述热轧或冷轧等；过滤器安装应描述初效、中效、高效等，区分特征分别编制清单项目。

四、计算结果

分部分项工程量清单见表 6-8。

表 6-8 分部分项工程量清单

工程名称:某机械制造厂 3#厂房通风空调工程

序号	项目编码	项目名称	项目特征	单位	工程数量
1	030901004001	调节器	叠式金属空气调节器安装(6 段)ZK-1 型,质量 1 200.00 kg	台	1
2	030902001001	碳钢通风管道制作安装	镀锌钢板矩形风管 $\delta=1$,1 000×500,吊架及法兰除锈、刷油,$\delta=100$ 保温	m^2	2.4
3	030902001002	碳钢通风管道制作安装	镀锌钢板矩形风管 $\delta=1$,1 000×300,温度检测孔、吊架及法兰除锈、刷油,$\delta=100$ 保温,温度测定孔 2 个	m^2	31.70
4	030902001003	碳钢通风管道制作安装	镀锌钢板矩形风管 $\delta=1$,810×380,吊架及法兰除锈、刷油,$\delta=100$ 保温	m^2	15.47
5	030902001004	碳钢通风管道制作安装	镀锌钢板矩形风管 $\delta=1$,600×350,吊架及法兰除锈、刷油,$\delta=100$ 保温	m^2	11.4
6	030902001005	碳钢通风管道制作安装	镀锌钢板矩形风管 $\delta=1$,540×320,吊架及法兰除锈、刷油,$\delta=100$ 保温	m^2	41.28
7	030902001006	碳钢通风管道制作安装	镀锌钢板矩形风管 $\delta=1$,430×430,吊架及法兰除锈、刷油,$\delta=100$ 保温	m^2	7.396
8	030903001001	碳钢调节阀制作安装	碳钢三通阀 T306-1,每个 12.23 kg	个	4.00
9	030903007001	碳钢风口制作安装	钢百叶窗制作、安装、除锈、刷油,1 000×500 J718-1	个	1
10	030902011001	碳钢散流器制作安装	铝合金散流器方形直片式 CT211-2,500×500	个	5.00
11	030903019001	柔性接口制作安装	柔性接口(人造革)	m^2	1.56
12	030904001001	通风工程检测、调试	通风工程检测、调试	系统	1

五、综合单价分析

工程量清单综合单价分析见表 6-9,分部分项工程量清单计价见表 6-10,措施项目清单与计价见表 6-11,规费、税金项目清单与计价见表 6-12,单位工程招标控制价与投标报价汇总见表 6-13。

表 6-9　工程量清单综合单价分析

工程名称：某机械制造厂 3#厂房通风空调工程

项目编码	030901004001	项目名称	叠式金属空气调节器安装 1 200 kg					计量单位		kg	
清单综合单价组成明细											
定额编号	定额名称	定额单位	数量	单价(元)				合价(元)			
				人工费	材料费	机械费	管理费和利润	人工费	材料费	机械费	管理费和利润
C9-8-42	叠式金属空气调节器安装 1 200 kg	100 kg	12	87.36	0	0	40.43	1 048.32	0	0	485.16
人工单价:52 元/工日		小计						1 048.32	0	0	485.16
		未计价材料费						**			
清单项目综合单价								1 533.48			
材料费明细	主要材料名称、规格、型号					单位	数量	单价(元)	合价(元)	暂估单价(元)	暂估合价(元)
	叠式金属空气调节器安装 1 200 kg 辅材费					100 kg	12	0	0		
	叠式金属空气调节器安装 1 200 kg					台	1	**	**		
	其他材料费							—			
	材料费小计							—	**		

项目编码	030902001001	项目名称	镀锌钢板矩形风管 1 000×500，管道支架除轻锈，刷红丹漆两遍，玻璃棉毡安装 $\delta=100$ 保温 温度测定孔					计量单位		m^2	
清单综合单价组成明细											
定额编号	定额名称	定额单位	数量	单价(元)				合价(元)			
				人工费	材料费	机械费	管理费和利润	人工费	材料费	机械费	管理费和利润
C9-1-15	镀锌薄钢板矩形风管 4 000 以下	10 m^2	0.24	224.12	150.81	21.53	103.81	53.79	36.19	5.17	24.91
C11-1-7	支架除轻锈	100 kg	0.169	14.04	2.27	7.68	5.92	2.37	0.38	1.30	1.00
C11-2-67	支架红丹漆第一遍	100 kg	0.169	9.88	0.86	7.68	4.15	1.67	0.15	1.30	0.70
C11-2-68	支架红丹漆第二遍	100 kg	0.169	9.36	0.74	7.68	3.95	1.58	0.13	1.30	0.67
C11-9-59	风管保温 $\delta=100$	m^3	0.24	101.40	46.11	0	42.67	24.34	11.07	0	10.24
人工单价:52 元/工日		小计						83.75	47.92	9.07	37.52
		未计价材料费						487.13			
清单项目综合单价								277.24			
材料费明细	主要材料名称、规格、型号					单位	数量	单价(元)	合价(元)	暂估单价(元)	暂估合价(元)
	镀锌薄钢板矩形风管 4 000 以下安装辅材费					m^2	2.4	15.08	36.19		
	镀锌薄钢板 $\delta=1$					m^2	2.731 2	38	103.79		
	支架除轻锈辅材费					kg	16.9	0.022 7	0.38		
	管道刷红丹漆第一遍辅材费					kg	16.9	0.008 6	0.15		
	管道刷红丹漆第二遍辅材费					kg	16.9	0.007 4	0.13		
	红丹漆					kg	0.356 59	15	5.35		
	风管保温 $\delta=100$ 辅材费					m^3	0.24	46.11	11.07		
	玻璃棉毡					m^3	0.252	1 500	378.00		
	其他材料费							—			
	材料费小计							—	535.06		

续表 6-9

项目编码	030902001002	项目名称	镀锌钢板矩形风管 1 000 × 300，管道支架除轻锈，刷红丹漆两遍，玻璃棉毡安装 δ = 100 保温，温度测定孔 2 个	计量单位	m^2

清单综合单价组成明细

定额编号	定额名称	定额单位	数量	单价（元）				合价（元）			
				人工费	材料费	机械费	管理费和利润	人工费	材料费	机械费	管理费和利润
C9－1－15	镀锌薄钢板矩形风管 4 000 以下	10 m^2	3.17	224.12	150.81	21.53	103.81	710.46	478.07	68.25	329.08
C11－1－7	支架除轻锈	100 kg	0.457	14.04	2.27	7.68	5.92	6.42	1.04	3.51	2.71
C11－2－67	支架刷红丹漆第一遍	100 kg	0.457	9.88	0.86	7.68	4.15	4.52	0.39	3.51	1.90
C11－2－68	支架刷红丹漆第二遍	100 kg	0.457	9.36	0.74	7.68	3.95	4.28	0.34	3.51	1.80
C11－9－59	风管保温 δ = 100	m^3	3.17	101.40	46.11	0	42.67	321.44	146.17	0	135.26
C9－1－47	温度测定孔 T615	个	2	27.56	7.41	5.45	12.74	55.12	14.82	10.90	25.48
人工单价：52 元/工日				小计				1 102.24	640.83	89.68	496.23
				未计价材料费				6 378.05			
清单项目综合单价								274.54			

材料费明细	主要材料名称、规格、型号	单位	数量	单价（元）	合价（元）	暂估单价（元）	暂估合价（元）
	镀锌薄钢板矩形风管 4 000 以下安装辅材费	m^2	2.4	15.08	36.19		
	镀锌薄钢板 δ = 1	m^2	36.074 6	38	1 370.83		
	支架除轻锈辅材费	kg	45.7	0.022 7	1.04		
	管道刷红丹漆第一遍辅材费	kg	45.7	0.008 6	0.39		
	管道刷红丹漆第二遍辅材费	kg	45.7	0.007 4	0.34		
	红丹漆	kg	0.964 27	15	14.46		
	风管保温 δ = 100 辅材费	m^3	3.17	46.11	146.17		
	玻璃棉毡	m^3	3.328 5	1 500	4 992.75		
	其他材料费			—			
	材料费小计			—	6 562.17		

项目编码	030903001001	项目名称	碳钢三通调节阀 T306－1 制作安装	计量单位	个

清单综合单价组成明细

定额编号	定额名称	定额单位	数量	单价（元）				合价（元）			
				人工费	材料费	机械费	管理费和利润	人工费	材料费	机械费	管理费和利润
C9－2－18	碳钢三通调节阀	100 kg	0.49	1 977.56	357.9	508.6	915.89	969.00	175.37	249.214	448.79
人工单价：52 元/工日				小计				969.00	175.37	249.214	448.79
				未计价材料费				0			
清单项目综合单价								460.59			

材料费明细	主要材料名称、规格、型号	单位	数量	单价（元）	合价（元）	暂估单价（元）	暂估合价（元）
	碳钢三通调节阀安装辅材费	kg	49	3.579	175.37		
	其他材料费			—		—	
	材料费小计			—	175.37	—	

续表 6-9

项目编码	030903007001	项目名称	钢百叶窗制作安装 J718－1							计量单位	m^2
清单综合单价组成明细											
定额编号	定额名称	定额单位	数量	单价(元)				合价(元)			
				人工费	材料费	机械费	管理费和利润	人工费	材料费	机械费	管理费和利润
C9－3－38	钢百叶窗制作	m^2	0.5	130.52	224.09	56.94	60.49	65.26	112.05	28.47	30.25
C9－3－82	钢百叶窗安装	个	1	15.08	1.83	0	6.94	15.08	1.83	0	6.94
人工单价:52 元/工日		小计						80.34	113.88	28.47	37.19
		未计价材料费						0			
清单项目综合单价								259.88			
材料明细	主要材料名称、规格、型号					单位	数量	单价(元)	合价(元)	暂估单价(元)	暂估合价(元)
	钢百叶窗制作辅材费					m^2	0.5	224.09	112.05		
	钢百叶窗安装辅材费					个	1	1.83	1.83		
	其他材料费							—			
	材料费小计							—	113.88		

项目编码	030903019001	项目名称	柔性接口制作安装							计量单位	个
清单综合单价组成明细											
定额编号	定额名称	定额单位	数量	单价(元)				合价(元)			
				人工费	材料费	机械费	管理费和利润	人工费	材料费	机械费	管理费和利润
C9－1－45	柔性接口制作安装	m^2	1.56	92.56	129.76	7.27	42.87	144.39	202.43	11.341 2	66.87
人工单价:52 元/工日		小计						144.39	202.43	11.341 2	66.87
		未计价材料费						0			
清单项目综合单价								272.46			
材料明细	主要材料名称、规格、型号					单位	数量	单价(元)	合价(元)	暂估单价(元)	暂估合价(元)
	柔性接口制作安装辅材费					m^2	1.56	129.76	202.43		
	其他材料费							—			
	材料费小计							—	202.43		

注:* * 为厂家询价价格,本综合单价未包括空调器的设备费。

表6-10　分部分项工程量清单计价

工程名称:某机械制造厂3[#]厂房通风空调工程

序号	项目编码	项目名称	项目特征	单位	工程数量	金额(元)	
						综合单价	合价
1	030901004001	调节器	叠式金属空气调节器安装(6段)ZK-1型,质量1 200 kg	台	1	1 533.48	1 533.48
2	030902001001	碳钢通风管道制作安装	镀锌钢板矩形风管$\delta=1$,1 000×500,吊架及法兰除锈、刷油,$\delta=100$保温	m^2	2.4	277.24	665.38
3	030902001002	碳钢通风管道制作安装	镀锌钢板矩形风管$\delta=1$,1 000×300,温度检测孔、吊架及法兰除锈、刷油,$\delta=100$保温,温度测定孔2个	m^2	31.70	274.54	8 702.92
4	030902001003	碳钢通风管道制作安装	镀锌钢板矩形风管$\delta=1$,810×380,吊架及法兰除锈、刷油,$\delta=100$保温	m^2	15.47	271.09	4 193.76
5	030902001004	碳钢通风管道制作安装	镀锌钢板矩形风管$\delta=1$,600×350,吊架及法兰除锈、刷油,$\delta=100$保温	m^2	11.4	285.59	3 255.73
6	030902001005	碳钢通风管道制作安装	镀锌钢板矩形风管$\delta=1$,540×320,吊架及法兰除锈、刷油,$\delta=100$保温	m^2	41.28	286.33	11 819.70
7	030902001006	碳钢通风管道制作安装	镀锌钢板矩形风管$\delta=1$,430×430,吊架及法兰除锈、刷油,$\delta=100$保温	m^2	7.396	285.99	2 115.18
8	030903001001	碳钢调节阀制作安装	碳钢三通阀T306-1,每个12.23 kg	个	4.00	460.59	1 842.36
9	030903007001	碳钢风口制作安装	钢百叶窗制作、安装、除锈、刷油,1 000×500 J718-1	个	1	259.88	259.88
10	030902011001	碳钢散流器制作安装	铝合金散流器方形直片式CT211-2,500×500	个	5.00	193.04	965.20
11	030903019001	柔性接口制作安装	柔性接口(人造革)	m^2	1.56	272.46	425.04
12	030904001001	通风工程检测、调试	通风工程检测、调试	系统	1	687.70	687.70
合计							36 466.33

表 6-11　措施项目清单与计价

工程名称:某机械制造厂 3#厂房通风空调工程

序号	措施项目名称	计算基础(元)	费率(%)	金额(元)
1	临时设施费	7 722.27	8	617.78
2	安全文明施工费	7 722.27	10	772.23
3	环境保护费	按工程所在地规定		620.22
4	二次搬运费	按施工方案确定		155.05
5	主体施工配合费(6 个工作日)	按施工方案确定		465.16
6	脚手架搭拆费 = 分部分项人工 ×5%; 其中人工占 25%	7 722.27	5	386.11
合计				3 016.55

表 6-12　规费、税金项目清单与计价

工程名称:某机械制造厂 3#厂房通风空调工程

序号	项目名称	计算基础(元)	费率(%)	金额(元)
1	规费			2 915.67
1.1	工程排污费	34 959.98	0.33	115.37
1.2	社会保障费	7 722.27	27.81	2 147.56
(1)	养老保险费			
(2)	失业保险费			
(3)	医疗保险费			
1.3	住房公积金	7 722.27	8	617.78
1.4	危险作业意外伤害保险			
1.5	工程定额测定费	34 959.98	0.1	34.96
2	税金	分部分项工程费 + 措施项目费 + 其他项目费 + 规费(40 892.20)	3.41	1 394.42
合计				4 310.09

表 6-13　单位工程招标控制价与投标报价汇总

工程名称:某机械制造厂 3#厂房通风空调工程

序号	汇总内容	金额(元)	其中暂估价(元)
1	分部分项工程费	34 959.98	
1.1			
1.2			
1.3			
1.4			
1.5			
2	措施项目费	3 016.55	
2.1	安全文明施工费	772.23	
3	其他项目	0	
3.1	暂列金额	0	
3.2	专业工程暂估价	0	
3.3	计日工	0	
3.4	总承包服务费	0	
4	规费	2 915.67	
5	税金	1 394.42	
合计=1+2+3+4+5		42 286.62	

思考题

1. 通风系统有哪些分类方法?
2. 空调工程如何分类?
3. 空调系统的组成如何?
4. 通风、空调管道及部件制作与安装根据材料不同可分为哪几类?
5. 空调部件及设备支架制作安装工程量如何计算?

项目七　电气设备安装工程计量与计价

室内电气照明安装工程是建筑物电气设备安装工程的重要内容。编制电气设备安装工程预算,必须了解电气施工图识读、电气照明系统的组成。

任务一　电气施工图识读

施工图是表达设计、方便施工的工程语言,工程技术管理人员必须具备施工图识读能力。掌握电气施工图的组成特点与常用图例符号及标注代号是识图的关键。

一、电气施工图的组成

电气施工图简称"电施",一般由系统图、大样图及平面图(如配电箱二次接线图)等组成,还应有图纸目录、设计说明、主要材料设备明细表或图例等。

在电气施工图中,会用到许多简明的图例符号和标注代号,反映电气设备的位置和电气线路的走向。现在为了与国际社会接轨,主要采用国际电工委员会(IEC)的通用标准作为中国新的国家标准标注代号,采用的是英文字头标注代号。

识读电气照明工程施工图应按照一定的顺序进行,以便看懂施工图和形成较完整的整体印象。识图时,首先要看施工图的设计说明、图例、文字符号和电气设备的规格等,了解施工图的设计思路和设计内容;然后看系统图,了解配电方式和回路与装置之间的关系。

(一)系统图

电气系统图是表示建筑物内外配电干线控制关系的线路示意图,它反映了配电控制箱(柜)的设置状况与电源输送干线的连接状况。根据负载性质的不同,有照明系统图、动力系统图、电话系统图和电视系统图等。电气系统图一般都是用单线条表示的,图7-1为某住宅楼的电气照明系统图。

看系统图的一般顺序:从进户线开始看至室内各配电箱,了解各用电回路的接线关系,了解各配电箱中需安装的电器数量和容量等。

系统图表达的主要内容有:埋设线路,进户电缆或架空线路进户线,干线系统控制配电箱回路数,电缆的型号、规格和敷设方式,导线的型号、规格和敷设方式,电气负荷(容量)的大小等。但各种电器或照明灯具的情况,系统图不具体说明,这些情况是在平面图上反映的。

(二)大样图

大样图是明确表示工程局部做法的详图,在建筑电气标准设计图集中有大量的标准

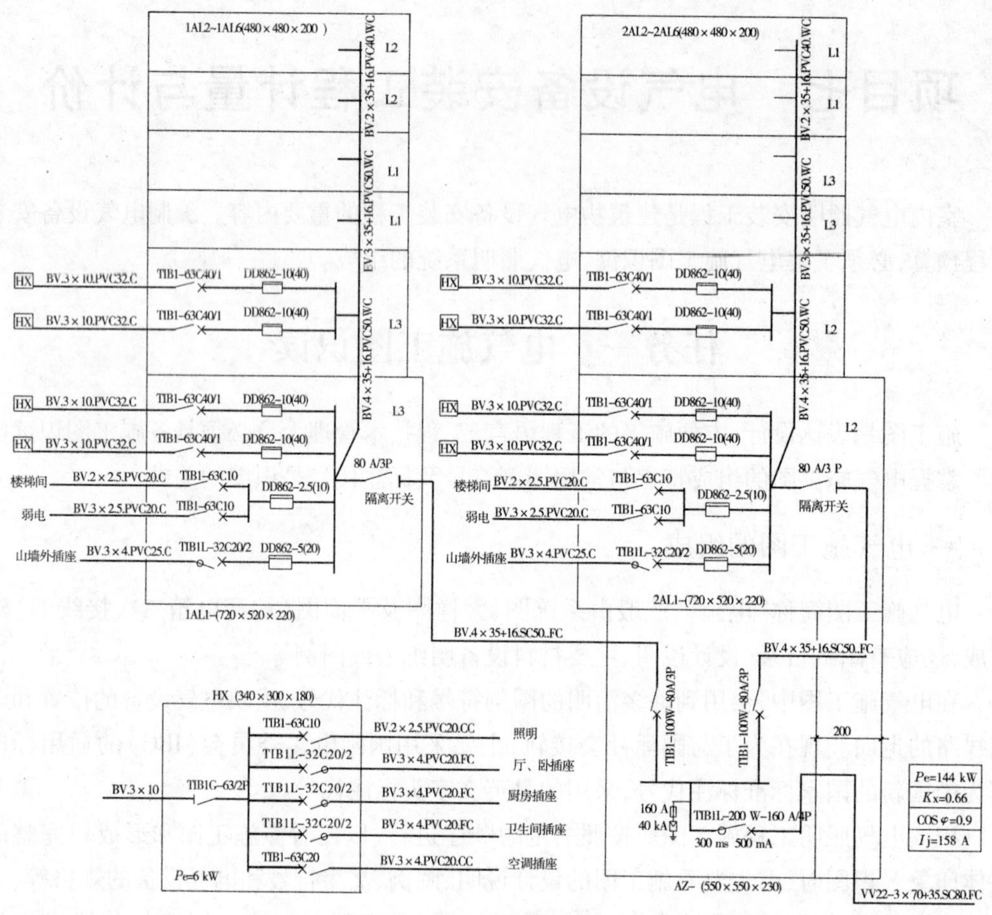

图 7-1　某住宅楼的电气系统图

做法大样图。在电气照明安装工程施工图中,常见的大样图一般为配电箱二次接线图。

配电箱二次接线图表达的主要内容有:配电箱内安装的电器元件种类(如电度表、总控制开关、安全保护器等)、数量、规格、型号,支线回路编号和用电设备总容量、导线的型号、规格和敷设方式等。它主要反映成品配电箱与电源输送干线的连接状况和与用电设备支线的连接状况。

配电箱二次接线图也可以在电气系统图中直接表示,而成品配电箱的一次接线,即配电箱内部电器元件之间的接线,配电箱生产厂家已做好,编制预算时不必考虑。

(三)平面图

平面图是按一定比例(通常为 1∶100 或 1∶50)绘制的,具体地、准确地表示该工程各楼层(或某单元)所有电气线路走向和电气设备位置。图 7-2 ~ 图 7-5 示意了照明平面布置图的情况。

平面图表达的主要内容有:电源进户位置,配电箱安装位置,导线根数,照明灯具及各种用电设备的安装位置、规格型号、安装方式等。结合系统图看平面图,可以清楚地看到各种电器或照明灯具的具体布置情况。

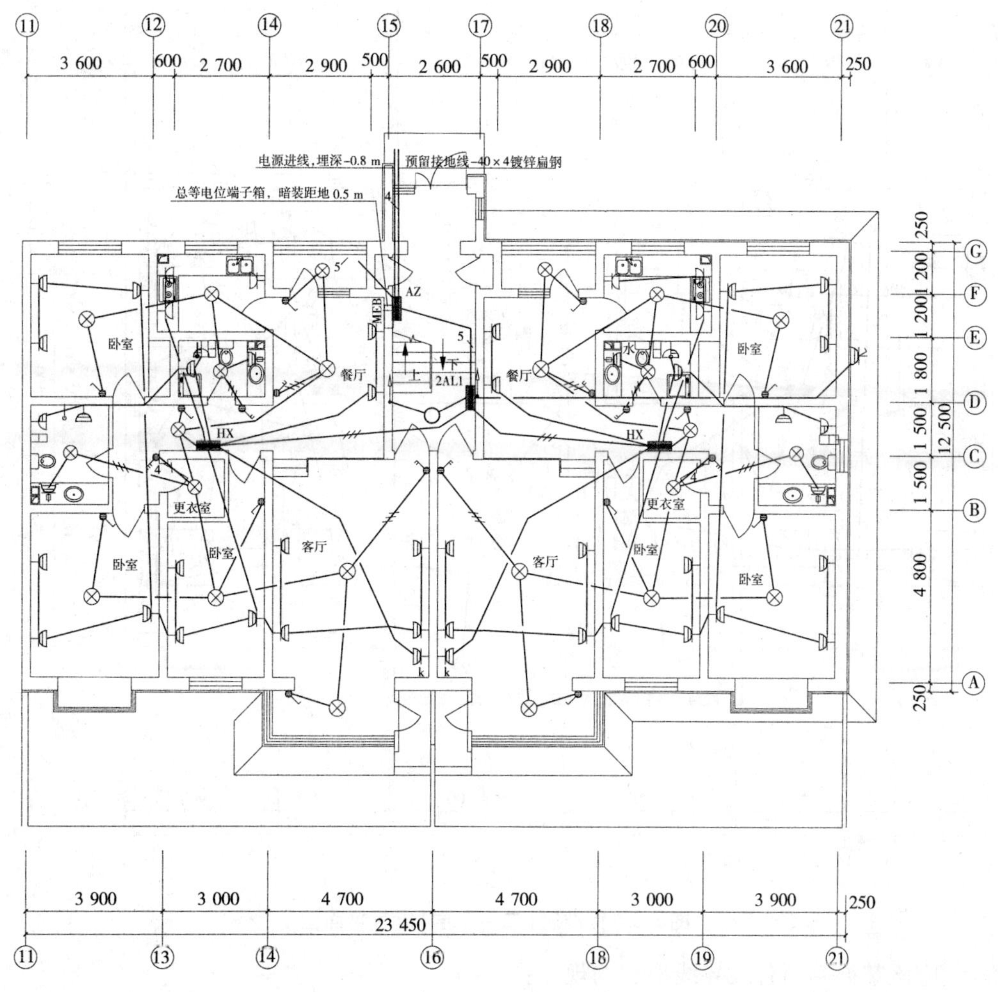

图 7-2　一层照明平面图

电气照明施工图一般只采用平面图来表示建筑物内的电气照明布置情况。因为上、下行线路总是由总配电箱沿垂直方向以最短距离输送到上一层的相应位置。水平方向线路若明敷，总是沿建筑物墙面、天棚面走直线距离布线；若暗敷，常规做法是沿建筑物天棚内或地面内走斜线距离（即最短距离）布线。所以，只有平面图和系统图结合起来看，才能看懂施工线路敷设的做法。

平面图反映了该工程的水平面准确尺寸位置，而系统图只反映该工程的线路连接关系，不能反映该工程的准确尺寸位置。所以，在编制预算计算管线工程量时，用比例尺量取水平长度必须在平面图上进行。但是，平面图只表示电器的水平位置，其标高尺寸要结合设计说明才能确定，必要时还需查阅建筑施工图。

照明平面图中各段导线根数用短横线表示。若管内穿三根线则在表示线路的直线上加三小道线，两根线可以省略画道；多于三根线时只画一道线，旁标注阿拉伯数字表示导线根数。编制电气预算就是根据导线根数及其长度来计算导线的工程量的。识读电气工

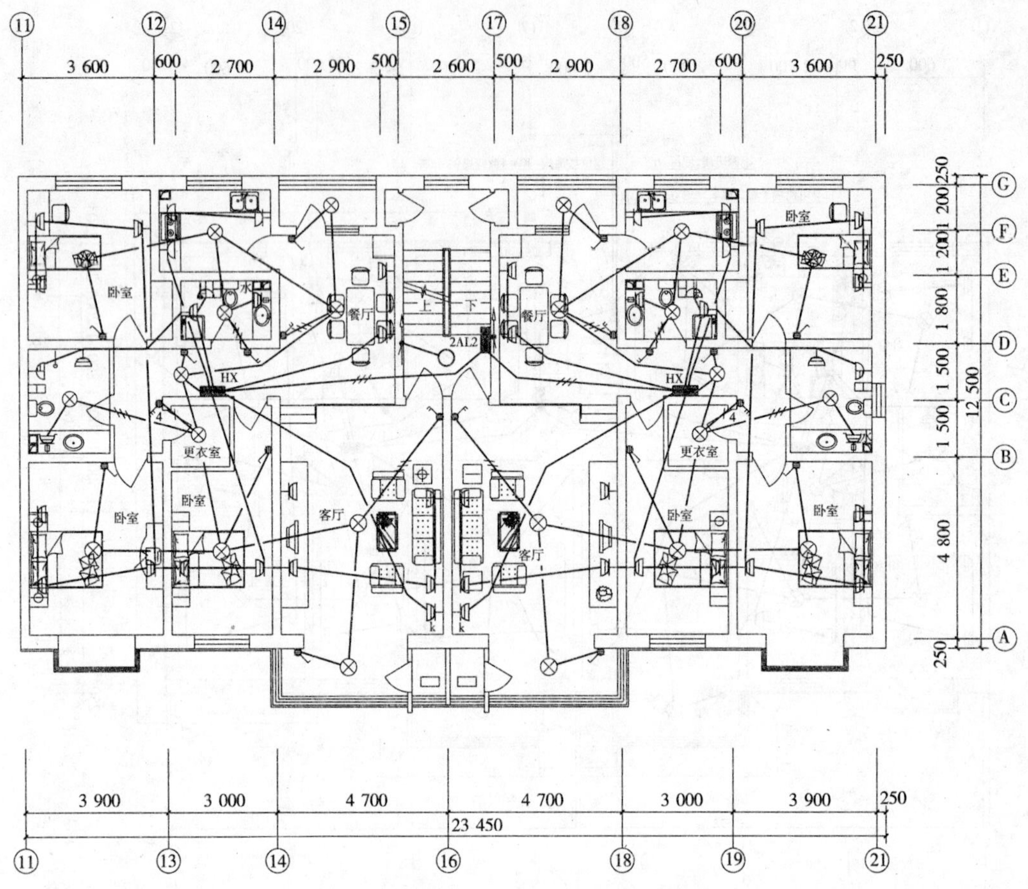

图 7-3　标准层(二～五层)电气平面图

程图,应该掌握判断各段导线根数的规律:

(1)照明灯具支线一般是两根导线,要求带接地的则是三根导线。一根火线与一根零线形成回路,这盏灯就可以点亮了。但为了确保安全用电,规范要求安装高度在距地 2.4 m 以下的金属灯具必须连接从配电箱引来的 PE 专用保护线。因此,应该注意卫生间以及走廊上的壁灯、链吊式或管吊式安装的日光灯等的安装高度。

(2)n 联开关共有($n+1$)根导线。照明灯具的开关必须接在相线(也称火线)上,无论是几联开关,只接进去一根相线,再从开关接出来控制线,几联开关就应该有几条控制线。所以,双联开关有三根导线,三联开关有四根导线,以此类推。

(3)单相插座支线有三根导线。现行国家规范要求照明支路和插座支路分开,一般照明支路在顶棚上敷设,插座支路在地面下敷设,并且在插座回路上安装漏电保护器。插座支路导线根数由极数(即孔数)最多的插座决定,所以二、三孔双联插座是三根导线,若是四联三极插座也是三根线。单相三孔插座中间孔接保护线 PE,下面两孔左接中性线(即零线)N,右接相线 L;单相两孔插座则无保护线。

(4)三相五线制供电(TN－S 系统供电方式)干线。其中有三根相线(现称 L1、L2、

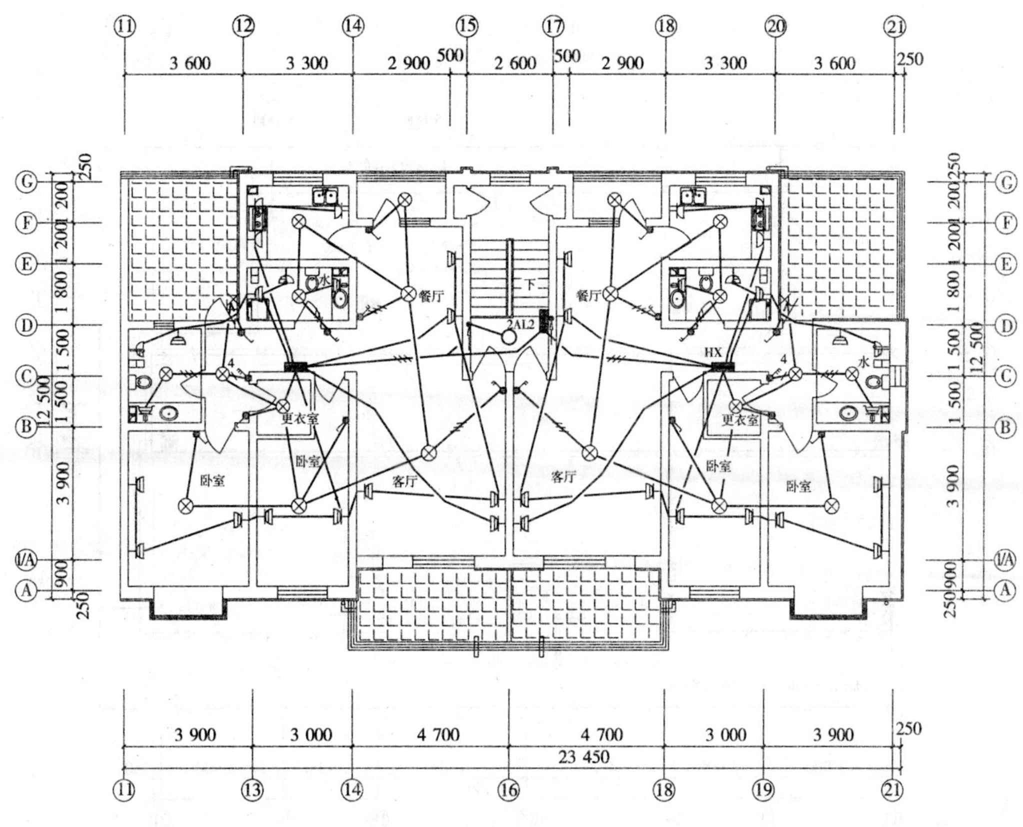

图 7-4　六层照明平面图

L3，即原 A、B、C)，一根工作零线(N)，一根专用保护线(PE)。也有的是单相三线制供电方式，即一根相线、一根零线、一根保护线。

二、常用图例符号和标注代号

(一) 常用图例符号

电气照明工程施工图常用图例符号如表 7-1 所示。

(二) 常用标注代号

1. 常用电气设备字母代号

华北地区建筑设计标准化办公室推出的《建筑电气通用图集》(简称华北标)是参照国际 IEC 标准制定的。常用电气设备字母代号如表 7-2 所示。

例如：在建筑电气施工平面图中第一层第二个照明配电箱标注为 AL-1-2，第二层第三个动力配电箱标注为 AP-2-3；住宅楼的照明配电箱也可以按单元和楼层编号，如 AL-1-2 表示的则是第一个单元二楼的照明配电箱。

2. 线路敷设标注代号及方法

常用电线、电缆型号如表 7-3 所示。

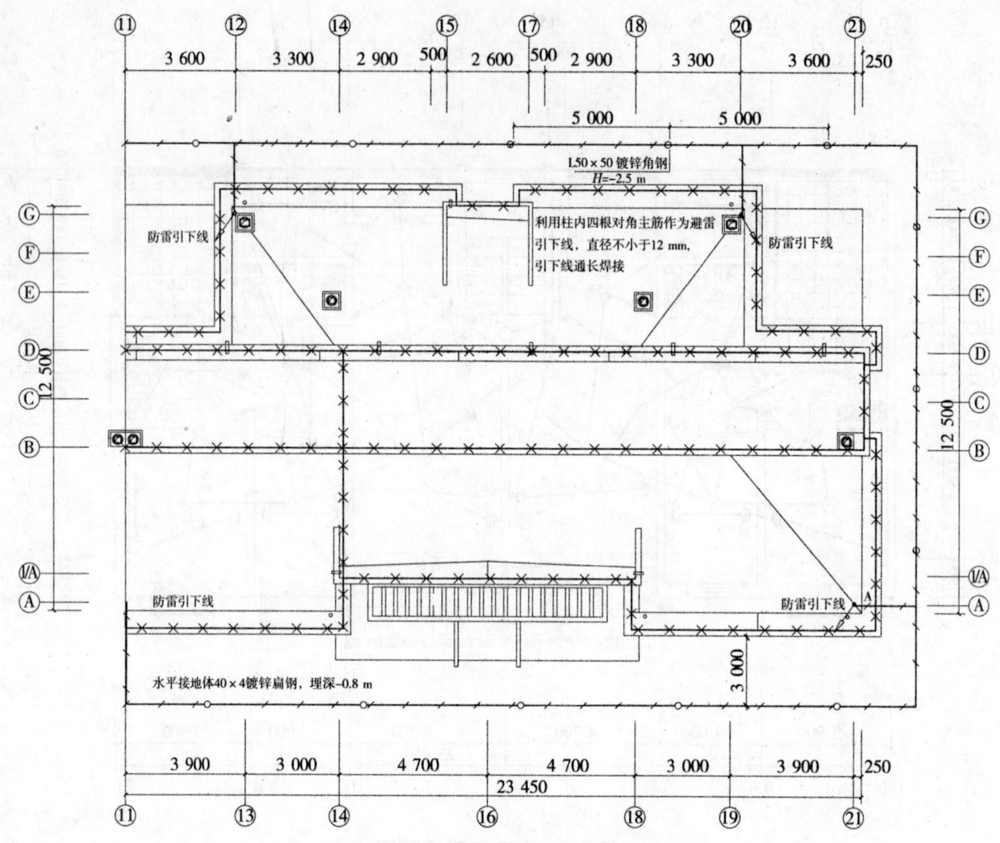

图 7-5 某住宅防雷接地平面图

表 7-1 电气照明工程施工图常用图例符号

图例	名称	型号规格	安装说明	说明
▬	配电箱	XRC－－	暗装，底边距地 1.4 m	
	单联开关	250 V/10 A	暗装，底边距地 1.4 m	
	双联开关	250 V/10 A	暗装，底边距地 1.4 m	
	三联开关	250 V/10 A	暗装，底边距地 1.4 m	
	单相二、三极插座	250 V/10 A	暗装，底边距地 0.3 m	2+3 孔安全型
	二、三极防溅插座	250 V/10 A	暗装，底边距地 1.4 m	卫生间
	换气扇插座	250 V/10 A	吸顶	卫生间

续表 7-1

图例	名称	型号规格	安装说明	说明
	二、三极防溅插座	250 V/16 A	暗装,底边距地 1.8 m	卫生间
	单相三极插座	250 V/16 A	暗装,底边距地 2.3 m	油烟机
	单相二、三极插座	250 V/10 A	暗装,底边距地 1.4 m	
K	单相三极插座	250 V/16 A	暗装,底边距地 2.1 m	窗式空间
	声光控座灯头	15 ~ 40 W	吸顶(顶层灯壁装,距地 2.4 m)	楼梯间
⊗	白炽灯	15 ~ 40 W	吸顶	
	电话宽带组线箱		暗装,底边距地 0.5 m	
TP	电话出线盒		暗装,底边距地 0.3 m	
TO	电话宽带出线盒		暗装,底边距地 0.3 m	
TV	电视信号插座		暗装,底边距地 0.3 m	
VP	电视设备箱		暗装,底边距地 0.5 m	
	户内对讲接线盒		暗装,底边距地 1.4 m	
	对讲电源箱		暗装,底边距地 1.6 m	
	楼层对讲分线箱		暗装,底边距地 1.4 m	
(HX)	户内开关箱		暗装,底边距地 1.6 m	
	单相二、三极插座	250 V/10 A	暗装,底边距地 3.6 m	带防水盖
(LEB)	局部等电位端子箱			卫生间
	座灯头	15 ~ 40 W	壁装,距地 2.2 m	

注:厨房、卫生间灯具选用防水防潮型。

表 7-2 常用电气设备字母代号

序号	种类	名称	代号
1	组件或部件	低压配电屏	AA
2		电桥	AB
3		控制屏(箱)	AC
4		并联电容器屏	ACP
5		直流配电屏	AD
6		低压负荷开关箱	AF
7		高压开关柜	AH
8		刀开关箱	AK
9		照明配电箱	AL
10		应急照明配电箱	ALE
11		多种电源配电箱	AM
12		动力配电箱	AP
13		应急动力配电箱	APE
14		继电器屏	AR
15		漏电流断路器箱	ARC
16		信号屏(箱)	AS
17		电源自动切换箱	AT
18		电度表箱	AW
19		插座箱	AX
20	保护器件	避雷器	F
21		跌开式熔断器	FF
22		熔断器	FU
23		限压保护器件	FV
24		快速熔断器	FTF
25	信号器件	蜂鸣器、电铃	HA
26		绿色指示灯	HG
27		指示灯	HL
28		红色指示灯	HR
29		光信号	HS
30		黄色指示灯	HY

续表 7-2

序号	种类	名称	代号
31	继电器	中间继电器	KA
32		电流继电器	KC
33		双稳态继电器	KL
34		接触器	KM
35		极化继电器	KP
36		干簧继电器	KR
37		逆流继电器	KRR
38	电动机	电动机	M
39		异步电动机	MA
40		鼠笼式电动机	MC
41		直流电动机	MD
42		电动机(通用)	ME
43		同步电动机	MS
44		绕线式转子感应机	MW
45	测量仪表	电流表	PA
46		电度表	PJ
47		无功电度表	PJR
48		电压表	PV
49		有功电度表	PW
50	电力电路开关	启动器	QS
51		自耦降压启动器	QSA
52		星—三星启动器	QSC
53		漏电流断路器	QR
54		真空断路器	QV
55	变压器	电流互感器	TA
56		照明变压器	TL
57		有载调压变压器	TLC
58		电力变压器	TM
59		稳压器	TS
60		电压互感器	TV

表 7-3　常用电线、电缆型号

名称	型号	名称	型号
铝芯聚氯乙烯绝缘导线	BLV	铝芯聚氯乙烯绝缘、护套电缆	VLV
铝芯橡皮绝缘导线	BLX	铝芯塑料绝缘铠装塑料护套电缆	VLV22
铝芯氯丁橡胶绝缘导线	BLXF	铝芯聚氯乙烯绝缘铠装电缆	VLV29
铝芯聚氯乙烯绝缘、护套线	BLVV	铜芯聚氯乙烯绝缘、护套电缆	VV
铜芯聚氯乙烯绝缘导线	BV	铜芯塑料绝缘铠装塑料护套电缆	W22
铜芯橡皮绝缘导线	BX	铜芯聚氯乙烯绝缘铠装电缆	VV29
铜芯氯丁橡胶绝缘导线	BXF	中型橡套移动式软电缆	YZ - YZW
铜芯聚氯乙烯绝缘、护套线	BVV	重型橡套移动式软电缆	YC
铜芯聚氯乙烯绝缘、护套平型线	BVVB	铜芯控制电缆	KVV
铜芯聚氯乙烯绝缘软线	RV	铜芯钢带铠装控制电缆	KVV22
铜芯聚氯乙烯绝缘平型软线	RVB	铜芯铠装控制电缆	KVV29
铜芯聚氯乙烯绝缘绞型软线	RVS	铜芯屏蔽控制电缆	KVVP
铜芯聚氯乙烯绝缘屏蔽软线	RVP	聚氯乙烯绝缘、护套电话电缆	HYV
铜芯聚氯乙烯绝缘、护套软线	RVV	铜芯聚氯乙烯绝缘铠装电话电缆	HYV21
铜芯聚氯乙烯绝缘护套屏蔽软线	RVVP	射频同轴电缆	SKYV

电线、电缆型号的第一个字母代号表示其种类:B 表示绝缘导线,R 表示绝缘软导线,电力电缆不表示,Y 表示移动式软电缆,K 表示控制电缆,H 表示电话电缆,S 表示射频电缆。种类代号后面是导体代号:L 表示铝芯,铜芯不表示。再后面的代号则表示绝缘层和护套等:V 表示聚氯乙烯塑料,X 表示天然橡胶等。

常用线路敷设方式和部位的标注代号分别如表 7-4 和表 7-5 所示。

表 7-4　常用线路敷设方式标注代号

序号	中文名称	旧代号	新代号
1	暗敷	A	C
2	明敷	M	E
3	铝皮线卡敷设	QD	AL
4	电缆桥架敷设		CT
5	穿金软管敷设		F
6	穿厚壁钢管(水煤气管)敷设	GG	RC
7	穿焊接钢管敷设	G	SC
8	穿电线管敷设	DG	TC
9	穿硬聚氯乙烯管敷设	VG	PC
10	穿阻燃半硬聚氯乙烯管敷设	ZVG	FPC

续表 7-4

序号	中文名称	旧代号	新代号
11	绝缘子瓷瓶或瓷柱敷设	CP	K
12	塑料线槽敷设	XC	PR
13	钢线槽敷设	GC	SR
14	金属线槽敷设		MR
15	瓷夹板敷设	CJ	PL
16	塑料线夹敷设	VI	PCL
17	穿蛇皮管敷设	SPG	CP
18	穿塑料刚性阻燃管敷设		PVC

表 7-5　常用线路敷设部位标注代号

序号	中文名称	旧代号	新代号
1	沿钢索敷设	S	SR
2	沿屋架或跨屋架敷设	LM	BE
3	沿柱或跨柱敷设	ZM	CLE
4	沿墙面敷设	QM	WE
5	沿天棚面或顶板面敷设	PM	CE
6	在能进人的吊顶内敷设	PNM	ACE
7	暗敷设在梁内	LA	BC
8	暗敷设在柱内	ZA	CLC
9	暗敷设在墙内	QA	WC
10	暗敷设在地面或地板内	DA	FC
11	暗敷设在屋面或顶板内	PA	CC
12	暗敷设在不能进人的吊顶内	PNA	ACC

线路敷设的标注方法采用以下表达格式：

$$a - b(c \times d)e - f$$

式中　a——回路编号；

b——导线型号；

c——导线根数；

d——导线截面；

e——敷设方式及穿管材质管径；

f——敷设部位。

如某住宅楼电源进户处标注为 VV－22(4×50＋1×25)SC80－FC，就是表示：该住宅楼电源引入，采用铜芯塑料绝缘、塑料护套五芯电力电缆，其中四芯是截面面积为 50 mm^2 的，一芯是截面面积为 25 mm^2 的；穿入公称直径为 80 mm 的焊接钢管内，暗敷设在地面以下。

3. 灯具安装方式标注代号及方法

常用灯具安装方式标注代号如表 7-6 所示。

表 7-6　常用灯具安装方式标注代号

序号	中文名称	旧代号	新代号
1	线吊式	X	CP
2	自在器线吊式	X	CP
3	固定线吊式	X1	CP1
4	防水线吊式	X2	CP2
5	吊线器式	X3	CP3
6	链吊式	L	CH
7	管吊式	G	D
8	壁装式	B	W
9	吸顶式或直附式	D	S
10	嵌入式（嵌入不可进人的顶棚）	R	R
11	顶棚内安装（嵌入可进人的顶棚）	DR	CR
12	墙壁内安装	BR	WR
13	台上安装	T	T
14	支架上安装	J	SP
15	柱上安装	Z	CL
16	座装	ZH	HM

灯具安装的标注方法采用以下表达格式：

$$a - b\frac{c \times d}{e}f$$

式中　a——某场所同类型灯具数量，通常在一张平面图中各类型灯具应分别标注；

b——灯具型号，可以查阅设计施工图册或厂家产品样本；

c——每套灯具内安装灯泡或灯管数量，通常一个灯泡或一根灯管可以不表示；

d——灯泡或灯管的功率瓦数，W；

e——灯具底部距本层楼地面的安装高度，m；

f——灯具安装方式代号。

【例 7-1】　标注代号 $10 - \text{X03A6}\frac{60}{-}\text{S}$ 和 $6 - \text{PKY501}\frac{2 \times 40}{2.5}\text{CH}$ 各表示什么意思？

解　(1) $10 - \text{X03A6}\frac{60}{-}\text{S}$ 表示安装 10 套型号为 X03A6 的圆扁圆吸顶灯，每盏灯内安装 1 个功率为 60 W 的灯泡，灯具吸顶式安装。

(2)6 - PKY501 $\frac{2\times40}{2.5}$CH 表示安装 6 套型号为 PKY501 的盒式日光灯，每套日光灯上安装 2 支 40 W 的灯管，灯具距本层楼地面高度 2.5 m，链吊式安装。

任务二　电气照明系统的组成

电气照明系统是指照明电能来源控制、分配输送、消耗使用的系统。它是一个相对独立完整的设计工作系统，一般是一个单项工程中的一个单位工程。编制预算考虑分部工程项目时，可以认为电气照明安装工程由电源控制、线路敷设、用电设备等三大部分组成。

一、电源控制分部

电源控制分部也就是供配电控制设备，主要由进户线装置与配电控制设备（配电箱、配电柜、配电屏等）组成。它在电气系统中起的作用是分配和控制各用电支路的电能，并保障电气系统安全运行。

（一）进户线装置

进户线装置是指城市供电线路进入建筑物的供电系统方式和线路敷设形式。如果施工图纸的设计要求在进户处做重复接地，接地电阻不大于 10 Ω，则必须考虑接地极制作安装和对该独立接地装置系统的调试。

1. 供电系统方式

在建筑安装工程中，通常所说的三相三线制、三相四线制、三相五线制等，这些名词术语的内涵不十分严密。国际电工委员会（IEC）有统一的规定，称为 TT 系统、TN 系统和 IT 系统等，其中 TN 系统又分为 TN - C 系统（即三相四线制）、TN - S 系统（即三相五线制）、TN - C - S 系统。

国际电工委员会（IEC）规定的供电方式符号，第一个字母表示电源侧电力系统对大地的连接关系，第二个字母表示负载侧电气设备外露的可导电金属部分对大地的连接关系。如果后面还有加注字母（在加注字母前标注一道短横杠），则表示中性线与保护线的组合关系。供电系统方式字母代号和含义如表 7-7 所示。

表 7-7　供电系统方式字母代号和含义

序号	标注位置	字母代号	字母含义
1	第一个字母	T	表示电源侧中性点一点直接接地
		I	表示电源侧没有工作接地，所有带电部分绝缘
2	第二个字母	T	表示负载侧电气设备金属外壳直接接地
		N	表示负载侧电气设备金属外壳与保护线连接
3	其他字母	C	表示中性线与保护线合一
		S	表示中性线与保护线严格分开

建筑物常用的供电系统方式有 TN - S 系统和 TN - C - S 系统。

（1）TN - S 系统：它是把中性线 N 和专用保护线 PE 严格分开的供电系统，即三相五线制供电系统。在双电源（城市电源 + 自备电源）供电方式中，自备电源有专用供电变压器，一律采取 TN－S 供电系统方式。

专用保护线 PE 的规格要求如表 7-8 所示。

表 7-8 专用保护线 PE 的规格要求

序号	相线截面面积（mm^2）	相应专用保护线 PE 截面面积
1	≥50	不小于相线截面面积的 1/2
2	16～35	16 mm^2
3	<16	与相线截面面积相等

（2）TN－C－S 系统：城市供电网往往采用 TN－C 供电系统方式（即三相四线制），它是中性线兼作保护线的一种方式。该中性线可以称为保护性中性线，用 PEN 表示。当建筑物必须采用专用保护线 PE 时，可在进户第一个总配电箱的中性线上分出 PE 线，该总配电箱 N 端子板与 PE 端子板必须连接，且应直接与接地装置焊接连接（即在进户处做重复接地，接地电阻不大于 10 Ω）。这种系统称为 TN－C－S 供电系统。

TN－C－S 供电系统的特点：

①进户处总配电箱的中性线 N 与专用保护线 PE 相连通，应做重复接地，而且要求负载不平衡电流不能太大；

②进户后专用保护线 PE 和中性线 N 必须严格分开，除进户总配电箱外，其他配电箱均不得把专用保护线 PE 和中性线 N 相连；

③PE 线不许断线，PE 线上绝对不允许安装各类开关、熔断器、漏电保安器等，也不得用大地兼作 PE 线，如错误利用给水排水金属管道接地等。

2. 线路敷设形式

进入建筑物的供电线路敷设形式通常分为两种，即架空引入和电缆埋设引入。

1）架空引入

从架空线路电杆引入建筑物电源入口的第一支持物（进户横担）的这段架空线路称为接户线（或称引下线），接户线的长度一般不大于 25 m，必须采用绝缘导线，从美观角度出发也可以采用电缆。由进户横担穿过防水弯头到室内第一个总配电箱的线路叫进户线。

架空引入的进户线装置包括进户线横担（含绝缘子、防水弯头）安装和进户线架设等分项工程项目。

导线在横担上排列应符合如下规定：当面向荷载时，从左侧起依次为 L1、N、L2、L3、PE，导线间距不小于 300 mm；横担可以垂直或者平行于建筑物山墙固定，即分为一端埋设和两端埋设两种形式，须看电杆引下线与建筑物山墙形成的夹角，当小于 45°时垂直埋设，当大于 45°时两端埋设。

进户线架设应考虑 2.5 m/根的导线预留长度，还要考虑进入总配电箱的每根导线预留长度为其箱体的半周长（高＋宽）。

2）电缆埋设引入

电缆的敷设方式主要有直埋铺砂盖砖或盖混凝土板敷设、沿地沟内敷设、穿保护钢管直埋敷设、沿墙明设、沿桥架或托盘敷设等。在建筑安装工程中，应用最多的是直埋敷设。

直埋电缆必须采用铠装电缆，电缆埋深要求不小于0.8 m，电缆沟深不小于0.9 m，电缆的上、下各有10 cm的垫层，上面还要盖砖或盖混凝土板。地面上在电缆拐弯处或进建筑物处要埋设方向桩，以备日后施工时参考。电缆沟内敷设进入室内电缆沟时，要设金属网（网孔不大于1 cm^2），以防小动物进入室内。直埋电缆进入外墙时要穿直径不小于100 mm的钢管，所穿的保护钢管应该超出建筑物的散水坡以外0.1 m，工程量计算规则规定穿过外墙保护管长度按基础外缘以外增加1 m计算。

从城市美观的要求来看，电缆埋设引入比架空引入要好得多。除电缆材料和安装的成本比架空线高外，其供电可靠性更高、供电容量更大。因为它不易受到自然界风暴冰冻或人为损伤，截面面积相同时电缆比导线的阻抗小，且便于采用大截面（小区外线电缆截面面积统一规范为70 mm^2、120 mm^2、180 mm^2）。

电缆进入建筑物和进入配电箱都应增加各为2 m的预留长度。直埋电缆还要按电缆全长计算2.5%的"波纹"预留长度（包括松弛度、波纹弯度、交叉）。

3. 接地装置

建筑工程电气设备重复接地装置是一种独立接地装置，它由接地极和接地母线组成。接地极材料一般采用SC50无缝镀锌钢管、∟50×5镀锌角钢或ϕ20镀锌圆钢，接地母线通常采用∟60×6镀锌扁钢。

接地种类有防雷接地、重复接地、工作接地、保护接地、静电接地等。防雷接地和重复接地的接地电阻要求不大于10 Ω，工作接地、保护接地和静电接地的接地电阻要求不大于4 Ω。

高层建筑（6层或高度20 m以上）往往设有防雷系统，防雷系统由接闪器、引下线、接地装置三部分工程内容组成。接闪器分避雷针和避雷网两种形式，避雷针适用于细高建筑物和构筑物（水塔、烟囱等），材料一般用ϕ20镀锌圆钢或SC40镀锌钢管，铜针尖可以做成装饰性的各种艺术形状；避雷网适用于宽大建筑物，材料一般用ϕ8镀锌圆钢。引下线一般利用两根柱主筋焊接引下，接头处焊接采用双面搭接，其焊接长度应大于6倍的钢筋直径；金属门窗应与引下线焊接连接在一起。防雷接地沿建筑物四周布置成接地网，电气设备重复接地可直接利用防雷接地网。

（二）配电控制设备

配电箱是建筑电气设备安装工程中不可缺少的重要设备。它里面装的东西有控制设备、保护设备、测量仪表等。它在电气系统中起的作用是分配和控制各用电支路的电能，并保障电气系统安全运行。

配电箱按其结构形式可分为箱、柜、屏、台、板等。按其使用功能分为照明配电箱、动力配电箱、插座箱、电话组线箱、电视前端设备箱等。按其箱体材质分为铁制和木制，现以铁制配电箱为多见。按生产方式分为定型产品、非定型产品和现场组装配电箱；在建筑安装工程中要求使用成套配电箱，如果设计采用非定型产品，则要按照设计的配电系统图和二次接线图到工厂加工定制。

1. 配电箱组成

配电箱由控制设备、保护设备、测量仪表和箱体及端子板等组成。电压在500 V以下的各种控制设备和保护设备称为低压电器。在建筑安装工程中常用的低压电器设备有刀开关、熔断器、断路器、接触器、磁力启动器及各种继电器等。

1)刀开关及熔断器

刀开关是最简单的、也是比较陈旧的手动控制设备,其仅适用于无须频繁控制开关电路的场合。根据闸刀的构造分为胶盖闸和铁壳闸两种,根据极数分为单极、双极、三极等三种。

虽然小容量的胶盖闸可以直接用闸内保险丝起短路保护作用,但是在建筑安装工程中不能用闸内保险丝,而是在闸外另装瓷插熔断器,胶盖闸内装保险丝的地方用铜丝代替。

2)低压自动空气断路器

低压自动空气断路器是建筑安装工程中应用最广泛的一种控制设备,简称断路器或空气开关。它除具有全负荷分断能力外,还具有短路保护、过载保护和失欠压保护等功能,常用做配电箱中的总开关或支路开关。因为是靠手动直接控制断开主电路,所以不宜频繁操作。

断路器型号举例:C45N-63/1 表示自动断路器设计系列号 45,N 表示保护照明线路用,壳架额定电流容量 63 A,单极。

3)漏电保护断路器

国际电工委员会(IEC)建议带有插座的家庭安装动作电流小于 30 mA 的漏电保护断路器。

常用的电流型漏电保护断路器分为电磁式和电子式两种。电磁式的可靠性好,建筑安装工程中常用。正常工作时没有漏电现象,漏电断路器不动作;如果负载出现漏电电流,漏电电流通过人体或其他路径流走,漏电保护断路器就会跳闸。

漏电保护断路器型号举例:DZ15L-60/3 90 1 表示自动断路器设计系列号 15,L 表示电磁式漏电断路器(C 为集成电路式,E 为电子式);壳架额定电流容量 60 A,三极;90 为脱扣器代号,电磁液压式延时脱扣器(0 为无脱扣器,1 为热式,2 为电磁式,3 为复式,4 为分励辅助触头,5 为分励失压,6 为二组辅助触头,7 为失压辅助触头);1 表示配电保护用(2 表示电机保护用)。

4)接触器与磁力启动器

接触器与磁力启动器是可以频繁操作的按钮开关,也叫电磁开关,安全可靠,常用做动力控制箱中的控制开关。

接触器具有失欠压保护作用,当电压过低时电磁线圈吸力变小,接触器自动断电。接触器有直流接触器和交流接触器两类,在建筑安装工程中常用交流接触器。

磁力启动器比接触器多装有一个热继电器。热继电器是一种具有延时动作的过载保护器件,能防止长时间超载而损坏电机。热继电器不仅可以作为磁力启动器的一个组成器件,也可以单独使用。

磁力启动器的按钮有启动(常开)和停止(常闭)两种。复合按钮是两个按钮,按上面按钮启动,按下面按钮停止,上、下联动。

5）电度表

在建筑物配电箱中安装的测量仪表主要有累计电能的电度表，也叫电能表，俗称火表。根据供电线路分配的需要，相应设置三相电度表或单相电度表。一般住宅楼仅安装单相电度表，综合楼总配电箱多设有三相电度表。

电度表型号举例：DD862 – 4 10（40）表示单相电度表设计系列号 86，额定电流容量 10 A（最大电流容量 40 A）。

6）配电箱定型产品

照明配电箱的结构形式大都采用冲压成型，外形平整美观。箱内器件一般具有互换性。箱壁进出线上下设有长腰敲落孔，两侧各有两个安装孔，可以用来并装通道箱。

配电箱二次接线图上标有箱体外形尺寸（宽 × 高 × 厚）。

配电箱型号举例：XMR – 04 – 6/1 表示嵌入式照明配电箱设计系列号 04，出线回路 6 个，带单极主开关。

2. 配电箱安装

配电箱安装指成套配电箱安装。

1）配电箱安装方式

成套配电箱安装方式分为落地式、悬挂式和嵌入式三种。落地式配电箱安装在电缆沟槽钢基础梁上，悬挂式明装配电箱安装高度距地 1.2 m（指箱体下边），嵌入式暗装配电箱距地 1.4 m，建筑安装工程中应按照施工图具体设计要求施工。

2）配电箱安装工艺要求

落地式配电箱的安装倾斜度不得大于 5°，安装的场所不得有剧烈振动和颠簸；柜下进线设有电缆沟，要考虑基础槽钢安装。悬挂明装时，安装在墙上或柱上，要考虑角钢支架安装。暗管向明装配电箱进线时，在箱后须加暗装接线盒。

配电箱安装时，先按接线的要求把必须穿管的敲落孔打掉，然后穿管。

注意：配电箱内的管口要平齐，尤其是要及时堵好管口，以防掉进异物而严重影响管内穿线。

3）配电箱二次接线

配电箱二次接线是指该配电箱与连接各配电箱之间的干线及其用户支线的连接线头个数状况。一根导线进（或出）配电箱就是一个接线头，一根电缆（不论几芯）进配电箱就是一个电缆终端头。

一般做法是：①支线导线（除 PE 线外）与断路器接线孔连接是无端子外部接线；②PE 线与端子板连接是焊接线端子接线；③干线导线（除 PE 线外）并接、对接，或导线与设备连接是压接线端子接线。

二、线路敷设分部

室内线路敷设就是配管配线工程，它可以划分为配电干线和用电支线两种。配电干线（即动力线路或相当于动力线路）是连接各配电箱之间的线路；用电支线是连接照明器具等的线路，即照明线路，包括照明回路与插座回路。配管配线工程也包括管与管连接接线、管与设备器具连接接线所必需的接线盒（箱）安装项目。

(一)室内线路敷设的一般规定

关于室内线路敷设的一般规定如下：

(1)室内插座回路与照明回路宜分别供电，其供电半径不宜超过 50 m；

(2)室内线路敷设应避免穿越潮湿房间，潮湿房间应尽量成为电气线路的终端；

(3)半硬难燃塑料管、波纹管不允许明配，不允许敷设在顶棚内；

(4)配电干线管径选用宜按导线穿管最小管径加大 1 ~ 2 级考虑；

(5)管内穿设导线的总截面面积(包括外护层)不应超过管子截面面积的 40%，不同截面、根数绝缘导线穿管最小管径如表 7-9 所示；

表 7-9 绝缘导线穿管最小管径 (单位：mm)

管材	导线根数	导线截面面积(mm^2)											
		2.5	4	6	10	16	25	35	50	70	95	120	150
焊接钢管	2	15	15	15	25	25	32	32	40	50	70	70	80
	3	15	20	20	25	32	40	40	50	70	80	80	100
	4	20	20	25	32	32	50	50	70	80	80	100	100
	5	20	25	25	32	40	50	50	70	80	100	100	125
	6	25	25	25	40	50	50	70	80	100	100	125	125
硬塑料管		16	20	20	25	32	40	40	50	63			
		20	25	25	32	40	50	50	63				
		25	25	25	40	50	50	50					
		25	32	32	40	50	50						
		25	32	32	50	50							

(6)导线分色：穿入管内的配电干线可不分色，支路导线的 L1 相为黄色，L2 相为绿色，L3 相为红色，N 线为淡蓝色，PE 线为绿/黄双色；

(7)后期室内装修未定时，可只设计到进入厅堂第一个用电出线口或其专用配电箱处；

(8)电气布线在竖井管道间内时宜将强、弱电分室设置。

(二)配管

配管是为了穿设、保护导线。配管的方式有明配、暗配等。采用的管材有焊接钢管、电线管、硬塑料管、PVC 刚性阻燃管、半硬难燃塑料管、波纹管等，局部也采用金属软管。最常用的管材是焊接钢管和 PVC 刚性阻燃管。

建筑物内的电气管路大量采用暗配管，暗配管隐蔽可靠，不影响建筑物表面的整齐和美观，不易受外力破坏损伤，而且施工方便。明配管只在某些管路的局部和高层建筑的电气竖井内采用。其他几种配线方式，新建工程中已很少采用。

1. 钢管敷设

钢管的代号为 SC，它的标称直径近似于内径。钢管的特点是抗压强度高，若是镀锌钢管还比较耐腐蚀，像较重要的电信枢纽工程上往往采用镀锌钢管。配电干线、动力线路必须采用焊接钢管。

钢管的连接,明配管应采用丝扣连接,暗配管时允许用套管连接。采用丝扣连接时,必须加焊Φ 6(≤SC40)、Φ 10(SC50)、2 Φ 8(≥SC 70)圆钢接地线,在管箍的两头与钢管两面焊接,焊接长度应大于钢筋直径 6 倍。采用套管连接时,套管的长度应大于管子外径 2.2 倍,套管内径应与管子外径相吻合,套管两端均应严密周圈焊接。

钢管引入箱盒,在箱盒内外应用锁紧螺母固定,或局部点焊,箱盒内管端长度不大于 5 mm,或者管口与箱盒内壁平齐。明配管应采用专用开关盒及一通至四通专用接线盒。

2. PVC 刚性阻燃管敷设

PVC 刚性阻燃管被大量用于支线以及弱电工程上,有取代其他管材(如硬塑料管、半硬难燃塑料管、波纹管等)之势。PVC 刚性阻燃管的标称直径近似于外径。这种管材具有如下优点:

(1)施工方便,裁断、弯曲很容易加工;

(2)耐腐蚀,抗酸碱能力强;

(3)耐高温,符合防火规范的要求;

(4)质量轻,只有钢管质量的 1/6,运输、施工省力;

(5)价格便宜,比钢管价廉。

PVC 刚性阻燃管用一种专用管刀很容易裁断,穿入专用弹簧后在膝盖下可任意弯曲,引入箱盒有专用锁母,连接有专用插接管箍(插接时管端应涂黏结剂),可用于明配和暗配及吊棚内敷设。

(三)管内穿线

一般室内电气线路采用的线材有 500 V BLV 铝芯聚氯乙烯绝缘导线或 BV 铜芯聚氯乙烯绝缘导线。在进户口或者在若干总配电箱之间会局部采用 1 000 V 铝芯聚氯乙烯绝缘聚氯乙烯护套电缆或铜芯聚氯乙烯绝缘聚氯乙烯护套电缆。

铝芯线材逐渐被淘汰。铜芯线材在导电性能(相同截面能提高 1 级载流量,即 2.5 mm^2 铜芯线相当于 4 mm^2 铝芯线)和强度上要比铝芯线材好得多,价格虽然贵了一些,但在整体工程造价上所占比例并不明显。所以,新建工程已经极少有采用铝芯线材的。

1. 管内穿线工艺要求

(1)钢管在穿线之前应严格戴好护口,管口无丝扣的可戴塑料内护口;管内穿线后发现漏戴护口,应全部补齐。

(2)放线时应用放线车。为保证做到相线、零线、PE 线严格区分,应在放线车的线轴上做好记号。

(3)导线在管内不准有接头、背花、死扣等,绝缘不应有损坏。

(4)照明灯具采用螺口灯头,相线应接灯口舌簧,开关应能断相线。

2. 导线预留

一般动力线路在钢管内穿线,在配电箱之间走线。导线进入配电箱时应该考虑一定的预留线长度,以保证在箱内与导线或者器件连接以及将来的维护所需要的接线余量。

照明线路在 PVC 管内穿线,从配电箱引出,在接线盒(包括开关盒、插座盒、灯头盒等)之间走线。布线时在配电箱处以及接线盒处也是要考虑预留线长度的。

(四)接线盒安装

在各种配管过程中,不论是明配管还是暗配管,都存在接线盒(箱)。接线盒包含分线盒、灯头盒、开关盒、插座盒等。预埋灯头盒有八角形或圆形的,预埋开关盒和插座盒用的是同一种方盒(如 86H 系列);接线盒周边留有敲落孔,便于插管连接。住宅建筑往往直接利用灯头盒及插座盒分线,不必单设分线盒,如住户客厅或过道的灯头盒常兼有分线作用。钢管应配置钢盒,塑料管应配置塑料盒。

(1)管路的长度、弯曲数量超过下述规定时,中间应加装接线盒:①直线管路长度超过 45 m;②管路长度超过 30 m、中间有 1 个弯;③管路长度超过 20 m、中间有 2 个弯;④管路长度超过 12 m、中间有 3 个弯。

(2)在灯具及其他电器(如排风扇等)、开关、插座处设置预埋接线盒:①暗装开关和插座的地方应预埋 86H 系列方盒;②现浇混凝土板内所有灯位应预埋灯头盒;③明配管要用相应配套使用的明装接线盒;④防爆钢管要采用相应的防爆接线盒。

总之,安装接线盒既是安装照明器具、开关插座的需要,也是管路连接、分线的需要。

三、用电设备分部

一般民用建筑用电设备是指照明器具、开关插座。电气设备可靠安全、能用好用,这是设计安装电气工程的目的和任务。

(一)照明设备

1. 照明方式

照明方式一般分为工作照明和事故照明两大类。我国照明采用 220 V 电压。

1)工作照明

一般生产和生活照明都属于工作照明。工作照明又分为一般照明、局部照明和混合照明三种方式。

一般照明是指在房间内布置同一形式、统一功率的灯具。其特点是室内照度均匀,安装费用少。

局部照明是指仅在工作点设置照明灯具。局部照明又分为固定式和移动式。移动式局部照明灯具要求使用安全电压(36 V 以下)。

混合照明是指一般照明和局部照明相结合的方式。目前,在工业建筑和要求较高的民用建筑中广泛采用。

2)事故照明

事故照明可分为暂时继续工作照明、人员疏散照明、警卫值班照明以及障碍照明等四种方式。前三种属于应急事故照明,障碍照明属于预防性事故照明。障碍照明应采用能透雾的红光灯具。

2. 灯具种类

目前,照明器具种类繁多。从学习编制预算的角度出发,可以把灯具分为普通灯具、装饰灯具、荧光灯具和其他灯具等类别。

1)普通灯具

普通灯具泛指采用单个普通白炽灯泡或节能灯泡的吸顶灯、吊线灯、弯脖灯、壁灯、座灯头等。

白炽灯是采用不易蒸发耐高温的钨丝,通电后使之发热到白炽状态而发光的一种电光源。节能灯是紧凑型带电子镇流器的普通照明用自镇流荧光灯,在相同照明效果时的用电量仅为白炽灯的20%左右。白炽灯适用于局部照明的场所、经常开闭灯的场所和照度不高且照明时间较短的场所,而节能灯则反之。

2)装饰灯具

装饰灯具是指在高级装饰中采用的吊式安装或吸顶式安装的带多头灯泡的艺术装饰灯具,如蜡烛灯、挂片(碗、碟)灯、串珠(穗、棒)灯、组合灯、玻璃罩灯、荧光灯带(棚)、点光源艺术灯、水下艺术灯、草坪灯、歌舞厅灯等。

3)荧光灯具

荧光灯由镇流器、灯管、启辉器和灯座组成。一套灯的灯管数有单管的、双管的和三管的。安装方式有吊链式、吊管式和吸顶式等。

4)其他灯具

其他灯具包括工厂、医院使用的灯具和路灯等。

3. 灯具安装技术要求

灯具安装技术要求如下:

(1)灯具安装高度低于2.4 m时,灯座应连接保护线。

(2)螺旋灯口的中心触点必须连接相线,螺旋体连接零线。

(3)同一室内成排安装的灯具,其中心偏差不应大于5 mm。

(4)吊管式安装灯具,其吊管内径不小于10 mm;吊链式安装灯具,灯线不应受拉力,灯线宜与吊链编插在一起。

(5)吊灯根据灯具质量,线吊式限于1 kg以下,超过1 kg采用链吊式,超过3 kg应预埋铁件、吊钩或螺栓。

(6)固定花灯的吊钩,其圆钢直径不应小于灯吊挂销钉的直径,且不得小于6 mm。

(7)嵌入式灯具,配管应与灯体衔接或装置接线盒采用金属软管与灯体衔接,顶棚内不应裸露导线。

(8)每个照明回路的灯和插座数不宜超过25个,且应有15 A及以下过载保护。

(二)开关、插座

1. 开关、插座的种类

开关、插座的安装形式分为明装和暗装。

开关根据构造形式的不同有拉线开关、扳把开关、跷板开关、密闭开关以及按钮开关等,按控制方式分为单控开关和双控开关,按控制极数分为单联开关至六联开关等。

插座按电源相数分为单相插座和三相插座,按额定电流分为5 A、10 A、15 A、25 A、30 A不等。插座按插接极数分为2孔至12孔不等。

插座的联数和开关联数含义有所不同,应注意其差异。按接出开关的导线极数(根数)计算即是其开关联数,一联就相当于一个控制开关。按接出插座的导线极数(根数或孔数)计算却不是其插座联数,因为两孔、三孔,甚至四孔(三相四孔插座)才相当于一个插座。例如:鸿雁牌A862223-10型两位两极双用两极带接地插座,其型号表示的含义是 A86 系列插座，双联（即两位），二极（且扁、圆双用）加三极（两极带接地极）。

一个双联插座也可以叫五孔插座，俗称“二加三插座”。

2. 开关、插座安装技术要求

开关、插座安装技术要求如下：

（1）开关必须断、合相线。

（2）门侧安装的跷扳开关中心、拉线开关的拉线距门口边缘应为 15 ~ 20 cm，同一层的开关宜一致。

（3）跷板开关的安装高度为距地面 1.3 ~ 1.4 m（底边），拉线开关为 2.3 m。

（4）多联开关各自控制灯的位置、顺序应协调，跷板闭合方向应一致。

（5）明装插座安装高度一般为距地面 1.8 m，暗装插座安装高度一般为距地面0.3 m，住宅楼内的插座安装高度低于 1.8 m 时应采用安全型插座，托儿所、幼儿园里的插座安装高度不应低于 1.8 m。

（6）单相二孔插座，面对插座的右孔接相线，左孔接零线；单相三孔插座，上孔接保护线、右孔接相线、左孔接零线；三相四孔插座，上孔接保护线，下三孔接相线。

（7）开关、插座压接线应牢固，盒内清洁，导线无砸压，面板端正，垂直误差不大于1 mm。

（8）铁制接线盒应先焊接好保护线，然后全部进行镀锌，出现锈迹，应再补刷一次防锈漆。

任务三　电气照明安装工程预算的编制

一、编制电气照明预算的依据和要求

（一）编制依据

（1）电气施工图纸，这是列项和计算工程量的主要依据。

（2）《建筑电气安装施工图册》、设计所用的系列建筑电气标准设计图集。

（3）施工组织设计或有关施工方案。

（4）《电气装置安装工程施工及验收规范》（GBJ 232—82）、《建筑电气安装工程质量检验评定标准》（GBJ 303—88）和地区性标准规定。

（5）各地区现行的《电气设备安装工程预算定额》，这是确定各分项工程安装费单价的依据。

（6）各地区现行的《建筑安装工程费用定额》，依据这个定额可以查出各个不同工程类型及类别的取费费率，以便进行取费计算。

（7）各地区建设工程材料预算价格表，可以依据这个价格表计算未计价主材费，以及根据需要编制补充定额。

（8）施工合同及补充协议，一般把承包方式和工期、质量要求及费用结算方法等都写入合同。建设工程结算价通常要根据施工合同中的有关条款对预算价进行调整。调整方式、方法在合同中都有约定。此部分内容是投标人正确编制报价的重要依据，也是后期编制结算、进行索赔和反索赔的重要依据。

(9)设计变更单、施工技术核定单,有时其中还绘有附图,它和图纸有同等的作用。

(10)各地区建设工程造价管理部门随时颁布的建设工程造价动态信息文件,一般在每个季度公布一次,主要查看建设工程用主要材料的调整价格和辅助材料的调整系数。

(11)实用手册。实用手册和工具书包括了计算各种结构件面积、体积的公式,钢材、木材等各种材料规格、型号及用量数据,各种单位的换算比例等,这些公式、资料和数据是施工图预算中常常要用到的。

(二)编制要求

(1)首先要熟悉电气安装施工图,同时应了解土建、水暖等有关的施工图,特别是在电气管路工程量的计算中,必须明白这些管路是在土建结构中的什么部位敷设的,例如是走地面垫层还是走吊顶,这直接关系到工程量的计算。

(2)熟悉有关标准、定额、材料价格表及各种有关文件。各种有关的标准含规范、图集等,其中都有标准做法和安装尺寸等,还有电气线路安全保护的技术要求等,编制电气预算书时是离不开的。

(3)掌握工程量的计算方法、套用定额的方法、计算未计价主材设备费的方法、取费的方法、调整材料价差的方法和工程结算的方法等,这是编制预算的基本功。

(4)计算数据要求可靠、有足够的精确度。在电气工程预算中,套用定额数据是可靠的、准确的。但是,对于定额基价中未计价的材料或设备,比如成套配电箱在材料预算价格中查不到的设备型号,可以作暂估价进入预算,最后由建设单位保底。这就要求预算员作暂估价时尽可能地符合供应市场的实际价格。

(5)需要作补充定额时,应在施工过程中将补充单位估价表及有关资料报有关主管业务部门审查批复,这就能够保持定额的严肃性。

(6)了解施工合同及补充协议,其中许多条款和工程结算有关系,如设计施工变更项目的费用调整、材料设备结算的价格调整等。

(7)了解建设单位(业主)的有关要求、资金情况、设计意图等。这些直接和施工单位的利益密切相关。

(8)电气工程预算列项时,宜把定额未计价主要材料设备费用单独列项,动力与照明也可以分开列项。弱电工程预算也可以单独做,以便于审核或分包。

(9)工程量计算草稿一般应保留,供复查之用。

二、工程量计算的技术方法

编制预算进行列项和计算,必须思路清晰,讲究条理性、技术性。编制电气工程预算,难点在于列项和工程量计算,工程量计算的难点又在于线路工程量计算。掌握工程量计算的顺序和表达方式很重要。

(一)计算顺序

编制电气照明工程预算,应按照一定的顺序来列出各分项工程并计算其工程量。

列项可以按"进户装置—控制设备—干线—支线—用电设备"的顺序来考虑。

列项计算顺序就是要按照线路顺序(包括干线顺序和支线顺序)和楼层顺序,再按照回路号或方向顺序(逆时针方向或顺时针方向)逐条计算。设备列项计算顺序可按控制设备和用电设备分类,或者按图纸材料设备明细表所列顺序。

材料设备明细表列有工程采用材料设备的名称、型号、规格、安装标高、尺寸及数量等内容。此表中所列数量是设计者提供的一个参考数量,不能作为工程量来编制预算,预算人员要按照相应的工程量计算规则和方法重新计算。

1. 干线的计算顺序

室内供配电线路分为进户电源线、干线和支线。连接总配电箱与各分配电箱之间的线路就是干线。总配电箱之前的是进户电源线,连接用电设备的就是支线。

干线的敷设方式或者说配电箱的设置方式有单相并联式、三相分配式、总分式等几种低压配电系统方式,理解它有助于逐条计算清楚干线工程量。总分式也就是在单相并联式和三相分配式这两种基本方式的电源侧设置了一个带总开关的总配电箱,自成控制回路。

低压配电系统(回路)的划分:某个建筑物有几个配电控制系统(回路),要看带有分配电箱的总配电箱(带主控开关)有几个。凡回路中带有仪表、继电器、电磁开关等调试元件的(不包括闸刀开关、保险器),均按调试系统计算。若某个建筑物不设带主控开关的总配电箱,亦可算做一个配电系统。电度表箱、开关箱、插座箱等均算做分配电箱,只有接线箱(箱内没有装电气元件、仪表的)不算分配电箱。

干线的计算顺序可以按导线截面由大到小排列,这和配电箱顺序、回路号顺序相一致。

2. 支线的计算顺序

支线主要有插座回路和照明回路。平面图上一般标有支线各回路的顺序号,也可以按逆时针方向或顺时针方向逐条计算回路。

在平面图上,暗敷线路的走向没有规律性,一般是沿最短的距离到达灯具位置的。因此,计算暗敷线路的长度,往往要用比例尺量取平面图上的线路长度。明敷线路一般沿墙走线较有规则,其长度可以参照建筑平面图的有关尺寸计算。

计算插座回路时,要特别注意特殊地方的插座标高,如厨房、卫生间等处插座标高在1.5 m左右,抽油烟机插座标高在2.2 m左右。

计算照明回路时,要注意开关连接线,它往往显得比较繁杂。为避免漏算、错算,累加照明回路长度时,每遇见(量到)一盏灯,就要马上度量它的开关连接线长度;要注意多联开关连接线比一般照明线路多出来的导线根数;有要求接地的灯具,要考虑从配电箱引来的保护线长度是多少。

需要强调的是,安装工程预算的线路工程量计算,尽管是按照正确方法去量取图纸尺寸计算工程量的,但总不会是绝对正确的,计算存在误差总是难免的。因为图纸表达的问题:如配电箱、开关、插座等暗装本来在墙内,但图纸总画在墙外;设备平面布置的位置要排开,会往空白多处挤,这样设备和线路的关系会显得更清楚,而施工时只要符合规范的安装尺寸要求,实际平面位置还是可以适当变通的。所以说,图纸的线路长度本来画得也不是很准,加之预算量尺寸又要求作适当调整,如量暗装插座位置可以量到墙中处等,这样不同预算人员来量取这张图纸的尺寸,都可能会有计算误差,各人也均会有各自的计算结果,只要误差不大、合理就行。

合理确定工程造价是预算人员的宗旨。安装预算中线路与设备相比较，建筑工程中附属安装工程与土建工程相比较，造价所占比例也都不大，所以不必因此担心影响工程合理造价。

（二）线路计算书表达方式

编制电气预算时，线路工程量计算相比较而言是困难而烦琐的。线路计算书表达方式，是说线路配管穿线工程量在工程量计算书上项目怎么列、数量怎么记、结果怎么算。

现成的计算书表格形式多样，可以使用；为了保持计算书的干净利索，也可以采用一些简洁明了的“代号”。例如，平面（楼地面）部位配管可用“—”或“=”表示，立面（墙面）部位配管可用“1”或“-1_”表示。预算书、计算书的项目名称都要简洁明了。

三、预算定额使用说明

（一）编制电气照明工程预算须使用安装工程预算定额内容

编制电气照明工程预算，主要须使用安装工程预算定额以下几部分内容：

（1）控制设备及低压电器，主要用于照明配电箱安装项目，经常使用的项目有成套配电箱安装、端子板外部接线和焊、压接线端子等；

（2）电缆，用于室内外电缆敷设项目，进户线装置采用电缆埋设引入时经常使用的项目有电缆敷设和电缆头制作、安装等；

（3）防雷及接地装置，主要用于接地装置安装项目，当设计要求在进户处做重复接地时，需考虑接地极制作安装项目；

（4）10 kV 以下架空配电线路，当进户线设计为导线架空引下时，涉及进户线横担安装和进户线架设等项目；

（5）电气调整试验，一般民用建筑电气照明工程仅存在接地装置调试项目；

（6）配管、配线，一般民用建筑电气照明工程经常使用的项目有钢管敷设、刚性阻燃管敷设、管内穿线和接线盒安装等；

（7）照明器具，内容包括灯具、开关、插座以及电铃、风扇等安装项目，其中灯具安装里的装饰灯具部分属于二次高级装饰工程内容。

（二）对执行定额的有关问题的说明

对执行定额的有关问题说明如下：

编制施工图预算，必须做到“两熟”，即必须熟悉施工图设计的工程内容和预算定额规定的计费项目。这样才能保证确定项目、计算费用的正确性和完整性。

（1）套用预算定额单价时，要考虑该定额子目工作内容和图纸设计意图、要求做法是否完全一致，定额与图纸做法虽然相近，但要考虑小异之处是否允许换算。

比如预算定额就有下列明确规定（可参见预算定额的“章说明”，以内蒙古 2009 版定额为例介绍，其他各地根据地区定额调整，工程量计算规则下同）：

①落地式安装的配电箱（柜）与其基础槽钢的固定方式，定额中均按综合考虑，不论其与基础连接采用螺栓还是焊接方式，均不作调整。

②电力电缆敷设定额均是按三芯（包括三芯连地）考虑的，五芯电力电缆敷设定额乘以系数 1.3，六芯电力电缆乘以系数 1.6，每增加一芯，定额增加 30%，以此类推。单芯电

力电缆敷设按同截面电缆定额乘以系数0.67，截面面积400 mm^2 以上至800 mm^2 的单芯电力电缆，敷设按400 mm^2 电力电缆定额执行。

③竖直通道电缆敷设泛指在高层建筑电气竖井或电视塔等建(构)筑物垂直方向进行的电缆敷设。

④直径100 mm以下的电缆保护管敷设执行"配管配线"章有关定额。

⑤各型灯具的引导线，除注明者外，均已综合考虑在定额内，使用时不做换算。

⑥定额内已包括利用摇表测量绝缘及一般灯具的试亮工作(但不包括调试工作)。

(2)套完预算定额单价后，要考虑还有没有一些需要按百分比费率计取的定额直接费。安装工程预算定额中，这些费用的计取规定一般在其"册说明"上。如电气设备安装工程预算定额的册说明，就规定了脚手架搭拆费、工程超高增加费、高层建筑增加费、安装与生产同时进行增加的费用、在有害身体健康的环境中施工增加的费用等的计取方法。

关于基价调整、未计价主材费、综合取费、材差调整、行业规费及税金的计算，参见地区定额有关内容。

四、工程量计算规则

仅将与室内电气照明安装工程预算编制有关章节的工程量计算规则摘录于下。

(一)控制设备及低压电器

(1)控制设备及低压电器安装均以"台"为计量单位。以上设备安装均未包括基础槽钢、角钢的制作安装，其工程量应按相应定额另行计算。

(2)铁构件制作安装均按施工图设计尺寸，以成品质量"kg"为计量单位。

(3)网门、保护网制作安装，按网门或保护网设计图示的框外围尺寸，以"m^2"为计量单位。

(4)盘柜配线分不同规格，以"m"为计量单位。

(5)盘、箱、柜的外部进出线预留长度按表7-10计算。

表7-10　盘、箱、柜的外部进出线预留长度　　(单位:m/根)

序号	项目	预留长度	说明
1	各种箱、柜、盘、板、盒	高+宽	盘面尺寸
2	单独安装的铁壳开关、自动开关、刀开关、启动器、箱式电阻器、变阻器	0.5	从安装对象中心算起
3	继电器、控制开关、信号灯、按钮、熔断器等小电器	0.3	从安装对象中心算起
4	分支接头	0.2	分支线预留

(6)配电板制作安装及包铁皮，按配电板图示外部尺寸，以"m^2"为计量单位。

(7)焊(压)接线端子定额只适用于导线，电缆终端头制作安装定额中已包括压接线端子，不得重复计算。

(8)端子板外部接线按设备盘、箱、柜、台的外部接线图计算，以"个、头"为计量单位。

(9)盘、柜配线定额只适用于盘上小设备元件的少量现场配线，不适用于工厂的设备修、配、改工程。

(二)电缆

(1)直埋电缆的挖、填土(石)方,除特殊要求外,可按表7-11计算土(石)方量。

表7-11 直埋电缆的挖、填土(石)方量

项目	电缆根数	
	1~2	每增一根增加
每米沟长挖、填方量(m^3)	0.45	0.153

(2)电缆沟盖板揭、盖定额,按每揭或每盖一次以"延长米"计算,若又揭又盖,则按两次计算。

(3)电缆保护管长度,除按设计规定长度计算外,遇有下列情况,应按以下规定增加保护管长度,见表7-12。

表7-12 电缆敷设的附加长度

序号	项目	附加预留长度	说明
1	电缆敷设弛度、波形弯度、交叉	2.5%	按电缆全长计算
2	电缆进入建筑物	2.0 m	规范规定最小值
3	电缆进入沟内或吊架时引上(下)预留	1.5 m	规范规定最小值
4	变电所进线、出线	1.5 m	规范规定最小值
5	电力电缆终端头	1.5 m	检修余量最小值
6	电缆中间接头盒	两端各留2.0 m	检修余量最小值
7	电缆进控制、保护屏及模拟盘等	高+宽	按盘面尺寸
8	高压开关柜及低压配电盘、箱	2.0 m	盘下进出线
9	电缆至电动机	0.5 m	从电机接线盒起算
10	厂用变压器	3.0 m	从地坪起算
11	电缆绕过梁柱等增加长度	按实际计算	按被绕物的断面情况计算增加长度
12	电梯电缆与电缆架固定点	每处0.5 m	规范最小值

①横穿道路,按路基宽度两端各增加2 m;

②垂直敷设时,管口距地面增加2 m;

③穿过建筑物外墙时,按基础外缘以外增加1 m;

④穿过排水沟时,按沟壁外缘以外增加1 m。

(4)电缆保护管埋地敷设,其土方量凡有施工图注明的,按施工图计算;无施工图的,一般沟深按0.9 m、沟宽按最外边的保护管两侧边缘外各增加0.3 m工作面计算。

(5)电缆敷设按单根以"延长米"计算,一个沟内(或架上)敷设三根各长100 m的电缆,应按300 m计算,以此类推。

(6)电缆敷设长度应根据敷设路径的水平和垂直敷设长度,按表7-12规定增加附加长度。

(7)电缆终端头及中间头均以“个”为计量单位。电力电缆和控制电缆均按一根电缆有两个终端头考虑。中间电缆头设计有图示的,按设计确定;设计没有规定的,按实际情况计算(或按平均250 m一个中间头考虑)。

(8)桥架安装以“m”为计量单位。

(9)吊电缆的钢索及拉紧装置应按相应定额另行计算。

(10)钢索的计算长度以两端固定点的距离为准,不扣除拉紧装置的长度。

(11)电缆敷设及桥架安装应按定额说明的综合内容范围计算。

(三)防雷及接地装置

(1)接地极制作安装以“根”为计量单位,其长度按设计长度计算;设计无规定时,每根长度按2.5 m计算。当设计有管帽时,管帽另按加工件计算。

(2)接地母线敷设按设计长度以“m”为计量单位计算工程量。接地母线、避雷线敷设,均按“延长米”计算,其长度按施工图设计水平和垂直规定长度另加3.9%的附加长度(包括转弯、上下波动、避绕障碍物、搭接头所占长度)计算。计算主材费时应另增加规定的损耗率。

(3)接地跨接线以“处”为计量单位,按规程规定凡需做接地跨接线的工程内容,每跨接一次按一处计算,户外配电装置构架均须接地,每副构架按一处计算。

(4)避雷针的加工制作、安装以“根”为计量单位,独立避雷针安装以“基”为计量单位。长度、高度、数量均按设计规定。独立避雷针的加工制作应执行“一般铁件”制作定额或按成品计算。

(5)半导体少长针消雷装置安装以“套”为计量单位,按设计安装高度分别执行相应定额。装置本身由设备制造厂成套供货。

(6)利用建筑物内主筋做接地引下线安装以“m”为计量单位,每一个柱子内按焊接两根主筋考虑,如果焊接主筋数超过两根,可按比例调整。

(7)断接卡子制作安装以“套”为计量单位,按设计规定装设的断接卡子数量计算,接地检查井内的断接卡子安装按每井一套计算。

(8)高层建筑物屋顶的防雷接地装置应执行“避雷网安装”定额,电缆支架的接地线安装应执行“户内接地母线敷设”定额。

(9)均压环敷设以“m”为计量单位,主要考虑利用圈梁内主筋做均压环接地连线,焊接按两根主筋考虑,超过两根时,可按比例调整。长度按设计需要做均压接地的圈梁中心线的长度,以“延长米”计算。

(10)钢、铝窗接地以“处”为计量单位(高层建筑六层以上的金属窗设计一般要求接地),按设计规定接地的金属窗数进行计算。

(11)柱子主筋与圈梁连接以“处”为计量单位,每处按两根主筋与两根圈梁钢筋分别焊接连接考虑。如果焊接主筋和圈梁钢筋超过两根,可按比例调整,需要连接的柱子主筋和圈梁钢筋“处”数按规定设计计算。

(四)进户线装置

(1)进户线横担安装按施工图设计规定,区别不同形式,以“根”为计量单位计算。

(2)进户线架设,区别导线不同截面,以“km/单线”为计量单位计算。进户线的导线预留长度按2.5 m/根计算。导线长度按线路总长度与预留长度之和计算。计算主材费时,应另增加规定的损耗率(1.8%,参见预算定额附录)。

(五)电气调整试验

(1)送配电设备系统调试适用于各种供电回路(包括照明供电回路)的系统调试。凡供电回路中带有仪表、继电器、电磁开关等调试元件(不包括闸刀开关、保险器)的,均按调试系统计算。移动式电器和以插座连接的家电设备经厂家调试合格、不需要用户自调的设备均不应计算调试费用。

①接地网接地电阻的测定。大型建筑群有各自的接地网(接地电阻值设计有要求),虽然在最后也将各接地网连在一起,但应按各自的接地网计算,不能作为一个网,具体应按接地网的试验情况而定。

②避雷针接地电阻的测定。每一避雷针均有单独接地网(包括独立的避雷针、烟囱避雷针等)时,均按“一组”计算。

③独立的接地装置按“组”计算。

(2)一般的住宅、学校、办公楼、旅馆、商店等民用电气工程的供电调试应按下列规定执行:

①配电室内带有调试元件的盘、箱、柜和带有调试元件的照明主配电箱,应按供电方式执行相应的“配电设备系统调试”定额。

②每个用户房间的配电箱(板)上虽装有电磁开关等调试元件,但如果生产厂家已按固定的常规参数调整好,不需要安装单位进行调试就可直接投入使用的,不得计取调试费用。

③民用电度表的调整校验属于供电部门的专业管理,一般皆由用户向供电局订购调试完毕的电度表,不得另外计算调试费用。

(3)高标准的高层建筑、高级宾馆、大会堂、体育馆等具有较高控制技术的电气工程(包括照明工程),应按控制方式执行相应的电气调试定额。

(六)配管、配线

(1)各种配管应区别不同敷设方式、敷设位置、管材材质、规格,以“延长米”为计量单位,不扣除管路中间的接线箱(盒)、灯头盒、开关盒所占长度。

(2)定额中未包括钢索架设及拉紧装置、接线箱(盒)、支架的制作安装,其工程量应另行计算。

(3)管内穿线的工程量应区别线路性质、导线材质、导线截面,以单线“延长米”为计量单位计算。线路分支接头线的长度已综合考虑在定额中,不得另行计算。

照明线路中的导线截面面积大于或等于6 mm^2 时,应执行动力线路穿线相应项目。

(4)钢索架设工程量应区别圆钢、钢索直径($\phi6$、$\phi9$),按图示墙(柱)内缘距离,以“延长米”为计量单位计算,不扣除拉紧装置所占长度。

(5)动力配管混凝土地面刨沟工程量应区别管子直径,以“延长米”为计量单位计算。

(6)接线箱安装工程量应区别安装形式(明装、暗装)、接线箱半周长,以“个”为计量单位计算。

(7)接线盒安装工程量应区别安装形式(明装、暗装、钢索上)以及接线盒类型,以“个”为计量单位计算。

(8)灯具、明暗开关、插座、按钮等的预留线已分别综合在相应定额内,不另行计算。配线进入开关箱、柜、板的预留线按表7-13规定的长度,分别计入相应的工程量。

表7-13 配线进入开关箱、柜、板的预留线 (单位:m/根)

序号	项目	附加预留长度	说明
1	各种开关箱、柜、板	高+宽	盘面尺寸
2	单独安装(无箱、盘)的铁壳开关、闸刀开关、启动器、母线槽进出线盒等	0.3	从安装对象中心算起
3	由地面管子出口引至动力接线箱	1.0	从管口计算
4	电源与管内导线连接(管内穿线与软、硬母线接头)	1.5	从管口计算
5	出户线	1.5	从管口计算

(七)照明器具安装

(1)普通灯具安装的工程量,应区别灯具的种类、型号、规格,以“套”为计量单位计算。普通灯具安装定额适用范围见表7-14。

表7-14 普通灯具安装定额适用范围

定额名称	灯具种类
圆球吸顶灯	材质为玻璃的螺口、卡口圆球独立吸顶灯
半圆球吸顶灯	材质为玻璃的独立的半圆球吸顶灯、扁圆罩吸顶灯、平圆形吸顶灯
方形吸顶灯	材质为玻璃的独立的矩形罩吸顶灯、方形罩吸顶灯、大口方罩吸顶灯
软线吊灯	利用软线为垂吊材料、独立的,材质为玻璃、塑料、搪瓷,由形状如碗、伞、平盘灯罩组成的各式软线吊灯
吊链灯	利用吊链做辅助悬吊材料、独立的,材质为玻璃、塑料罩的各式吊链灯
防水吊灯	一般防水吊灯
一般弯脖灯	圆球弯脖灯、风雨壁灯
一般墙壁灯	各种材质的一般壁灯、镜前灯
软线吊灯头	一般吊灯头
声光控座灯头	一般声控、光控座灯头
座灯头	一般塑胶、瓷质座灯头

(2)荧光灯灯具安装的工程量应区别灯具的安装形式、灯具种类、灯管数量，以“套”为计量单位计算。荧光灯灯具安装定额适用范围见表7-15。

表7-15　荧光灯灯具安装定额适用范围

定额名称	灯具种类
组装型荧光灯	单管、双管、三管，吊链式、吸顶式，现场组装独立荧光灯
成套型荧光灯	单管、双管、三管，吊链式、吊管式、吸顶式，成套独立荧光灯

(3)开关、按钮安装的工程量应区别开关、按钮安装形式，开关、按钮种类，开关极数以及单控与双控，以“套”为计量单位计算。

(4)插座安装的工程量应区别电源相数、额定电流、插座安装形式、插座插孔个数，以“套”为计量单位计算。

(5)风扇安装的工程量应区别风扇种类，以“台”为计量单位计算。

任务四　电气安装工程预算编制实例

电气安装工程施工图预算编制实例选择一座六层砖混结构住宅楼，以一个为独立单元、一梯两户为例。背景资料完全是实际工程情况。

一、电气安装工程施工图

该电气安装工程施工图由设计说明、图例、系统图、底层平面图和标准层平面图组成。说明如下：实际工作中查看建筑物附属电气设备安装工程的单位工程设计说明，需要注意该单项工程设计总说明中的相对应部分内容。图例，也就是材料设备明细表。一般称图例就不会列有数量了，电气设备虽全，但线路材料往往被忽略。底层平面图交代了进户线、配电干线的布置状况，标准层平面图交代了住户支线的布置状况。

(一)电气设计说明

由于是实际工程案例，覆盖面广，为保证完整性，不删除电气安装以外部分。

(1)工程概况。本建筑为六层砖混结构住宅楼，现浇混凝土楼板。

(2)设计依据。包括：《住宅建筑规范》(2005版)，《建筑照明设计标准》(GB 50034—2004)，《民用建筑电气设计规范》(JGJ/T 16—92)，《建筑物防雷设计规范》(GB 50057—94)(2000版)，建设方提供的设计任务书，有关专业提供的设计资料。

(3)设计范围。包括：照明配电系统(根据住宅户型每户容量分别按6 kW计算)，防雷接地系统，电话宽带系统，有线电视系统，防盗对讲系统。

(4)住宅属三类建筑，进户电源三相五线制，供电电压380/220 V，由小区变电所电缆埋地引入。做法见《05系列建筑标准设计图集》05D5－112(所有线缆室外埋深不小于－0.8 m)。

(5)工程采用TN－C－S接地保护系统，即电源端中性点直接接地、进户后中性线N

与保护线 PE 分开系统。

(6)进户线做一组重复接地,接地线(PE)引至配电箱及插座,接地电阻 $R \leqslant 1\ \Omega$。

(7)进户线采用 VV22 铜芯电缆,进户处穿钢管保护。

(8)室内未注导线均为 BV. 2 ×2. 5. PVC20. C,高度低于 2. 4 m 的金属灯具均接 PE 线。

(9)住宅楼梯间照明由一层配电箱回路单独供电。

(10)住宅单元总开关机插座回路均加设漏电保护器,总开关漏电动作电流为 300 mA,插座漏电动作电流为 30 mA。

(11)所有插座均为三条线(其中包括一条 PE 线)

(12)所有接 220 V 市电的弱点金属箱体均接 PE 线。

(13)进出建筑物金属管道做总等电位连接,并与接地装置相连,卫生间做局部等电位连接。做法见《05D10 -[131 -136]》图集。

(14)有线电视采用分支分配系统,每单元每层设电视设备箱,配出回路穿 PVC20 至每户电视插座。

(15)由建筑物入口处埋地引入电话电缆及数据光缆,室内电话线路采用 RVB -2 ×0. 5,数据信息插座采用超五类综合布线。

(16)宽带电话、电视、电源插座间隔不小于 300 mm。

(17)电视宽带对讲电源接一层楼梯间弱电回路(BV. 3 ×2. 5. PVC20. C)。

(18)途中电视电话对讲设计方案需和当地有关部门联系确认后施工。

(19)暗配电器管线过伸缩缝做法见 05D5 -255。

(20)本工程电器设计及施工做法均参照《建筑电气设计规范》和《05D5 系列建筑电气标准图集》。

(21)电器预留洞口须与土建配合施工。

(22)施工单位必须按照施工技术标准施工。施工过程中发现设计文件和图纸有差错的,应当及时提出意见和建议。

节能:

(1)采用绿色照明,选择发光效率高的节能灯具。

(2)选择合理的照明方式及照明种类。

(3)在公共走道及楼梯间采用声光控灯具等节能控制方式。

(二)图例

图例如表 7-1 所示。

二、防雷接地系统

本建筑属三类建筑,按三类防雷设计。

在屋面女儿墙及屋脊上设 10 mm 热镀锌圆钢做避雷带。利用柱内四根对角主筋作为避雷引下线,直径不小于 12 mm(或两根不小于 16 mm),引下线间距不小于 25 m,要求引下线通长焊接,上端与屋面避雷带焊牢,下端用 40 ×4 热镀锌扁钢引出自然综合接地装置可靠焊接。接地电阻小于 1 Ω,不满足要求则应补打人工垂直接地极(∟50 ×5,长 2. 5 m)。

屋顶防雷装置做法见05D10－18，接地装置做法见05D10－46。

金属屋面和所有凸出屋面的金属构件均应与避雷带可靠连接。

防高电位侵入措施：总等电位连接，并可靠接地。

防雷击电磁脉冲措施：过电压保护。强、弱电进线端选择合适的避雷器(SPD)。

(一)照明系统图

住宅楼电气照明系统图如图7-1所示。

(二)平面图

住宅楼一层照明平面布置如图7-2所示，标准层(二～五层)照明平面布置如图7-3所示，六层照明平面布置如图7-4所示，防雷接地平面布置如图7-5所示。

三、电气照明安装工程施工图定额计价

(一)工程量计算书

该住宅楼的工程量计算书如表7-16所示。

表7-16　工程量计算书

建设单位________　　　　建筑面积________ m^2

工程项目	型号	计算式	合计	单位
一、照明配电箱				
总照明电源箱550×550	AZ	1台	1 200元/台	台
一层照明配电箱720×520	2AL1	1台	900元/台	台
二～六层配电箱480×480	2AL2～2AL6	5台	750元/台	台
户内开关箱340×300	HX	12台	420元/台	台
二、配电箱—配电箱干线				
①进户电缆保护管—总照明配电箱	AZ			
钢管	SC 80	4.5+1.4+0.8	6.7	m
②总照明配电箱—东单元一层配电箱(沿地板暗敷)	2AL1			
电线	SC 50	BV－4×35＋1×16 mm^2		
钢管	SC 50	1.4+0.1+5+1.4+0.1	8	m
电线	BV－35 mm^2	8+(0.55+0.55)+(0.72+0.52)	10.34	m
		10.34 m×4根	41.36	m
电线	BV－16 mm^2	8+(0.55+0.55)+(0.72+0.52)	10.34	m

续表 7-16

工程项目	型号	计算式	合计	单位
压铜线端子	BV－35 mm^2	4×2	8	个
压铜线端子	BV－16 mm^2	1×2	2	个
③一层配电箱—二层配电箱(沿墙暗敷)				
电线	PVC 50	BV－4×35＋1×16 mm^2		
阻燃电线管	*De*50	2.9 m(层高)	2.9	m
电线	BV－35 mm^2	2.9＋(0.72＋0.52)＋(0.48＋0.48)	5.1	m
		5.1 m×4 根	20.4	m
电线	BV－16 mm^2	2.9＋(0.72＋0.52)＋(0.48＋0.48)	5.1	m
压铜线端子	BV－35 mm^2	4×2	8	个
压铜线端子	BV－16 mm^2	1×2	2	个
④二层配电箱—三层、四层配电箱				
电线	PVC 50	BV－3×35＋1×16 mm^2		
阻燃电线管	*De*50	2.9×2	5.8	m
电线	BV－35 mm^2	5.8＋(0.48＋0.48)×2×2 层	9.64	m
		9.64 m×3 根	28.92	m
电线	BV－16 mm^2	5.8＋(0.48＋0.48)×2×2 层	9.64	m
压铜线端子	BV－35 mm^2	3×2×2 层	12	个
压铜线端子	BV－16 mm^2	1×2×2 层	4	个
⑤四层配电箱—五层、六层配电箱(沿墙暗敷)				
电线	PVC 40	BV－2×35＋1×16 mm^2		
阻燃电线管	*De*40	2.9×2	5.8	m
电线	BV－35 mm^2	5.8＋(0.48＋0.48)×2×2 层	9.64	m
		9.64 m×2 根	19.28	m
电线	BV－16 mm^2	5.8＋(0.48＋0.48)×2×2 层	9.64	m
压铜线端子	BV－35 mm^2	2×2×2 层	8	个
压铜线端子	BV－16 mm^2	1×2×2 层	4	个
⑥一层配电箱—东户室配电箱(沿板暗敷)				

续表 7-16

工程项目	型号	计算式	合计	单位
电线	BV－3×10 mm^2	PVC 32		
阻燃管	*De*32	(1.4＋0.1＋6＋1.6＋0.1)×6 层	55.2	m
一层电线	BV－10 mm^2	9.2＋(0.72＋0.52)＋(0.34＋0.3)	11.08	m
		11.08 m×3 根	33.24	m
二～六层同一层电线	BV－10 mm^2	9.2＋(0.48＋0.48)＋(0.34＋0.3)	10.8	m
		(10.8 m×5 层＝54 m)×3 根	162	m
压铜线端子	BV－10 mm^2	3×2×6 层	36	个
⑦一层配电箱—西户室内开关箱(沿板暗敷)				
电线	BV－3×10 mm^2			
阻燃管	*De*32	(1.4＋0.1＋8.5＋1.6＋0.1)×6 层	70.2	m
一层电线	BV－10 mm^2	11.7＋(0.72＋0.52)＋(0.34＋0.3)	13.58	m
		13.58 m×3 根	40.74	m
二～六层电线	BV－10 mm^2	11.7＋(0.48＋0.48)＋(0.34＋0.3)	13.3	m
		13.3 m×5 层×3 根	199.5	m
压铜线端子	BV－10 mm^2	3×2×6 层	36	个
⑧电线主干线				
钢管	*DN*80	6.7		m
钢管	*DN*50	8	8	m
阻燃电线管	*De*50	2.9＋5.8	8.7	m
阻燃电线管	*De*40	5.8	5.8	m
阻燃电线管	*De*32	55.2＋70.2	125.4	m
电线	BV－35 mm^2	41.36＋20.4＋28.92＋19.28	109.96	m
电线	BV－16 mm^2	10.34＋5.1＋9.64＋9.64	34.72	m
电线	BV－10 mm^2	33.24＋162＋40.74＋239.4	475.38	m
压铜线端子	BV－35 mm^2	8＋8＋12＋8	36	个
压铜线端子	BV－16 mm^2	2＋2＋4＋4	12	个
压铜线端子	BV－10 mm^2	36＋36	72	个
三、东户室内照明(加西户二～六层)				
座灯头		12 套×2(两户)×6 层	144	

续表 7-16

工程项目	型号	计算式	合计	单位
单联单控开关		6 个 ×2(两户) ×6 层	72	
双联单控开关		3 个 ×2(两户) ×6 层	36	
三联单控开关		1 个 ×2(两户) ×6 层	12	
单相二、三极插座		17 个 ×2(两户) ×6 层	204	
二、三极防溅插座		4 个 ×2(两户) ×6 层	48	
换气扇插座		2 个 ×2(两户) ×6 层	24	
单相三极插座		1 个 ×2(两户) ×6 层	12	
空调单相三极插座		1 个 ×2(两户) ×6 层	12	
声控灯			6	个
四、照明电路计算				
①室内开关箱 HX—餐厅插座回路(板墙暗敷)				
电线	BV - 3 ×4 mm²	PVC 20		
阻燃管	*De*20	(1.6 +0.1) +7.1 + (0.3 +0.1) ×3	10	m
电线	BV - 4 mm²	10 + (0.34 +0.3)	10.64	m
		10.64 m ×3 根	31.92	m
压铜线端子	BV - 4 mm²		3	个
②室内开关箱 HX—客厅卧室插座回路(板墙暗敷)				
电线	BV - 3 ×4 mm²	PVC 20		
阻燃管	*De*20	(1.6 +0.1) + (5 +2.5 +4.5 +5 + 3 +2 +4 +2.5 +9 +3.5 +2) + (0.3 +0.1) ×25	54.7	m
电线	BV - 4 mm²	54.7 + (0.34 +0.3)	55.34	m
		55.34 m ×3 根	166.02	m
压铜线端子	BV - 4 mm²		3	个
③室内开关箱 HX—空调插座回路(板墙暗敷)				
电线	BV - 3 ×4 mm²	PVC 20		
阻燃管	*De*20	(1.6 +0.1) +9 +8 + (2.1 +0.1) ×3	25.3	m
电线	BV - 4 mm²	25.3 + (0.34 +0.3)	25.94	m
		25.94 m ×3 根	77.82	m
压铜线端子	BV - 4 mm²		3	个

续表 7-16

工程项目	型号	计算式	合计	单位
④室内开关箱 HX—厨房卫生间插座回路(板墙暗敷)				
电线	BV-3×4 mm²	PVC 20		
阻燃管	De20	(1.6+0.1)+4+4.5+1.5+1+3+1+(1.4+0.1)×5+(1.8+0.1)×2+(1.4+0.1)×3+(2.3+0.1)×2	37.3	m
电线	BV-4 mm²	37.3+(0.34+0.3)	37.94	m
		37.94 m×3 根	113.82	m
压铜线端子	BV-4 mm²		3	个
⑤室内开关箱 HX—户内照明灯回路(顶板墙暗敷)				
电线	BV-2×2.5 mm²	PVC 20		
阻燃管	De20	(2.9-1.4)+1+1+3+1.5+3+4+4+1.5+3.5+2.5+5+3+1.5+4+2+1+4+2+1.5×2+4+1.5+(2.9-1.4)×8	69.5	m
电线	BV-2.5 mm²	69.5+(0.34+0.3)	70.14	m
		70.14 m×2 根	140.28	m
电线	BV-2×2.5	PVC 20		
阻燃管	De20	3.5+1+1.5+(2.9-1.4)×3	10.5	m
		10.5 m×3 根	31.5	m
压铜线端子	BV-2.5 mm²		2	个
⑥一层照明配电箱—楼梯口公共照明回路(沿墙顶板敷)				
电线	BV-2×2.5 mm²	PVC 20		
阻燃管	De20	(2.9-1.4)+2.7+2.9×5+1.3×5层	25.2	m
电线	BV-2.5 mm²	25.2+(0.72+0.52)	26.44	m
		26.44 m×2 根	52.88	m
压铜线端子	BV-2.5 mm²		2	个
五、东户管线				
阻燃管	De20	10+54.7+25.3+37.3+69.5+10.5	207.3	m
电线	BV-4 mm²	31.92+166.02+77.82+113.82	389.58	m
电线	BV-2.5 mm²	140.28+31.5	171.78	m
压铜线端子	BV-4 mm²	12		个
压铜线端子	BV-2.5 mm²	2		个

续表 7-16

工程项目	型号	计算式	合计	单位
六、东单元六层总计				
阻燃管	*De*20	207.3 m×2(两户)×6层	2 487.6	m
电线	BV-4 mm^2	389.58 m×2(两户)×6层	4 674.96	m
电线	BV-2.5 mm^2	171.78 m×2(两户)×6层	2 061.36	m
压铜线端子	BV-4 mm^2	12个×2(两户)×6层	144	个
压铜线端子	BV-2.5 mm^2	2个×2(两户)×6层	24	个
七、防雷接地				
①总等电位端子箱			1	台
②局部等电位端子箱			12	台
③避雷网沿折板支架敷设		25+42.5+23.3+34+垂直2.1×4	133.2	m
④避雷引下线(利用建筑物主筋引下)		22.2×2根×4处	177.6	m
⑤户内接卫生间等电位箱扁钢敷设		60	60	m
⑥角钢接地极制作、安装		16	16	根
⑦接地跨接线安装		8	8	处
⑧避雷引下线断接卡子制作、安装		4	4	套
⑨户内接地母线接各种钢管配电箱		26	26	m
(10)利用基础钢筋做接地板(东单元一层底面积)		12.5×23.45	293	m^2
(11)户外接地母线		(25×4+17.5×2+2×5+3.5)×(1+3.9%)	206.42	m
(12)测试箱安装		4	4	台
(13)接地网系统调试		1	1	系统

(二)单位工程费汇总

该住宅楼的单位工程费汇总如表 7-17 所示。

表 7-17　单位工程费汇总

工程名称:六层住宅东单元预算　　　　　　　　　　　　制表:　　年　　月　　日

序号	项目名称	计算公式	费率(%)	金额(元)
1	直接费	按定额计算		62 531
1.1	直接工程费	按定额计算		58 473
1.1.1	其中:(1)人工费	按定额计算		23 956
1.1.2	(2)机械费	按定额计算		1 293
1.2	措施项目费	按定额计算		4 058
1.2.1	其中:(3)人工费	按定额计算		649
1.2.2	(4)机械费	按定额计算		96
2	直接费中(人工费+机械费)	以上(1)+(2)+(3)+(4)		25 994
3	企业管理费、利润	以下(5)+(6)	32	8 318
3.1	其中:(5)企业管理费	2×费率	15	3 899
3.2	(6)利润	2×费率	17	4 419
4	总包服务等其他项目费	按实际发生计算		
5	材料价差调整	以下(7)+(8)+(9)		22 059
5.1	其中:(7)单项材料调整	明细附后		749
5.2	(8)材料系数调整	1×系数		
5.3	(9)未计价主材费	明细附后		21 310
6	合计	1+3+5		92 908
7	规费	以下规费分项累计	5.57	5 175
7.1	其中:养老失业保险	6×费率	3.5	3 252
7.2	基本医疗保险	6×费率	0.68	632
7.3	住房公积金	6×费率	0.9	836
7.4	工伤保险	6×费率	0.12	111
7.5	意外伤害保险	6×费率	0.19	177
7.6	生育保险	6×费率	0.08	74
7.7	水利建设基金	6×费率	0.1	93
8	合计	6+7		98 083
9	税金	8×税率	3.44	3 374
10	含税工程造价(小写)	8+9		101 457
11	含税工程造价(大写)	壹拾万壹仟肆佰伍拾柒元整		101 457

(三)安装工程预(结)算书

该住宅楼的安装工程预(结)算书如表 7-18 所示。材料价差调整如表 7-19 所示,材料价格按 2008 年呼和浩特地区材料价格调整。

表 7-18　安装工程预(结)算书

工程名称:六层住宅东单元预算　　　　　　　　　　制表:　　年　　月　　日

定额号	项目名称	单位	工程量	基价(元)	直接费(元)
a2-266	总照明配电箱安装 AZ	台	1	132.93	133
主材	总照明配电箱 550×550	台	1.000	1 200.00	1 200
a2-266	一层照明配电箱安装 2AL1	台	1	132.93	133
主材	一层照明配电箱 720×520	台	1.000	900.00	900
a2-265	二~六层照明配电箱安装 2AL2~2AL6	台	5	108.43	542
主材	二~六层照明配电箱 480×480	台	5.000	750.00	3 750
a2-1477	户内开关箱安装 HX	个	12	17.6	211
主材	户内开关箱 340×300	个	12.000	420.00	5 040
a2-1498	座灯头安装	套	144	6.53	940
主材	座灯头	套	145.440	3.50	509
a2-1746	扳式暗开关(单控单联)安装	套	72	4.31	310
主材	暗开关(单控单联)	只	73.440	10.00	734
a2-1747	扳式暗开关(单控双联)安装	套	36	4.75	171
主材	暗开关(单控双联)	只	36.720	12.00	441
a2-1748	扳式暗开关(单控三联)安装	套	12	5.2	62
主材	暗开关(单控三联)	只	12.240	14.00	171
a2-1779	单相暗插座安装 15 A　5 孔	套	204	6.31	1 287
主材	单相五孔暗插座 15 A	套	195.840	8.00	1 567
a2-1779	单相防溅暗插座安装 15 A　5 孔	套	60	6.31	379
主材	单相五孔防溅暗插座 15 A	套	61.200	10.00	612
a2-1777	换气扇插座安装 15 A　3 孔	套	24	4.95	119
主材	换气扇暗插座 15 A	套	24.480	10.00	245
a2-1777	单相暗插座安装 15 A　3 孔	套	12	4.95	59
主材	单相三孔暗插座 15 A	套	12.240	12.00	147
a2-1777	空调插座安装 15 A　3 孔	套	24	4.95	119
主材	空调暗插座 15 A	套	24.480	12.00	294
a2-1497	声控灯安装	套	6	8.16	49
主材	声控灯	套	6.060	18.00	109
a2-1479	暗装接线盒	个	462	2.93	1 354
主材	接线盒	套	471.240	1.00	471
a2-1480	暗装开关盒	个	120	2.53	304
主材	开关盒	套	122.400	1.00	122
a2-334	无端子外部接线 4 mm^2	个	144	1.97	284
a2-333	无端子外部接线 2.5 mm^2	个	26	1.62	42
a2-344	压铜线端子 导线截面面积 35 mm^2 以内	个	36	7.76	279
a2-343	压铜线端子 导线截面面积 16 mm^2 以内	个	12	5.34	64
a2-343 ×j0.8	压铜线端子 导线截面面积 10 mm^2 以内	个	72	4.28	308
a2-1121	钢管沿砖、混凝土结构暗配 钢管公称口径 80 mm	m	6.7	46.75	313

续表 7-18

定额号	项目名称	单位	工程量	基价(元)	直接费(元)
a2-1119	钢管沿砖、混凝土结构暗配 钢管公称口径 50 mm	m	16.7	25.15	420
a2-1118	钢管沿砖、混凝土结构暗配 钢管公称口径 40 mm	m	5.8	21.48	125
a2-1204	阻燃塑料管沿砖、混凝土结构暗配 公称口径 32 mm	m	125.4	5.5	690
主材	阻燃塑料管 32 mm	m	132.924	4.85	645
主材	套接管 32 mm	m	1.555	4.95	8
a2-1202	阻燃塑料管沿砖、混凝土结构暗配 公称口径 20 mm	m	2 513	3.6	9 047
主材	阻燃塑料管 20 mm	m	2 663.780	2.26	6 020
主材	套接管 20 mm	m	23.874	2.36	56
a2-1280	管内穿动力线(铜芯)导线截面面积 35 mm^2	m(单线)	110	26.08	2 869
a2-1278	管内穿动力线(铜芯)导线截面面积 16 mm^2	m(单线)	35	12.04	421
a2-1277	管内穿动力线(铜芯)导线截面面积 10 mm^2	m(单线)	475	7.89	3 748
a2-1249	管内穿照明线(铜芯)导线截面面积 4 mm^2	m(单线)	4 675	3.58	16 737
a2-1248	管内穿照明线(铜芯)导线截面面积 2.5 mm^2	m(单线)	2 114	2.63	5 560
a2-1477	总等电位箱	个	1	17.6	18
主材	总等电位箱	个	1.000	120.00	120
a2-1477	卫生间等电位箱	个	12	17.6	211
主材	卫生间等电位箱	个	12.000	65.00	780
a2-855	避雷网安装 沿折板支架敷设	m	133.2	17.24	2 296
a2-852	避雷引下线敷设(利用建筑物主筋引下)	m	177.6	4.56	810
a2-802	户内接卫生间等电位箱扁钢敷设	m	60	12.83	770
a2-795	角钢接地极制作、安装 普通土	根	16	62.26	996
a2-807	接地跨接线安装	处	8	9.63	77
a2-853	避雷引下线断接卡子制作、安装	套	4	18.6	74
a2-802	户内接地母线敷设	m	26	12.83	334
a2-801	利用基础钢筋做接地极		293	7.24	2 121
a2-803	户外接地母线敷设(截面 200 以内)	m	206.42	18.2	3 756
a2-1475	测试箱安装	个	4	25.76	103
主材	测试箱	个	4.000	135.00	540
a2-992	接地网系统调试	系统	1	556.38	556
aqt-33	脚手架搭拆费	%	4	239.56	958
aqt-34	安全文明施工费	%	2.3	252.5	581
aqt-35	临时设施费	%	5	252.5	1 262
aqt-36	雨季施工增加费	%	0.3	252.5	76
aqt-37	已完、未完工程保护费	%	0.5	252.5	126
aqt-38	材料及产品检测费(<10 000 m^2)	m^2	1 758	0.6	1 055
	合计				62 529

表 7-19　材料价差调整

工程名称:六层住宅东单元预算　　　　　　　　　　　　　　　制表:　　　年　　月　　日

序号	材料名称	单位	数量	定额价(元)	市场价(元)	调整额(元)	价差合计(元)
材料价差(合计)							749
1	避雷网 ϕ10 圆钢	m	109.2	2.16	3.95	1.79	195
2	圆钢 ϕ(5.5~9)	kg	5.887	3.9	5.25	1.35	8
3	镀锌圆钢 ϕ(10~14)	kg	29.007	4.8	6.4	1.6	46
4	焊接钢管 *DN*40	m	5.974	12.44	22.92	10.48	63
5	焊接钢管 *DN*50	m	17.201	15.82	29.13	13.31	229
6	焊接钢管 *DN*80	m	6.901	27.02	49.79	22.77	157
7	接地母线 -40×4	m	27.3	4.42	6.3	1.88	51

四、电气照明安装工程施工图清单计价

根据《建设工程工程量清单计价规范》(GB 50500—2008)附录 C 安装工程工程量清单项目及计算规则中的 C.2 电气设备安装工程进行计算。

防雷及接地装置工程量清单项目设置及工程量计算规则应按表 7-20 的规定执行。

表 7-20　防雷及接地装置工程量清单项目设置及工程量计算规则(编码:030209)

项目编码	项目名称	项目特征	计量单位	工程量计算规则	工程内容
030209001	接地装置	1. 接地母线材质、规格 2. 接地极材质、规格	项	按设计图示尺寸以长度计算	1. 接地极(板)制作、安装 2. 接地母线敷设 3. 换土或化学处理 4. 接地跨接线 5. 构架接地
030209002	避雷装置	1. 受雷体名称、材质、规格、技术要求(安装部位) 2. 引下线材质、规格、技术要求(引下形式) 3. 接地极材质、规格、技术要求 4. 接地母线材质、规格、技术要求 5. 均压环材质、规格、技术要求	项	按设计图示数量计算	1. 避雷针(网)制作、安装 2. 引下线敷设,断接卡子制作、安装 3. 拉线制作、安装 4. 接地极(板、桩)制作、安装 5. 极间连线 6. 油漆(防腐) 7. 换土或化学处理 8. 钢、铝窗接地 9. 均压环敷设 10. 柱主筋与圈梁焊接
030209003	半导体少长针消雷装置	1. 型号 2. 高度	套	按设计图示数量计算	安装

电气调整试验工程量清单项目设置及工程量计算规则应按表 7-21 的规定执行。

表 7-21 电气调整试验工程量清单项目设置及工程量计算规则(编码:030211)

<table>
<tr><th>项目编码</th><th>项目名称</th><th>项目特征</th><th>计量单位</th><th>工程量计算规则</th><th>工程内容</th></tr>
<tr><td>030211001</td><td>电力变压器系统</td><td>1. 型号
2. 容量(kVA)</td><td rowspan="3">系统</td><td rowspan="4">按设计图示数量计算</td><td rowspan="2">系统调试</td></tr>
<tr><td>030211002</td><td>送配电装置系统</td><td>1. 型号
2. 电压等级(kV)</td></tr>
<tr><td>030211003</td><td>特殊保护装置</td><td rowspan="3">类型</td><td rowspan="5">调试</td></tr>
<tr><td>030211004</td><td>自动投入装置</td><td>套</td></tr>
<tr><td>030211005</td><td>中央信号装置、事故照明切换装置、不间断电源</td><td>系统</td><td>按设计图示系统计算</td></tr>
<tr><td>030211006</td><td>母线</td><td rowspan="2">电压等级</td><td>段</td><td rowspan="2">按设计图示数量计算</td></tr>
<tr><td>030211007</td><td>避雷器、电容器</td><td>组</td></tr>
<tr><td>030211008</td><td>接地装置</td><td>类别</td><td>系统</td><td>按设计图示系统计算</td><td>接筏乏
电阻测试</td></tr>
<tr><td>030211009</td><td>电抗器、消弧线圈、电除尘器</td><td>1. 名称、型号
2. 规格</td><td rowspan="2">台</td><td rowspan="2">按设计图示数量计算</td><td rowspan="2">调试</td></tr>
<tr><td>030211010</td><td>硅整流设备、可控硅整流装置</td><td>1. 名称、型号
2. 电流(A)</td></tr>
</table>

配管、配线工程量清单项目设置及工程量计算规则应按表 7-22 的规定执行。

表 7-22 配管、配线工程量清单项目设置及工程量计算规则(编码:030212)

<table>
<tr><th>项目编码</th><th>项目名称</th><th>项目特征</th><th>计量单位</th><th>工程量计算规则</th><th>工程内容</th></tr>
<tr><td>030212001</td><td>电气配管</td><td>1. 名称
2. 材质
3. 规格
4. 配置形式及部位</td><td rowspan="3">m</td><td>按设计图示尺寸以“延长米”计算。不扣除路中间的接线箱(盒)、灯头盒、开关盒所占长度</td><td>1. 刨沟槽
2. 钢索架设(拉紧装置安装)
3. 支架制作、安装
4. 电线管路敷设
5. 接线盒(箱)、灯头盒、开关盒、插座盒安装</td></tr>
<tr><td>030212002</td><td>线槽</td><td>1. 材质
2. 规格</td><td>按设计图示尺寸以“延长米”计算</td><td>1. 安装
2. 油漆</td></tr>
<tr><td>030212003</td><td>电气配线</td><td>1. 配线形式
2. 导线型号、材质、规格
3. 敷设部位或线制</td><td>按设计图示尺寸以“延长米”计算</td><td>1. 支持体(夹板、绝缘子、槽板等)安装
2. 支架制作、安装
3. 钢索架设(拉紧装置安装)
4. 配线
5. 管内穿线</td></tr>
</table>

照明器具安装工程量清单项目设置及工程量计算规则应按表7-23的规定执行。

表7-23 照明器具安装工程量清单项目设置及工程量计算规则(编码:030213)

<table>
<tr><th>项目编码</th><th>项目名称</th><th>项目特征</th><th>计量单位</th><th>工程量计算规则</th><th>工程内容</th></tr>
<tr><td>030213001</td><td>普通吸顶灯及其他灯具</td><td>1. 名称、型号
2. 规格</td><td rowspan="6">套</td><td rowspan="6">按设计图示数量计算</td><td>1. 支架制作、安装
2. 组装
3. 油漆</td></tr>
<tr><td>030213002</td><td>工厂灯</td><td>1. 名称、安装
2. 规格
3. 安装形式及高度</td><td>1. 支架制作、安装
2. 组装
3. 油漆</td></tr>
<tr><td>030213003</td><td>装饰灯</td><td>1. 名称
2. 型号
3. 规格
4. 安装高度</td><td>1. 支架制作、安装
2. 安装</td></tr>
<tr><td>030213004</td><td>荧光灯</td><td>1. 名称
2. 型号
3. 规格
4. 安装形式</td><td rowspan="2">安装</td></tr>
<tr><td>030213005</td><td>医疗专用灯</td><td>1. 名称
2. 型号
3. 规格</td></tr>
<tr><td>030213006</td><td>一般路灯</td><td>1. 名称
2. 型号
3. 灯杆材质及高度
4. 灯架形式及臂长
5. 灯杆形式(单、双)</td><td>1. 基础制作、安装
2. 立灯杆
3. 杆座安装
4. 灯架安装
5. 引下线支架制作、安装
6. 焊压接线端子
7. 铁构件制作、安装
8. 除锈、刷油
9. 灯杆编号
10. 接地</td></tr>
</table>

其他相关问题应按下列规定处理:

(1)“电气设备安装工程”适用于10 kV以下变配电设备及线路的安装工程。

(2)挖、填土工程,应按附录A相关项目编码列项。

(3)电机按其质量划分为大、中、小型。3 t以下为小型,3~30 t为中型,30 t以上为大型。

(4)控制开关包括自动空气开关、刀型开关、铁壳开关、胶盖刀闸开关、组合控制开关、万能转换开关、漏电保护开关等。

(5)小电器包括按钮、照明用开关、插座、电笛、电铃、电风扇、水位电气信号装置、测量表计、继电器、电磁锁、屏上辅助设备、辅助电压互感器、小型安全变压器等。

(6)普通吸顶灯及其他灯具包括圆球吸顶灯、半圆球吸顶灯、方形吸顶灯、软线吊灯、吊链灯、防水吊灯、壁灯等。

(7)工厂灯包括工厂罩灯、防水灯、防尘灯、碘钨灯、投光灯、混光灯、高度标志灯、密闭灯等。

(8)装饰灯包括吊式艺术装饰灯、吸顶式艺术装饰灯、荧光艺术装饰灯、几何型组合艺术装饰灯、标志灯、诱导装饰灯、水下艺术装饰灯、点光源艺术灯、歌舞厅灯具、草坪灯具等。

(9)医疗专用灯包括病房指示灯、病房暗脚灯、紫外线杀菌灯、无影灯等。

五、综合分析

(1)分部分项工程量清单计价如表7-24所示。

表7-24　分部分项工程量清单计价

工程名称:住宅楼工程

序号	项目编码	项目名称	计量单位	工程数量	金额(元)	
					综合单价	合价
1	030204018001	配电箱 项目特征: 类别:总照明配电箱 半周长或回路数:550×550	台	1	1 383.64	1 383.64
2	030204018002	配电箱 项目特征: 类别:楼层照明配电箱 半周长或回路数:720×520	台	1	1 083.64	1 083.64
3	030204018003	配电箱 项目特征: 类别:楼层照明配电箱 半周长或回路数:480×480	台	5	897.45	4 487.25
4	030204018004	配电箱 项目特征: 类别:户内开关箱 半周长或回路数:340×300	台	12	567.45	6 809.40
5	030213001001	普通吸顶灯及其他灯具 项目特征: 名称:座灯头安装	套	144	12.03	1 732.32

续表 7-24

序号	项目编码	项目名称	计量单位	工程数量	金额(元)	
					综合单价	合价
6	040904010001	开关、按钮、插座安装 项目特征: 名称:扳式暗开关 规格、型号:单控单联	套	72	16.42	1 182.24
7	040904010002	开关、按钮、插座安装 项目特征: 名称:扳式暗开关 规格、型号:单控双联	套	36	18.83	677.88
8	040904010003	开关、按钮、插座安装 项目特征: 名称:扳式暗开关 规格、型号:单控三联	套	12	21.27	255.24
9	040904010004	开关、按钮、插座安装 项目特征: 名称:单相暗插座 规格、型号:15 A 5孔	套	192	17.25	3 312.00
10	040904010005	开关、按钮、插座安装 项目特征: 名称:单相防溅暗插座 规格、型号:15 A 5孔	套	60	19.29	1 157.40
11	040904010006	开关、按钮、插座安装 项目特征: 名称:换气扇插座 规格、型号:15 A 3孔	套	24	17.66	423.84
12	040904010007	开关、按钮、插座安装 项目特征: 名称:单相暗插座 规格、型号:15 A 3孔	套	12	19.7	236.40
13	040904010008	开关、按钮、插座安装 项目特征: 名称:空调插座 规格、型号:15 A 3孔	套	24	19.7	472.80
14	030213001002	普通吸顶灯及其他灯具 项目特征: 名称:声控灯	套	6	41.74	250.44

续表 7-24

序号	项目编码	项目名称	计量单位	工程数量	金额(元)	
					综合单价	合价
15	030212008001	接线盒安装 项目特征: 名称及安装方式:暗装接线盒	个	462	4. 53	2 092. 86
16	030212008002	接线盒安装 项目特征: 名称及安装方式:暗装开关盒	个	120	4. 53	543. 60
17	040901010001	接线端子 项目特征: 名称:无端子外部接线 规格:4 mm^2	个	144	2. 79	401. 76
18	040901010002	接线端子 项目特征: 名称:无端子外部接线 规格:2. 5 mm^2	个	26	2. 25	58. 50
19	030204036001	压铜线端子 项目特征: 规格:导线截面面积 35 mm^2 以内	个	36	8. 15	293. 40
20	030204036002	压铜线端子 项目特征: 规格:导线截面面积 16 mm^2 以内	个	12	5. 79	69. 48
21	030204036003	压铜线端子 项目特征: 规格:导线截面面积 10 mm^2 以内	个	72	5. 79	416. 88
22	030212001001	电气配管 项目特征: 材质:钢管 规格:80 mm^2 配置形式及部位(不适用于金属软管): 暗配	m	6. 7	74. 42	498. 61

续表 7-24

序号	项目编码	项目名称	计量单位	工程数量	金额(元)	
					综合单价	合价
23	030212001002	电气配管 项目特征： 材质:钢管 规格:50 mm 配置形式及部位(不适用于金属软管)： 暗配	m	16.7	38.8	647.96
24	030212001003	电气配管 项目特征： 材质:钢管 规格:40 mm 配置形式及部位(不适用于金属软管)： 暗配	m	5.8	34.08	197.66
25	030212001004	电气配管 项目特征： 名称:阻燃塑料管 规格:32 mm 配置形式及部位(不适用于金属软管)： 暗配	m	125.4	10.82	1 356.83
26	030212001005	电气配管 项目特征： 名称:阻燃塑料管 规格:20 mm 配置形式及部位(不适用于金属软管)： 暗配	m	2 513	6.16	15 480.08
27	030212003004	电气配线 项目特征： 型号、规格:铜芯,导线截面面积 35 mm^2	m	110	28.57	3 142.70
28	030212003005	电气配线 项目特征： 型号、规格:铜芯,导线截面面积 16 mm^2	m	35	13.55	474.25

续表 7-24

序号	项目编码	项目名称	计量单位	工程数量	金额(元)	
					综合单价	合价
29	030212003006	电气配线 项目特征： 型号、规格：铜芯，导线截面面积 10 mm^2	m	475	9.1	4 322.50
30	030212003007	电气配线 项目特征： 型号、规格：铜芯，导线截面面积 4 mm^2	m	4 675	4.4	20 570.00
31	030212003008	电气配线 项目特征： 型号、规格：铜芯，导线截面面积 2.5 mm^2	m	2 114	3.35	7 081.90
32	030209001001	接地装置 项目特征： 接地母线材质、规格、安装土质：利用基础钢筋做接地极	项	1	12 553.06	12 553.06
33	030209002001	避雷装置 项目特征： 引下线材质、规格、技术要求（引下线形式）：利用建筑物主筋引下	项	1	4 676.41	4 676.41
		合计				98 342.93

(2)分部分项工程量清单综合单价分析如表 7-25 所示。

(3)措施项目费清单计价如表 7-26 所示。

(4)工料设备汇总如表 7-27 所示。

(5)主要材料价格如表 7-28 所示。

(6)单位工程费汇总如表 7-29 所示。

该住宅楼的安装工程的清单计价按 2010 年山东省价目表。

表 7-25　分部分项工程量清单综合单价分析

工程名称:住宅楼工程

序号	清单编码	清单项目名称	综合单价组成									
			工程内容				人工费(元)	材料费(元)	机械使用费(元)	管理费(元)	利润(元)	小计(元)
			项目编号	工程名称	单位	工程量						
1	030204018001	配电箱	2-265	悬挂嵌入式成套配电箱半周长1.5 m内	台	1	96.14	27.89		40.38	19.23	183.64
				总照明配电箱 550×550	台	1		1 200				1 200
				小计	台	1	96.14	1 227.89		40.38	19.23	1 383.64
2	030204018002	配电箱	2-265	悬挂嵌入式成套配电箱半周长1.5 m内	台	1	96.14	27.89		40.38	19.23	183.64
				照明配电箱 720×520	台	1		900				900
				小计	台	1	96.14	927.89		40.38	19.23	1 083.64
3	030204018003	配电箱	2-264	悬挂嵌入式成套配电箱半周长1 m内	台	1	75.24	25.56		31.6	15.05	147.45
				照明配电箱 480×480	台	1		750				750
				小计	台	5	75.24	775.56		31.6	15.05	897.45
4	030204018004	配电箱	2-264	悬挂嵌入式成套配电箱半周长1 m内	台	1	75.24	25.56		31.6	15.05	147.45
				户内开关箱 340×300	台	1		420				420
				小计	台	12	75.24	445.56		31.6	15.05	567.45
5	030213001001	普通吸顶灯及其他灯具	2-1582	座灯头	10套	0.1	3.93	2.12		1.65	0.79	8.49
				座灯头	套	1.01		3.54				3.54
				小计	套	144	3.93	5.66		1.65	0.79	12.03
6	040904010001	开关、按钮、插座安装	2-1865	单控单联扳式暗开关	10套	0.1	3.56	0.46		1.49	0.71	6.22
				单控单联暗开关	只	1.02		10.2				10.2
				小计	套	72	3.56	10.66		1.49	0.71	16.42

续表 7-25

序号	清单编码	清单项目名称	综合单价组成									
			工程内容				人工费（元）	材料费（元）	机械使用费（元）	管理费（元）	利润（元）	小计（元）
			项目编号	工程名称	单位	工程量						
7	040904010002	开关、按钮、插座安装	2－1866	单控双联扳式暗开关	10 套	0.1	3.72	0.57		1.56	0.74	16.59
				单控双联暗开关	只	1.02		12.24				12.24
				小计	套	36	3.72	12.81		1.56	0.74	18.83
8	040904010003	开关、按钮、插座安装	2－1867	单控三联扳式暗开关	10 套	0.1	3.89	0.69		1.63	0.78	6.99
				单控三联暗开关	只	1.02		14.28				14.28
				小计	套	12	3.89	14.97		1.63	0.78	21.27
9	040904010004	开关、按钮、插座安装	2－1898	单相暗插座 15 A 5 孔	10 套	0.1	4.6	1.64		1.93	0.92	9.09
				单相暗插座 15 A 5 孔	套	1.02		8.16				8.16
				小计	套	192	4.6	9.8		1.93	0.92	17.25
10	040904010005	开关、按钮、插座安装	2－1898	单相暗插座 15 A 5 孔	10 套	0.1	4.6	1.64		1.93	0.92	9.09
				单相防溅暗插座	套	1.02		10.2				10.2
				小计	套	60	4.6	11.84		1.93	0.92	19.29
11	040904010006	开关、按钮、插座安装	2－1896	单相暗插座 15 A 3 孔	10 套	0.1	3.81	1.29		1.6	0.76	7.46
				换气扇插座 15 A 3 孔	套	1.02		10.2				10.2
				小计	套	24	3.81	11.49		1.6	0.76	17.66
12	040904010007	开关、按钮、插座安装	2－1896	单相暗插座 15 A 3 孔	10 套	0.1	3.81	1.29		1.6	0.76	7.46
				单相暗插座 15 A 3 孔	套	1.02		12.24				12.24
				小计	套	12	3.81	13.53		1.6	0.76	19.70
13	040904010008	开关、按钮、插座安装	2－1896	单相暗插座 15 A 3 孔	10 套	0.1	3.81	1.29		1.6	0.76	7.46
				空调暗插座 15 A 3 孔	套	1.02		12.24				12.24
				小计	套	24	3.81	13.53		1.6	0.76	19.70

续表 7-25

序号	清单编码	清单项目名称	综合单价组成									
			工程内容				人工费（元）	材料费（元）	机械使用费（元）	管理费（元）	利润（元）	小计（元）
			项目编号	工程名称	单位	工程量						
14	030213001002	普通吸顶灯及其他灯具	2－1571	半圆球吸顶灯 ϕ300	10 套	0.1	9.03	8.93		3.79	1.81	23.56
				声控灯	套	1.01		18.18				18.18
				小计	套	6	9.03	27.11		3.79	1.81	41.74
15	030212008001	接线盒安装	2－1563	暗装接线盒	10 个	0.1	1.88	0.46		0.79	0.38	3.51
				接线盒	个	1.02		1.02				1.02
				小计	个	462	1.88	1.48		0.79	0.38	4.53
16	030212008002	接线盒安装	2－1563	暗装接线盒	10 个	0.1	1.88	0.46		0.79	0.38	3.51
				开关盒	个	1.02		1.02				1.02
				小计	个	120	1.88	1.48		0.79	0.38	4.53
17	040901010001	接线端子	2－333	无端子外部接线 4 mm^2 内	10 个	0.1	1.25	0.76		0.53	0.25	2.79
				小计	个	144	1.25	0.76		0.53	0.25	2.79
18	040901010002	接线端子	2－332	无端子外部接线 2.5 mm^2 内	10 个	0.1	0.92	0.76		0.39	0.18	2.25
				小计	个	26	0.92	0.76		0.39	0.18	2.25
19	030204036001	压铜线端子	2－343	压铜线端子 35 mm^2 内	10 个	0.1	2.76	3.68		1.16	0.55	8.15
				小计	个	36	2.76	3.68		1.16	0.55	8.15
20	030204036002	压铜线端子	2－342	压铜线端子 16 mm^2 内	10 个	0.1	1.84	2.81		0.77	0.37	5.79
				小计	个	12	1.84	2.81		0.77	0.37	5.79
21	030204036003	压铜线端子	2－342	压铜线端子 10 mm^2 内	10 个	0.1	1.84	2.81		0.77	0.37	5.79
				小计	个	72	1.84	2.81		0.77	0.37	5.79
22	030212001001	电气配管	2－1227	砖混结构暗配钢管 *DN*80 内	100 m	0.01	14.36	2.36	0.49	6.03	2.87	26.11
				钢管 80 mm	m	1.03		48.15				48.15
				圆钢 ϕ(5.5～9)	kg	0.03		0.16				0.16
				小计	m	6.7	14.36	50.67	0.49	6.03	2.87	74.42

续表 7-25

序号	清单编码	清单项目名称	综合单价组成									
			工程内容				人工费（元）	材料费（元）	机械使用费（元）	管理费（元）	利润（元）	小计（元）
			项目编号	工程名称	单位	工程量						
23	030212001002	电气配管	2－1225	砖混结构暗配钢管 *DN*50 以内	100 m	0.01	6.65	1.7	0.33	2.79	1.33	12.8
				钢管 50 mm	m	1.03		25.9				25.9
				圆钢 $\phi(5.5\sim9)$	kg	0.02		0.1				0.1
				小计	m	16.7	6.65	27.7	0.33	2.79	1.33	38.8
24	030212001003	电气配管	2－1224	砖混结构暗配钢管 *DN*40 以内	100 m	0.01	6.23	1.43	0.33	2.62	1.25	11.86
				钢管 40 mm	m	1.03		22.12				22.12
				圆钢 $\phi(5.5\sim9)$	kg	0.02		0.1				0.1
				小计	m	5.8	6.23	23.65	0.33	2.62	1.25	34.08
25	030212001004	电气配管	2－1312	砖混结构暗配硬塑料管 *DN*32 以内	100 m	0.01	2.99	0.06	0.69	1.26	0.6	5.6
				套接管 32 mm	m	0.01		0.06				0.06
				阻燃塑料管 32 mm	m	1.06		5.16				5.16
				小计	m	125.4	2.99	5.28	0.69	1.26	0.6	10.82
26	030212001005	电气配管	2－1310	砖混结构暗配硬塑料管 *DN*20 以内	100 m	0.01	1.99	0.05	0.46	0.84	0.4	3.74
				套接管 20 mm	m	0.01		0.02				0.02
				阻燃塑料管 20 mm	m	1.06		2.4				2.4
				小计	m	2 513	1.99	2.47	0.46	0.84	0.4	6.16
27	030212003004	电气配线	2－1422	动力线路管内穿线 铜芯 35 mm^2 以内	100 m	0.01	0.61	0.21		0.25	0.12	1.19
				铜芯绝缘导线 35 mm^2	m	1.05		27.38				27.38
				小计	m	110	0.61	27.59		0.25	0.12	28.57
28	030212003005	电气配线	2－1420	动力线路管内穿线 铜芯 16 mm^2 以内	100 m	0.01	0.46	0.17		0.19	0.09	0.91
				铜芯绝缘导线 16 mm^2	m	1.05		12.64				12.64
				小计	m	35	0.46	12.81		0.19	0.09	13.55

续表 7-25

序号	清单编码	清单项目名称	综合单价组成									
			工程内容				人工费（元）	材料费（元）	机械使用费（元）	管理费（元）	利润（元）	小计（元）
			项目编号	工程名称	单位	工程量						
29	030212003006	电气配线	2－1419	动力线路管内穿线 铜芯 10 mm^2 以内	100 m	0.01	0.4	0.17		0.17	0.08	0.82
				铜芯绝缘导线 10 mm^2	m	1.05		8.28				8.28
				小计	m	475	0.4	8.45		0.17	0.08	9.1
30	030212003007	电气配线	2－1417	动力线路管内穿线 铜芯 4 mm^{2}以内	100 m	0.01	0.31	0.14		0.13	0.06	0.64
				铜芯绝缘导线 4 mm^2	m	1.05		3.76				3.76
				小计	m	4 675	0.31	3.9		0.13	0.06	4.4
31	030212003008	电气配线	2－1416	动力线路管内穿线 铜芯 2.5 mm^2 以内	100 m	0.01	0.29	0.12		0.12	0.06	0.59
				铜芯绝缘导线 2.5 mm^2	m	1.05		2.76				2.76
				小计	m	2 114	0.29	2.88		0.12	0.06	3.35
32	030209001001	接地装置	2－833	圆钢接地极制作、安装普通土	根	293	4 781.76	603.58	3 099.94	2 007.05	955.18	11 447.51
			2－839	接地母线埋地敷设 200 mm^2 以内	10 m	2.6	331.53	5.3	6.81	139.23	66.3	549.17
			补	接地系统调试	项	1						
				接地网系统调试	系统	1		556.38				556.38
				小计	项	1	5 113.29	1 165.26	3 106.75	2 146.28	1 021.48	12 553.06
33	030209002001	避雷装置	2－892	避雷网沿折板支架敷设	10 m	10.4	1 182.48	279.81	176.9	496.6	236.5	2 372.29
				镀锌避雷线	m	109.2		431.34				431.34
			2－888	避雷引下线利用建筑物主筋引下	10 m	17.76	608.81	102.3	731.89	255.74	121.83	1 820.57
				圆钢 ϕ(5.5～9)	kg	9.95		52.21				52.21
				小计	项	1	1 791.29	865.66	908.79	752.34	358.33	4 676.41
				材料及产品检测费（<10 000 m^2）	m^2	1 758		1 054.8				1 054.8

表 7-26 措施项目费清单计价

工程名称:住宅楼工程

序号	措施项目名称	单位	数量	金额(元)					
				人工费	材料费	机械费	管理费	利润	小计
1	安全文明施工	项	1	228.68	686.05	0	96.05	45.74	1 056.52
2	临时设施	项	1	609.82	1 829.47	0	256.13	121.96	2 817.38
3	脚手架搭拆费	项	1	254.09	254.09	0	106.72	50.82	665.72
4	雨季施工增加费	项	1	227.67	341.5	0	95.62	45.53	710.32
5	材料及产品检测费(<10 000 m^2)	项	1	0	1 054.8	0	0	0	1 054.8
6	已完、未完工程保护费	项	1	66.06	198.19	0	27.75	13.21	305.21
7	脚手架	项	1	0	0	0	0	0	0
8	大型机械设备进出场及安拆	项	1	0	0	0	0	0	0
9	混凝土、钢筋混凝土模板及支撑	项	1	0	0	0	0	0	0
10	垂直运输机械及超高增加费	项	1	0	0	0	0	0	0
合计				1 386.32	4 364.1	0	582.27	277.26	6 609.95

表 7-27　工料设备汇总

工程名称：住宅楼工程

编码	名称	规格、型号	单位	用量	单价（元）	预算价（元）	主材	甲供	评审	单价合计（元）	预算价合计（元）
00003	（机械台班用）综合工日		工日	13.506	44		0	0	0	594.26	594.26
00003	综合工日		工日	462.750	44		0	0	0	20 361.00	20 361.00
	材料及产品检测费（<100 00 m^2）		m^2	1 758.000		0.6	1	0	0		1 054.80
	户内开关箱	340×300	台	12.000		420	1	0	0		5 040.00
	接地网系统调试		系统	1.000		556.38	1	0	0		556.38
	套接管	20 mm	m	23.874		2.36	1	0	0		56.34
	套接管	32 mm	m	1.555		4.95	1	0	0		7.70
	照明配电箱	480×480	台	5.000		750	1	0	0		3 750.00
	照明配电箱	720×520	台	1.000		900	1	0	0		900.00
	总照明配电箱	550×550	台	1.000		1 200	1	0	0		1 200.00
01061	圆钢	ϕ(5.5～9)	kg	10.586	3.6	5.25	1	0	0	38.11	55.58
01303	钢丝	ϕ1.6	kg	7.395	7.57		0	0	0	55.98	55.98
01396	镀锌扁钢	−60×6	kg	38.090	4.8		0	0	0	182.83	182.83
01438	钢板垫板		kg	2.850	6.2		0	0	0	17.67	17.67
07057	塑料胶布带	20 mm×10 m	卷	58.763	6.33		0	0	0	371.97	371.97
07288	自粘橡胶带	20 mm×5 m	卷	2.000	4.5		0	0	0	9.00	9.00
09009	电焊条	结 422 ϕ3.2	kg	58.042	7.8		0	0	0	452.73	452.73
09010	电焊条	结 422 ϕ4	kg	12.432	7.8		0	0	0	96.97	96.97

续表 7-27

编码	名称	规格、型号	单位	用量	单价（元）	预算价（元）	主材	甲供	评审	单价合计（元）	预算价合计(元)
09059	焊锡丝		kg	1.350	29.24		0	0	0	39.47	39.47
09066	焊锡		kg	8.763	24		0	0	0	210.31	210.31
09068	焊锡膏		kg	0.814	14		0	0	0	11.40	11.40
09079	塑料焊条	φ2.5	kg	5.830	15.5		0	0	0	90.37	90.37
10001	清油		kg	0.416	14.5		0	0	0	6.03	6.03
10012	调合漆		kg	0.570	7.5		0	0	0	4.28	4.28
10073	酚醛磁漆 各色	F04 - 1	kg	0.020	14.31		0	0	0	0.29	0.29
10094	醇酸防锈漆	C53 - 1	kg	2.223	8.1		0	0	0	18.00	18.00
10120	沥青清漆	L01	kg	3.107	7		0	0	0	21.75	21.75
10158	铅油		kg	0.936	6.5		0	0	0	6.08	6.08
1168	阻燃塑料管	32 mm	m	133.451		4.85	1	0	0	0	647.24
1168	阻燃塑料管	20 mm	m	2 665.539		2.26	1	0	0	0	6 024.12
13010	汽油	60# ~ 70#	kg	45.830	5.13		0	0	0	235.11	235.11
13014	溶剂汽油	200#	kg	0.199	5.13		0	0	0	1.02	1.02
13055	电力复合酯	一级	kg	8.066	11.85		0	0	0	95.58	95.58
14163	精镀锌六角带帽螺栓	M10 × 100 内	套	38.760	1.42		0	0	0	55.04	55.04
14451	伞形螺栓	M(6 ~ 8) × 150	套	159.120	1		0	0	0	159.12	159.12
14475	木螺钉	(2 ~ 4) × (6 ~ 65)	个	1 223.040	0.08		0	0	0	97.84	97.84

续表 7-27

编码	名称	规格、型号	单位	用量	单价（元）	预算价（元）	主材	甲供	评审	单价合计（元）	预算价合计(元)
14484	木螺钉	(4.5 ~ 6) × (15 ~ 100)	个	648.960	0.25		0	0	0	162.24	162.24
14615	镀锌锁紧螺母	3 × (15 ~ 20)	个	1 294.950	0.15		0	0	0	194.24	194.24
14619	镀锌锁紧螺母	3 × 40	个	0.896	0.4		0	0	0	0.36	0.36
14620	镀锌锁紧螺母	3 × 50	个	2.580	0.45		0	0	0	1.16	1.16
14622	镀锌锁紧螺母	3 × 80	个	1.035	0.7		0	0	0	0.72	0.72
14952	镀锌低碳钢丝	13# ~ 17#	kg	6.789	5.2		0	0	0	35.30	35.30
14955	镀锌低碳钢丝	18# ~ 22#	kg	4.320	5.5		0	0	0	23.76	23.76
15340	塑料软管		kg	2.910	11		0	0	0	32.01	32.01
15349	塑料软管	$\phi6$	m	17.000	0.31		0	0	0	5.27	5.27
15380	异型塑料管	$\phi(2.5 \sim 5)$	m	4.250	2.5		0	0	0	10.63	10.63
18002	裸铜线	10 mm^2	kg	3.860	38		0	0	0	146.68	146.68
18064	塑料绝缘线	BV – 1.5 mm^2	m	93.978	0.73		0	0	0	68.60	68.60
18071	塑料绝缘线	BV – 2.5 mm^2	m	219.756	1.11		0	0	0	243.93	243.93
18158	塑料软铜绝缘导线	BVR – 4 mm^2	m	0.842	1.86		0	0	0	1.57	1.57
18159	塑料软铜绝缘导线	BVR – 6 mm^2	m	0.274	2.7		0	0	0	0.74	0.74
18242	黄漆布带	20 mm × 40 m	卷	11.574	8		0	0	0	92.59	92.59
18252	铜接线端子	DT – 10 mm^2	个	38.570	1.7		0	0	0	65.57	65.57
18254	铜接线端子	DT – 16 mm^2	个	85.260	2.4		0	0	0	204.62	204.62

续表 7-27

编码	名称	规格、型号	单位	用量	单价（元）	预算价（元）	主材	甲供	评审	单价合计（元）	预算价合计(元)
18256	铜接线端子	DT－25 mm^2	个	18.288	2.7		0	0	0	49.38	49.38
18258	铜接线端子	DT－35 mm^2	个	18.288	3.54		0	0	0	64.74	64.74
19190	接地卡子	综合	个	5.840	2.44		0	0	0	14.25	14.25
19373	塑料圆台		块	151.200	0.62		0	0	0	93.74	93.74
19375	圆木台	275－350	块	6.300	5.5		0	0	0	34.65	34.65
19597	管接头	7×40	个	0.956	2.6		0	0	0	2.49	2.49
19598	管接头	7×50	个	2.752	3.73		0	0	0	10.27	10.27
19600	管接头	8×80	个	1.035	6.43		0	0	0	6.66	6.66
19633	塑料护口	钢管用 15～20	个	1 294.950	0.05		0	0	0	64.75	64.75
19648	塑料护口	钢管用 40	个	0.896	0.36		0	0	0	0.32	0.32
19650	塑料护口	钢管用 50	个	2.580	0.54		0	0	0	1.39	1.39
19652	塑料护口	钢管用 30	个	1.035	0.9		0	0	0	0.93	0.93
19706	扁钢卡子	25×4	kg	5.200	4.6		0	0	0	23.92	23.92
19708	镀锌扁钢支架	－40×3	kg	29.120	4.59		0	0	0	133.66	133.66
26005	棉纱头		kg	20.843	4.5		0	0	0	93.79	93.79
26017	破布		kg	5.580	6.87		0	0	0	38.33	38.33

续表 7-27

编码	名称	规格、型号	单位	用量	单价（元）	预算价（元）	主材	甲供	评审	单价合计（元）	预算价合计(元)
26119	铁砂布	0# ~2#	张	44.600	0.96		0	0	0	42.82	42.82
26193	锯条	各种规格	根	27.361	0.3		0	0	0	8.21	8.21
26195	钢锯条		根	76.594	0.35		0	0	0	26.81	26.81
26369	（机械台班用）电		kWh	4 033.079	0.9		0	0	0	3 629.77	3 629.77
2864	铜芯绝缘导线	10 mm^2	m	498.750		7.89	1	0	0	0	3 935.14
2864	铜芯绝缘导线	16 mm^2	m	36.750		12.04	1	0	0	0	442.47
2864	铜芯绝缘导线	2.5 mm^2	m	2 219.700		2.63	1	0	0	0	5 837.81
2864	铜芯绝缘导线	4 mm^2	m	4 908.750		3.58	1	0	0	0	17 573.33
2864	铜芯绝缘导线	35 mm^2	m	115.500		26.08	1	0	0	0	3 012.24
4180	声控灯		套	6.060		18	1	0	0	0	109.08
4180	座灯头		套	145.440		3.5	1	0	0	0	509.04
4409	单相暗插座	15 A 5孔	套	195.840		8	1	0	0	0	1 566.72
4409	单相暗插座	15 A 3孔	套	12.240		12	1	0	0	0	146.88
4409	单相防溅暗插座		套	61.200		10	1	0	0	0	612.00
4409	换气扇插座	15 A 3孔	套	24.480		10	1	0	0	0	244.80

续表 7-27

编码	名称	规格、型号	单位	用量	单价（元）	预算价（元）	主材	甲供	评审	单价合计（元）	预算价合计(元)
4409	空调暗插座	15 A 3 孔	套	24.480		12	1	0	0	0	293.76
4445	单控三联暗开关		只	12.240		14	1	0	0	0	171.36
4445	单控双联暗开关		只	36.720		12	1	0	0	0	440.64
4445	单控单联暗开关		只	73.440		10	1	0	0	0	734.40
4498	镀锌避雷线		m	109.200		3.95	1	0	0	0	431.34
4650	接线盒		个	471.240		1	1	0	0	0	471.24
4650	开关盒		个	122.400		1	1	0	0	0	122.40
800	钢管	40 mm	m	5.974		21.48	1	0	0	0	128.32
800	钢管	50 mm	m	17.201		25.15	1	0	0	0	432.61
800	钢管	80 mm	m	6.901		46.75	1	0	0	0	322.62
C2999	其他材料费占材料费		%	1 622.778	价格不统一	价格不统一	0	0	0	207.62	208.15
57132	弯管机	ϕ108	台班	0.052	47.74		0	0	0	2.48	2.48
59030	交流弧焊机	21 kVA	台班	58.073	65.29		0	0	0	3 791.59	3 791.59
60012	电动空气压缩机	0.6 m^3/min	台班	13.506	82.46		0	0	0	1 113.70	1 113.70
62008	吹风机	4 m^3/min	台班	2.930	75.96		0	0	0	222.56	222.56

表 7-28　主要材料价格

工程名称:住宅楼工程

序号	材料编码	材料名称	规格、型号等特殊要求	单位	单价(元)
1		材料及产品检测费(<10 000 m^2)		m^2	0. 6
2		户内开关箱	340×300	台	420
3		接地网系统调试		系统	556. 38
4		总照明配电箱	550×550	台	1 200
5		套接管	20 mm	m	2. 36
6		套接管	32 mm	m	4. 95
7		照明配电箱	480×480	台	750
8		照明配电箱	720×520	台	900
9	01061	圆钢	ϕ(5. 5~9)	kg	5. 25
10	1168	阻燃塑料管	32 mm	m	4. 85
11	1168	阻燃塑料管	20 mm	m	2. 26
12	2864	铜芯绝缘导线	10 mm^2	m	7. 89
13	2864	铜芯绝缘导线	16 mm^2	m	12. 04
14	2864	铜芯绝缘导线	2. 5 mm^2	m	2. 63
15	2864	铜芯绝缘导线	4 mm^2	m	3. 58
16	2864	铜芯绝缘导线	35 mm^2	m	26. 08
17	4180	座灯头		套	3. 5
18	4180	声控灯		套	18
19	4409	单相暗插座	15 A　5 孔	套	8
20	4409	单相暗插座	15 A　3 孔	套	12
21	4409	单相防溅暗插座		套	10
22	4409	换气扇插座	15 A　3 孔	套	10
23	4409	空调暗插座	15 A　3 孔	套	12

续表 7-28

序号	材料编码	材料名称	规格、型号等特殊要求	单位	单价(元)
24	4445	单控双联暗开关		只	12
25	4445	单控三联暗开关		只	14
26	4445	单控单联暗开关		只	10
27	4498	镀锌避雷线		m	3.95
28	4650	接线盒		个	1
29	4650	开关盒		个	1
30	800	钢管	40 mm	m	21.48
31	800	钢管	50 mm	m	25.15
32	800	钢管	80 mm	m	46.75

表 7-29 单位工程费汇总表

工程名称:住宅楼工程

序号	项目名称	费率(%)	金额(元)
(一)	分部分项工程量清单计价合计		85 733.69
(二)	措施项目清单计价合计		6 609.95
(三)	其他项目清单计价合计		0
(四)	规费清单计价合计		4 105.41
(1)	工程排污费		0
(2)	工程定额测定费		0
(3)	社会保障费	2.60	2 320.45
(4)	住房公积金		0
(5)	危险作业意外伤害保险		0
(6)	安全施工费	2.00	1 784.96
(五)	税金	3.44	3 211.36
含税工程总造价			99 660.41

任务五　弱电工程计量与计价

工程实例：

某住宅平面图和系统图如图 7-6、图 7-7、图 7-8 所示，该工程为 6 层砖混结构，砖墙、钢筋混凝土预应力空心板，层高 3.2 m，房间均有 0.3 m 高吊顶。电话系统工程内容：进户前端箱 ST0－50－400×650×160 与市话电缆 HYQ－50(2×0.5)－SC50－FC 相接，箱安装距地面 0.5 m。层分配箱(盒)安装距地面 0.5 m，干管及到各户线管均为焊接钢管暗敷设。有线电视系统工程内容：前端箱安装在底层距地面 0.5 m 处，用 SYV－75－5－1 同轴射频电缆、穿焊接钢管 SC20 暗敷设。电源接自每层配电箱。两系统工程施工图预算一律从进户各总箱起计算，总箱至室外的进户管线均未计算，各工程见其系统图和平面图(说明：本预算仅用了《全国统一安装工程预算定额》第二册“电气设备安装工程”定额中相应子目的内容，未使用第十二册“通信设备及线路工程”专用定额)。

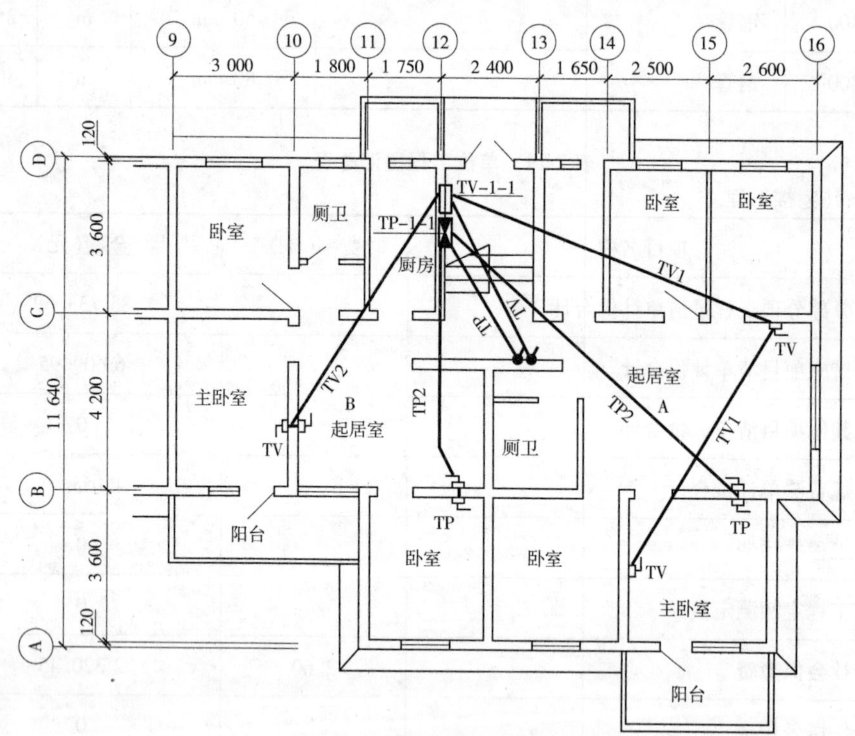

图 7-6　电话、有线电视平面图

一、工程量计算

(1)某住宅楼的弱电工程量计算书如表 7-30 所示。

(2)某住宅楼的弱电工程量汇总表如表 7-31 所示。

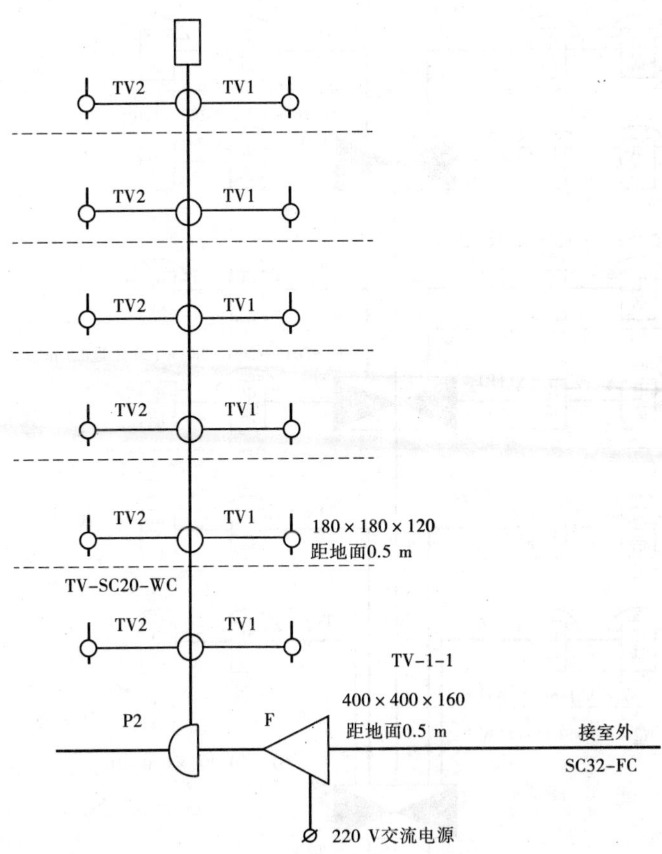

图 7-7　共用电视天线系统图

二、定额编制与计价

(1)某住宅楼弱电工程建设工程造价预(结)算书如表 7-32 所示。

(2)某住宅楼弱电工程单位工程费用表如表 7-33 所示。

(3)某住宅楼弱电工程工程计价表如表 7-34 所示。

(4)某住宅楼弱电工程价格调整表如表 7-35 所示。

三、清单编制与计价

(1)某住宅楼弱电工程分部分项工程量清单如表 7-36 所示。

(2)某住宅楼弱电工程分部分项工程量清单综合单价分析表如表 7-37 所示。

(3)某住宅楼弱电工程分部分项工程量清单计价表如表 7-38 所示。

(4)某住宅楼弱电工程措施项目费清单计价表如表 7-39 所示。

(5)某住宅楼弱电工程主要材料价格表如表 7-40 所示。

(6)某住宅楼弱电工程单位工程汇总表如表 7-41 所示。

该住宅楼的安装工程的清单计价按 2010 年山东省价目表。

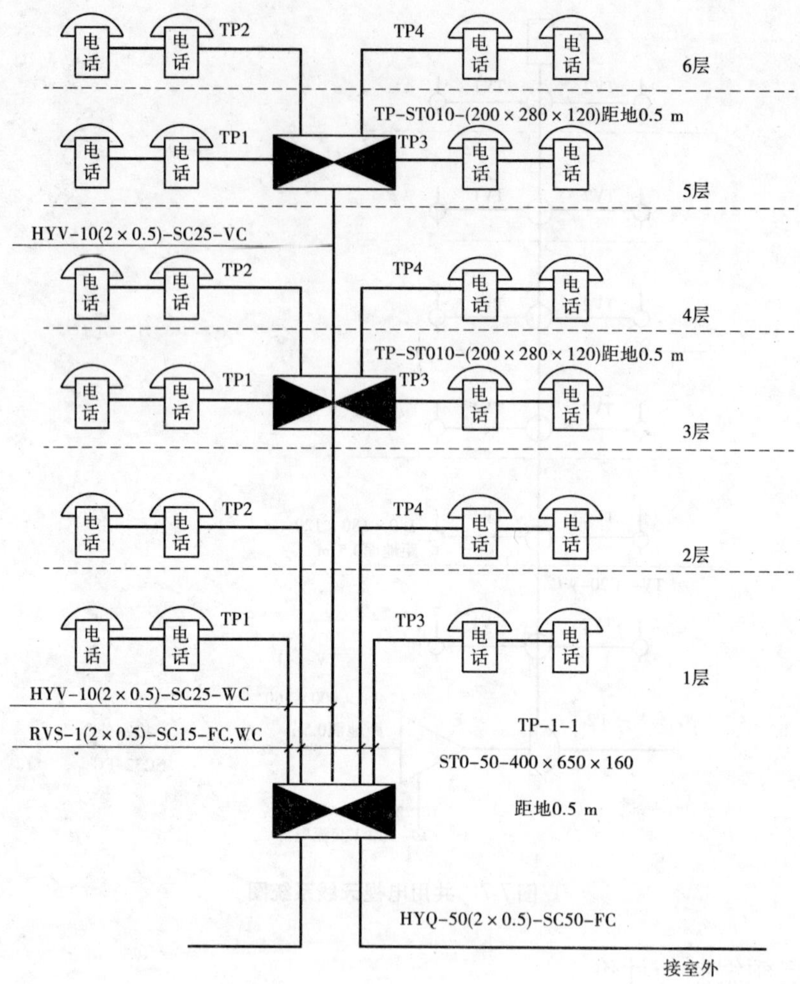

图 7-8　电话系统图

表 7-30　工程量计算书

工程名称:某住宅楼弱电工程

序号	项目名称	单位	数量	部位	计算式
一、电话系统					
1	进户电话交接箱	个	1	TP-1-1	0.4×0.65×0.16
2	楼层端子箱暗装	个	2	TP-ST010	0.2×0.28×0.12
3	用户电话	部	24		4×6
4	线管暗敷 *DN*25	m	22.60	立管	0.6+3.6+1.2+2.4/2+5×3.2
5	TP 线管暗敷 *DN*15	m	143.03		22.15+9.55+64.48+46.85
6	线管暗敷 *DN*15	m	22.15	TP-1-A1	0.6+3.6+1.2+2.4/2+0.6+3.6+2.4+1.65+2.5+4.2+0.6
7	线管暗敷 *DN*15	m	9.55	TP-1-B1	0.6+3.6+1.75+1.8+2.4/2+0.6

续表 7-30

<table>
<tr><th>序号</th><th colspan="2">项目名称</th><th>单位</th><th>数量</th><th>部位</th><th>计算式</th></tr>
<tr><td>8</td><td colspan="2">线管暗敷 DN15
2~6 层端箱至 A 户</td><td>m</td><td>64.48</td><td></td><td>(0.6 + 2.4/2 + 1.65 + 2.5 + 2.85/2 + 4.2 − 1.2 + 0.6) × 5 + 3 × 3.2</td></tr>
<tr><td>9</td><td colspan="2">线管暗敷 DN15
2~6 层端箱至 B 户</td><td>m</td><td>46.85</td><td></td><td>(0.6 + 2.4/2 + 1.75 + 1.8 + $\frac{4.2-1.2}{2}$ + 0.6) × 5 + 3.2 × 3</td></tr>
<tr><td>10</td><td colspan="2">管穿 HYV − 10(2 × 0.5)
电话电缆</td><td>m</td><td>25.09</td><td></td><td>22.6 + 0.4 + 0.65 + (0.2 + 0.28) × 3</td></tr>
<tr><td>11</td><td colspan="2">管穿 RVS − 1(2 × 0.5)软电话线</td><td>m</td><td>302.14</td><td></td><td>[143.03 + (0.4 + 0.65) × 4 + (0.2 + 0.28) × 8] × 2</td></tr>
<tr><td>12</td><td colspan="2">TP 插座暗装</td><td>个</td><td>24</td><td></td><td>4 × 6</td></tr>
<tr><td>13</td><td colspan="2">TP 插座盒暗装</td><td>个</td><td>24</td><td></td><td>4 × 6</td></tr>
<tr><td>14</td><td colspan="2">端子板外接线</td><td>头</td><td>108</td><td></td><td>10 × 2 × 4 + 2 × 14</td></tr>
<tr><td>15</td><td colspan="2">电话系统调试</td><td>系统</td><td>1</td><td></td><td></td></tr>
<tr><td colspan="7">二、电视系统</td></tr>
<tr><td>1</td><td colspan="2">前端放大箱安装</td><td>个</td><td>1</td><td>TV − 1 − 1</td><td>0.4 × 0.5 × 0.16</td></tr>
<tr><td>2</td><td colspan="2">二分支器安装</td><td>个</td><td>6</td><td></td><td></td></tr>
<tr><td>3</td><td colspan="2">二分支器箱安装</td><td>个</td><td>6</td><td></td><td>0.18 × 0.18 × 0.12</td></tr>
<tr><td>4</td><td colspan="2">TV 用户插座暗装</td><td>个</td><td>24</td><td></td><td>4 × 6</td></tr>
<tr><td>5</td><td colspan="2">TV 插座暗盒安装</td><td>个</td><td>24</td><td></td><td>4 × 6</td></tr>
<tr><td rowspan="8">6</td><td colspan="2">TV 线管暗敷 DN20</td><td>m</td><td>200.63</td><td></td><td>8.1 + 7.20 + 16.00 + 23.68 + 9.55 + 100.35 + 35.75</td></tr>
<tr><td rowspan="5">1 层</td><td>TV − 1 − 1 至 L1</td><td>m</td><td>8.10</td><td></td><td>0.6 + 3.6 + 1.2 + 2.4/2 + 1.5</td></tr>
<tr><td>TV − 1 − 1 至一层分支箱</td><td>m</td><td>7.20</td><td></td><td>0.6 + 3.6 + 1.2 + 2.4/2 + 0.6</td></tr>
<tr><td>一层分支箱至顶</td><td>m</td><td>16.00</td><td></td><td>3.2 × 5</td></tr>
<tr><td>TV − 1 − 1 至 A 户</td><td>m</td><td>23.68</td><td></td><td>0.6 + 3.6 + 2.4 + 1.65 + 2.5 + 2.85/2 + 0.6 + 0.6 + 4.2 + 3.7 + 3.6/2 + 0.6</td></tr>
<tr><td>TV − 1 − 1 至 B 户</td><td>m</td><td>9.55</td><td></td><td>0.6 + 3.6 + 1.75 + 1.8 + 2.4/2 + 0.6</td></tr>
<tr><td rowspan="2">2 层</td><td>2~6 层，分支箱至 A 户</td><td>m</td><td>100.35</td><td></td><td>(0.6 + 1.2 + 2.4/2 + 1.65 + 2.5 + 2.85/2 + 0.6 + 0.6 + 4.2 + 3.7 + 3.6/2 + 0.6) × 5</td></tr>
<tr><td>2~6 层，分支箱至 B 户</td><td>m</td><td>35.75</td><td></td><td>(0.6 + 2.4/2 + 1.75 + 1.8 + 2.4/2 + 0.6) × 5</td></tr>
<tr><td>7</td><td colspan="2">管穿同轴电缆
SYV − 75 − 5</td><td>m</td><td>201.71</td><td></td><td>192.53 + (0.4 + 0.5) + 2 × 0.18 × 23</td></tr>
<tr><td>8</td><td colspan="2">管穿电源线
BV − 3 × 2.5 mm^2</td><td>m</td><td>30</td><td></td><td>[8.1 + (0.4 + 0.5) + (0.5 + 0.5)] × 3</td></tr>
<tr><td>9</td><td colspan="2">系统调试</td><td>户</td><td>12</td><td></td><td>6 × 2</td></tr>
</table>

表 7-31 工程量汇总

工程名称：某住宅楼弱电工程

序号	工程项目名称	单位	数量	部位
一、电话系统				
1	进户电话交接箱	个	1	TP－1－1
2	楼层端子箱暗装	个	2	TP－ST010
3	线管暗敷 *DN*25	m	22.60	立管
4	TP 线管暗敷 *DN*15	m	143.03	
5	管穿 RVS－1(2×0.5)软电话线	m	302.14	
6	TP 插座盒暗装	个	24	
7	TP 插座盒暗装	个	24	
8	端子板外接线	头	108	
9	电话系统调试	系统	1	
二、电视系统				
1	前端放大箱安装	个	1	TV－1－1
2	二分支器安装	个	6	
3	二分支器箱安装	个	6	
4	TV 用户插座暗装	个	24	
5	TV 插座暗盒安装	个	24	
6	TV 线管暗敷 *DN*20	m	200.63	
7	管穿同轴电缆 SYV－75－5	m	201.71	
8	管穿电源线 BV－3×2.5 mm^2	m	30	
9	系统调试	系统	1	

表7-32　建设工程造价预(结)算书

工程名称:某住宅楼弱电工程

建设单位:		工程名称:	某住宅楼弱电工程	工程类别:	安装三类
施工单位:		建设地点:		取费等级:	
工程规模:		工程造价(元):	5 946.74 元	单位造价(元):	

建设(监理)单位:		施工(编制)单位:	
技术负责人:		技术负责人:	
资格证章:		资格证章:	

年　　月　　日

表7-33　单位工程费用

工程名称:某住宅楼弱电工程(安装工程)

费用代号	费用名称	计算公式	费率(%)	费用金额(元)
F1	一、直接费	= F11 + F12		4 720.11
F11	(一)直接费工程费	= F111 + F112 + F113 + F114 + F115		4 324.78
R1	其中:人工费	= F111 + 非技术措施人工价差		1 300.44
F111	1. 人工费	= 人工费		794.72
F112	2. 材料费	= 材料费		552.46
F113	3. 机械费	= 机械费		136.53
F114	4. 价差	= 非技术措施价差		505.72
F115	5. 未计价材料	= 非技术措施项目未计价材料		2 335.35
F12	(二)措施项目费	= F121 + F122 + F123		395.33
R2	其中:人工费	= R21 + R22		106.77
F122	2. 参照费率计取的措施费	= F1221 + F1222 + F1223 + F1224 + F1225 + F1226 + F1227 + F1228		395.33

续表 7-33

费用代号	费用名称	计算公式	费率（%）	费用金额（元）
R22	其中:人工费	= F1224 × 50% +（F1225 + F1226）× 40% +（F1221 + F1222 + F1223 + F1227）×25%		106.77
F1221	环境保护费	= R1 × 环境保护费费率	2.2	28.61
F1222	文明施工费	= R1 × 文明施工费费率	4.5	58.52
F1223	临时设施费	= R1 × 临时设施费费率	12	156.05
F1224	夜间施工费	= R1 × 夜间施工费费率	2.5	32.51
F1225	二次搬运费	= R1 × 二次搬运费费率	2.1	27.31
F1226	冬雨季施工增加费	= R1 × 冬雨季施工增加费费率	2.8	36.41
F1227	已完工工程及设备保护费	= R1 × 保护费费率	1.3	16.91
F1228	总承包服务费	= R1 × 总包费费率	3	39.01
F2	二、企业管理费	=（R1 + R2）× 管理费费率	42	591.03
F3	三、利润	=（R1 + R2）× 利润率	20	281.44
F4	四、规费	= F41 + F42 + F43 + F44 + F45 + F46		296.97
F41	1. 工程排污费	=（F1 + F2 + F3）× 排污费费率	0.26	14.54
F42	2. 工程定额测定费	=（F1 + F2 + F3）× 定额测定费费率	0.1	5.59
F43	3. 社会保障费	=（F1 + F2 + F3）× 社保费费率	2.6	145.41
F44	4. 住房公积金	=（F1 + F2 + F3）× 住房公积金费率	0.2	11.19
F45	5. 危险作业意外伤害保险费	=（F1 + F2 + F3）× 保险费费率	0.15	8.39
F46	6. 安全施工费	=（F1 + F2 + F3）× 安全施工费费率	2	111.85
F5	五、税金	=（F1 + F2 + F3 + F4）× 税率	3.44	202.6
FZ	安装工程费用合计	= F1 + F2 + F3 + F4 + F5 − F43		5 946.74

表 7-34　工程计价

工程名称:某住宅楼弱电工程

定额编号	项目名称	单位	工程量	单价(元)	合价(元)	其中:人工费(元)		其中:机械费(元)		其中:材料费(元)	
						单价	合价	单价	合价	单价	合价
一、电话系统											
2-265	进户电话交接箱	个	1	73.39	73.39	48.07	48.07		0	25.32	25.32
2-330	楼层端子箱暗装	个	2	94.7	189.4	46.2	92.4	7.05	14.1	41.45	82.9
2-334	有端子外部接线 2.5 mm^2 以内	10 个	10.8	28.65	309.42	6.91	74.63		0	21.74	234.79
2-663	HYV-0.5 电话电缆穿管敷设	100 m	0.25	150.69	37.82	131.56	33.02	5.49	1.38	13.64	3.42
2-1002	电话系统调试	系统	1	276.49	276.49	176	176	96.97	96.97	3.52	3.52
2-1220	钢管敷设砖混结构暗配,公称口径 15 mm 以内	100 m	1.43	240.09	343.31	141.09	201.76	13.3	19	85.7	122.55
2-1222	钢管敷设砖混结构暗配;公称口径 25 mm 以内	100 m	0.23	323.93	73.2	182.47	41.24	22.5	5.08	118.96	26.88
2-1389	管内穿 RVS 软电话线	100 m 单线	3.02	29.09	87.88	20.48	61.87		0	8.61	26.01
2-1564	TP 插座盒暗装	10 个	2.4	16.5	39.6	10.03	24.07		0	6.47	15.53
2-1895	TP 插座暗装	10 套	2.4	22.17	53.2	17.36	41.66		0	4.81	11.54
电话系统小计		元			1 483.71		794.72		136.53		552.46
二、电视系统											
2-264	前端放大箱安装	个	1	60.77	60.77	37.62	37.62		0	23.15	23.15
2-1895	二分支器安装	10 套	0.6	22.17	13.31	17.36	10.42		0	4.81	2.89
2-1561	二分支器暗箱安装	10 个	0.6	190.89	114.54	186.56	111.94		0	4.33	2.6

续表 7-34

定额编号	项目名称	单位	工程量	单价（元）	合价（元）	其中:人工费（元）		其中:机械费（元）		其中:材料费（元）	
						单价	合价	单价	合价	单价	合价
2－1895	TV 用户插座暗装	10 套	2.4	22.17	53.2	17.36	41.66		0	4.81	11.54
2－1564	TV 插座暗盒安装	10 个	2.4	16.5	39.6	10.03	24.07		0	6.47	15.53
2－1221	TV 线管暗敷 *DN*20	100 m	2.01	264.09	529.74	150.48	301.86	13.3	26.66	100.31	201.22
2－662	同轴电缆穿管敷设 SYV－75－5	100 m	2.02	105.03	211.84	87.12	175.72	5.49	11.07	12.42	25.05
2－1390	管内穿电源线 BV－3×2.5 mm^2 以内	100 m 单线	0.3	30.75	9.23	20.9	6.27		0	9.85	2.96
电视系统小计		元			1 032.23		709.56		37.73		284.94

表 7-35　价格调整

工程名称:某住宅楼弱电工程

序号	材料名称	单位	数量	单价（元）	调整价（元）	单价差（元）	价差合计（元）
1	综合工日	工日	76.375	22	36	14	1 069.25
2	TP 成套插座	套	24.48		8.45	8.45	206.86
3	二分支器插座	套	6.12		18.95	18.95	115.97
4	TV 成套插座	套	24.48		10.85	10.85	265.61
5	同轴电缆 SYV－75－5	m	203.717		8.36	8.36	1 703.07
6	HYV－0.5 电话电缆	m	25.351		15.85	15.85	401.81
7	楼层端子箱	台	2		100	100	200
8	钢管 *DN*15	m	147.29		4.85	4.85	714.36
9	钢管 *DN*25	m	23.278		9.05	9.05	210.67
10	TV 钢管 *DN*20	m	206.618		11.1	11.1	2 293.46
11	接线盒	个	48.96		4.25	4.25	208.08
12	二分支器箱	个	6		90	90	540
13	绝缘导线	m	350.436		1.42	1.42	497.62
14	绝缘导线	m	34.8		1.95	1.95	67.86
总计							8 494.62

表 7-36　分部分项工程量清单

工程名称:某住宅楼弱电工程

序号	项目编码	项目名称	计量单位	工程数量	金额(元)	
					综合单价	合价
1	030204018001	配电箱 安装方式(仅适用于成套配电箱):暗装	台	1	223.89	223.89
2	030204018002	配电箱 安装方式(仅适用于成套配电箱):暗装	台	2	324.34	648.68
3	030204031001	小电器	个(套)	24	150.03	3 600.72
4	031103036002	电话线缆、广播线	m	25.1	20.53	515.3
5	补 001	电话系统调试	系统	1	492.23	492.23
6	030212001001	电气配管 规格:*DN*15	m	143	10.53	1 505.79
7	030212003001	电气配线 规格:SC25	m	22.6	16.53	373.58
8	030212001003	电气配管 规格:*DN*15 配管形式及部位(不适用于金属软管):暗敷 2~6 层端箱至 A 户	m	64.48	16.13	1 040.06
9	030212001004	电气配管 规格:*DN*15 配管形式及部位(不适用于金属软管):暗敷 2~6 层端箱至 B 户	m	46.85	10.53	493.33
10	031103007001	信息插座底盒(接线盒) 型号、规格:TP 插座 安装方式:暗装	个	24	20.8	499.2
11	补 002	端子板外接线	头	108	1.55	167.4
12	030204018003	配电箱	台	1	227.45	227.45
13	030204017001	控制箱	台	6	30.36	182.16
14	031103007002	信息插座底盒(接线盒) 安装方式:暗装	个	24	20.8	499.2
15	031103007002	信息插座底盒(接线盒) 安装方式:暗装	个	24	27.55	661.2
16	030212001002	电气配管 规格:*DN*20 配管形式及部位(不适用于金属软管):暗配	m	200.6	17.38	3 486.43

续表 7-36

序号	项目编码	项目名称	计量单位	工程数量	金额(元)	
					综合单价	合价
17	030208001001	电力电缆 规格:SYV－75－5 敷设方式:穿管敷设	m	201.7	11.5	2 319.55
18	030212003002	电气配线 型号、规格:SC25	m	30	3.05	91.5
19	补 003	电视系统调试	系统	1	492.23	492.23
		合计				17 519.9

表 7-37　综合单价分析

工程名称:某住宅楼弱电工程

序号	项目编码	项目名称	单位	工程量	综合单价组成(元)					综合单价(元)
					人工费	材料费	机械费	管理费	利润	
1	030204018001	配电箱 安装方式(仅适用于成套配电箱):暗装	台	1	96.14	68.14		40.38	19.23	223.89
	2－265	悬挂嵌入式成套配电箱,半周长 1.5 m 以内	台	1	96.14	27.89				
	主材－4060	进户电话交接箱	台	1		40.25				
2	030204018002	配电箱 安装方式(仅适用于成套配电箱):暗装	台	2	99.86	154.07	8.5	41.94	19.97	324.34
	2－330	户内端子箱	台	2	92.4	44.31	8.5			
	主材－4060	楼层端子箱	台	2		100				
	2－334	有端子外部接线 2.5 mm^2 以内	10 个	1.08	7.46	9.76				
3	031103036002	电话线缆、广播线	m	25.1	2.63	16.18	0.09	1.1	0.53	20.53
	2－663	铜芯电力电缆穿管敷设 35 mm^2 以内	100 m	0.251	2.63	0.17	0.09			
	主材－3001	HYV－0.5 电话电缆穿管敷设	m	25.351		16.01				
4	补 001	电话系统调试	系统	1	352	7.04	95.47	23.18	14.54	492.23
	2－1002	电话系统调试	系统	1	352	7.04	95.47			

续表 7-37

序号	项目编码	项目名称	单位	工程量	综合单价组成(元)					综合单价(元)
					人工费	材料费	机械费	管理费	利润	
5	030212001001	电气配管 规格:*DN*15	m	143	2.82	5.81	0.16	1.18	0.56	10.53
	2-1220	砖混结构暗配钢管 *DN*15 以内	100 m	1.43	2.82	0.81	0.16			
	主材-766	钢管 *DN*15	m	147.29		5				
6	030212003001	电气配线 规格:SC25	m	22.6	3.65	10.38	0.24	1.53	0.73	16.53
	2-1222	砖混结构暗配钢管 *DN*25 以内	100 m	0.226	3.65	1.06	0.24			
	主材-766	钢管 SC25	m	23.28		9.32				
7	补 002	端子板外接线	头	108	1.23	0.13	0.07	0.07	0.05	1.55
	10-705	端子板外接线 直压式	10 头	10.8	1.23	0.13	0.07			
8	030204018003	配电箱	台	1	75.24	105.56		31.6	15.05	227.45
	2-264	悬挂嵌入式成套配电箱 半周长 1 m 以内	台	1	75.24	25.56				
	主材-4060	端子箱	台	1		80				
9	030204017001	控制箱	台	6	7.04	18.95		2.96	1.41	30.36
	7-346	分支器、分配器、混合器 暗装	个	6	7.04					
	主材-4569	分支器(或分配器、混合器)	个	6		18.95				
10	031103007002	信息插座底盒(接线盒) 安装位置:暗装	个	24	4.84	12.96		2.03	0.97	20.8
	13-26	信息插座底盒,砖墙内安装	个	24	2.2					
	主材-4597	TV 接线盒	个	24.48		4.34				
	13-20	安装 8 位模块式信息插座 单口	个	24	2.64					
	主材-4371	TV 插座	套	24.48		8.62				
11	031103007002	信息插座底盒(接线盒) 安装位置:暗装	个	24	7.96	14.46	0.2	3.34	1.59	27.55

续表 7-37

序号	项目编码	项目名称	单位	工程量	综合单价组成(元)					综合单价(元)
					人工费	材料费	机械费	管理费	利润	
	13-26	信息插座底盒,砖墙内安装	个	24	2.2					
	主材-4597	电话接线盒	个	24.48		4.34				
	7-316	电话插座,出线口安装	个	24	5.76	1.5	0.2			
	主材-4371	电话插座	套	24.48		8.62				
12	030212001002	电气配管 规格:*DN*20 配管形式及部位(不适用于金属软管):暗配	m	200.6	3.01	12.35	0.16	1.26	0.6	17.38
	2-1221	砖混结构暗配钢管*DN*20以内	100 m	2.006	3.01	0.92	0.16			
	主材-766	TV线管暗配*DN*20	m	206.62		11.43				
13	030208001001	电力电缆 规格:SYV-75-5 敷设方式:穿管敷设	m	201.7	1.74	8.59	0.09	0.73	0.35	11.5
	2-662	铜芯电力电缆穿管敷设,截面面积10 mm^2以内	100 m	2.017	1.74	0.15	0.09			
	主材-3001	电缆SYV-75-5	m	203.72		8.44				
14	030212003002	电气配线 型号、规格:SC25	m	30	0.42	2.37		0.18	0.08	3.05
	2-1390	照明线路管内穿线,铜芯截面面积2.5 mm^2以内	100 m	0.3	0.42	0.11				
	主材-2787	绝缘导线截面面积2.5 mm^2	m	34.8		2.26				
15	补003	电视系统调试	系统	1	352	7.04	95.47	23.18	14.54	492.23
	2-1002	电视系统调试	系统	1	352	7.04	95.47			

表 7-38 分部分项工程量清单计价

工程名称:某住宅楼弱电工程

序号	项目编码	项目名称	计量单位	工程数量	金额(元)	
					综合单价	合价
1	030204018001	配电箱 安装方式(仅适用于成套配电箱):暗装	台	1	223.89	223.89
2	030204018002	配电箱 安装方式(仅适用于成套配电箱):暗装	台	2	324.34	648.68
3	031103036002	电话线缆、广播线	m	25.1	20.53	515.3
4	补 001	电话系统调试	系统	1	492.23	492.23
5	030212001001	电气配管 规格:*DN*15	m	143	10.53	1 505.79
6	030212003001	电气配线 规格:SC25	m	22.6	16.53	373.58
7	031103007001	信息插座底盒(接线盒) 型号、规格:TP 插座 安装方式:暗装	个	24	20.8	499.2
8	补 002	端子板外接线	头	108	1.55	167.4
9	030204018003	配电箱	台	1	227.45	227.45
10	030204017001	控制箱	台	6	30.36	182.16
11	031103007002	信息插座底盒(接线盒) 安装方式:暗装	个	24	20.8	499.2
12	031103036001	电话线缆、广播线	m	302.1	2.41	728.06
13	030212001002	电气配管 规格:*DN*20 配管形式及部位(不适用于金属软管):暗配	m	200.6	17.38	3 486.43
14	030208001001	电力电缆 规格:SYV-75-5 敷设方式:穿管敷设	m	201.7	11.5	2 319.55
15	030212003002	电气配线 型号、规格:SC25	m	30	3.05	91.5
16	补 003	电视系统调试	系统	1	492.23	492.23
	合计					12 452.65

表7-39　措施项目费清单计价

工程名称:某住宅楼弱电工程

序号	措施项目名称	单位	数量	金额(元)					
				人工费	材料费	机械费	管理费	利润	小计
1	脚手架	项	1	54.01	162.02		22.68	10.8	249.51
	二册人工费合计2 909.18×4%,人工占25%	元	1	29.09	87.28				
	七册人工费合计1 658.88×5%,人工占25%	元	1	20.74	62.2				
	十册人工费合计133.06×4%,人工占25%	元	1	1.33	3.99				
	十三册人工费合计285.12×4%,人工占25%	元	1	2.85	8.55				
2	临时设施	项	1	124.48	373.43		52.28	24.9	575.09
	计费基础4 149.18×12%,人工占25%	元	1	124.48	373.43				
3	文明施工	项	1	46.68	140.03		19.61	9.34	215.66
	计费基础4 149.18×4.5%,人工占25%	元	1	46.68	140.03				
4	二次搬运	项	1	34.85	52.28		14.64	6.97	108.74
	计费基础4 149.18×2.1%,人工占40%	元	1	34.85	52.28				
5	已完工程及设备保护	项	1	13.48	40.45		5.66	2.7	62.29
	计费基础4 149.18×1.3%,人工占25%	元	1	13.48	40.45				
6	环境保护	项	1	22.82	68.46		9.58	4.56	105.42
	计费基础4 149.18×2.2%,人工占25%	元	1	22.82	68.46				
7	夜间施工	项	1	51.86	51.86		21.78	10.37	135.87
	计费基础4 149.18×2.5%,人工占50%	元	1	51.86	51.86				
8	冬雨季施工	项	1	46.47	69.71		19.52	9.29	144.99
	计费基础4 149.18×2.8%,人工占40%	元	1	46.47	69.71				
合计				394.65	958.24		165.75	78.93	1 597.57

表 7-40　主要材料价格

工程名称:某住宅楼弱电工程

序号	材料编码	材料名称及规格	单位	数量	单价(元)	合价(元)
1	766	TV 线管暗配 *DN*20	m	206.62	11.1	2 293.48
2	766	钢管 *DN*15	m	147.29	4.85	714.36
3	766	钢管 SC25	m	23.28	9.05	210.68
4	2787	绝缘导线 2.5 mm^2	m	34.8	1.95	67.86
5	2787	绝缘导线	m	350.44	1.95	683.36
6	3001	电缆 SYV－75－5	m	203.717	8.36	1 703.07
7	3001	HYV－0.5 电话电缆穿管敷设	m	25.351	15.85	401.81
8	4060	端子箱	台	1	80	80
9	4060	楼层端子箱	台	2	100	200
10	4060	进户电话交接箱	台	1	40.25	40.25
11	4371	TP 插座	套	24.48	8.45	206.86
12	4371	TV 插座	套	24.48	8.45	206.86
13	4569	分支器(或分配器、混合器)	个	6	18.95	113.7
14	4597	TV 接线盒	个	24.48	4.25	104.04
15	4597	电话接线盒	个	24.48	4.25	104.04
合计						7 130.37

表 7-41　单位工程汇总

工程名称:某住宅楼弱电工程

序号	项目名称	金额(元)
1	一、分部分项工程量清单计价合计	12 452.65
2	二、措施项目清单计价合计	1 597.57
3	三、其他项目清单计价合计	149.59
4	四、清单计价合计　分部分项＋措施项目＋其他项目	14 199.81
5	其中人工费 R	5 380.89
6	五、规费　以下 1＋…＋6	754.02
7	1. 工程排污费　(分部分项＋措施项目＋其他项目)×0.26%	36.92
8	2. 工程定额测定费　(分部分项＋措施项目＋其他项目)×0.1%	14.20
9	3. 社会保障费　(分部分项＋措施项目＋其他项目)×2.6%	369.20
10	4. 住房公积金　(分部分项＋措施项目＋其他项目)×0.2%	28.40
11	5. 危险作业意外伤害保险费　(分部分项＋措施项目＋其他项目)×0.15%	21.30
12	6. 安全施工费　(分部分项＋措施项目＋其他项目)×2%	284.00
13	六、税金　(分部分项＋措施项目＋其他项目＋规费)×3.44%	514.41
14	七、合计　分部分项＋措施项目＋其他项目＋规费＋税金－社会保障费	15 099.04

思考题

1. 电气安装工程施工图的组成有哪些？其主要表达内容是什么？

2. 判断各段电气线路中导线根数的规律有哪些？

3. 电气照明工程施工图常用的图例符号和标注代号有哪些？

4. 线路敷设的标注格式怎么写？灯具安装的标注格式怎么写？

5. 简述电气照明安装工程的组成。

6. 建筑物常用的供电系统方式有哪几种？

7. 通常进入建筑物的供电线路敷设形式有哪几种？

8. 什么叫配电箱二次接线？其接线端子应怎样分类？怎样计算个数？

9. 编制建筑电气照明安装工程预算的依据是什么？

10. 配电线路的干线和支线如何划分？

11. 怎么确定干线的工程量计算顺序？怎么确定支线的工程量计算顺序？

12. 如何计算电缆敷设的附加长度？进户线的导线预留长度怎么计算？进入配电箱的导线预留长度怎么计算？接线盒的导线预留长度怎么计算？

13. 灯具、开关、插座工程量分别用什么作为计量单位？

14. 开关和插座的“联数”含义是否相同？为什么？

参考文献

[1] 中华人民共和国住房和城乡建设部. GB 50500—2008 建设工程工程量清单计价规范[S]. 北京:中国计划出版社,2008.

[2] 景星蓉. 建筑设备安装工程预算[M]. 北京:中国建筑工业出版社,2009.

[3] 周国藩. 设备安装工程施工与概预算编制[M]. 哈尔滨:黑龙江科学技术出版社,1997.

[4] 黄利萍,胥进. 通风与空调识图教材[M]. 上海:上海科学技术出版社,2004.

[5] 马楠. 建筑工程预算与报价[M]. 北京:科学出版社,2008.

[6] 全国造价工程师执业资格考试培训教材编审委员会. 建筑工程技术与计量[M]. 北京:中国计划出版社,2005.

[7] 刘富勤,陈德方. 工程量清单的编制与投标报价[M]. 北京:北京大学出版社,2007.

[8] 刘宝生. 建筑工程概预算[M]. 北京:机械工业出版社,2001.

[9] 张月明,赵乐宁,王明芳,等. 工程量清单计价及示例[M]. 北京:中国建筑工业出版社,2005.

[10] 河南省建设厅. 河南省建设工程工程量清单综合单价[S]. 北京:中国建筑工业出版社,2003.

[11] 山东省建设厅. 山东省安装工程消耗量定额[S]. 北京:中国建筑工业出版社,2003.

[12] 河南省建设厅. 河南省安装工程单位综合基价(2003)[S]. 北京:中国建筑工业出版社,2003.

[13] 广东省建设厅. 广东省安装工程综合定额[S]. 北京:中国建筑工业出版社,2003.

[14] 中华人民共和国建设部. GFD—201—1999 全国统一安装工程施工仪器仪表台班费用定额[S]. 北京:中国计划出版社,2000.

[15] 中华人民共和国建设部. GJD 201—2006 ~ GJD 210—2006 全国统一安装工程基础定额[S]. 北京:中国计划出版社,2006.

[16] 天津市建设管理委员会. 全国统一施工机械台班费用定额(1998)[S]. 北京:中国建筑工业出版社,1998.